고래와 대화하는 방법

How to Speak Whale

고래와 대화하는 방법
How to Speak Whale

물속에 사는 우리 사촌들과 이야기하는 과학적인 방법

톰 머스틸 지음 | **박래선** 옮김

에이도스

아버지, 당신이 보셨으면 좋았을 거예요.

그리고 이 여정을 시작하게 해준 향유고래 CRC-12564에게

서로 이해하지도 못하는데, 어떻게 바다와 소통할 수 있을까?

스타니스와프 렘, 『솔라리스』

고래가 샬럿과 나를 덮칠 때를 묘사한 사라 킹의 그림

CONTENTS

들어가며 반 레벤후크의 유산   **010**
새로운 도구, 호기심 많은 인간 그리고 예상치 못한 발견

제1장 고래와의 만남   **019**
고래생물학의 21세기 혁명, 그리고 그곳에 발 딛게 된 계기

제2장 바다의 노래   **049**
고래의 소리를 해독해 고래를 구하다.

제3장 혀의 법칙   **075**
다양한 종들이 이미 소통하고 있다.

제4장 고래의 기쁨   **103**
고래는 말하고 들을 수 있는 도구를 가지고 있을까?

제5장 어떤 멍청하고 커다란 물고기   **133**
고래의 뇌는 고래의 마음에 대해 무엇을 말할까?

제6장 동물의 언어   **159**
'언어'라는 단어는 피하자.

제7장 심연의 마음   **195**
돌고래의 행동은 이들과 대화를 시도할 가치가 있음을 보여준다.

제8장 바다에는 귀가 있다   **225**
로봇은 우리가 이전에는 결코 할 수 없었던 고래의 소통을 기록한다.

제9장 동물 알고리즘   **253**
고래의 소통에서 패턴을 찾도록 기계를 훈련시키는 방법

제10장 기계의 은총   **287**
고래를 위한 구글 번역

제11장 의인화 부정   **329**
다른 동물을 폄하하는 인간, 그리고 그것의 문제

제12장 고래와 춤을   **359**
우리가 고래와 대화할 수 있는지를 알아볼 시간이다.

감사의 글   **387**
미주   **393**
사진출처   **426**
찾아보기   **429**

반 레벤후크의 유산

—

만약 내가 전에 이것을 전혀 본 적이 없다면?
레이철 카슨, 『센스 오브 원더』

17세기 중반, 네덜란드 공화국의 델프트에는 안토니 반 레벤후크라는 특이한 사람이 살았다. 바로 이 사람이다.

레벤후크가 현미경을 들고 있다. 얀 페르콜리에 작품(1686년)

반 레벤후크는 직물점을 운영하는 상인이었다. 또한 첨단기술 발명가이기도 했다. 레벤후크가 살던 당시 이전 반세기 동안은 유럽에서 망원경과 현미경 같은 확대 도구가 급속도로 발전한 시기였다. 대부분 비슷한 원리로 만들어졌는데, 두 개의 유리 렌즈를 대롱에 맞춰 끼우는 방식이었다. 이렇게 만들어진 렌즈로 보면 맨눈을 뛰어넘는 놀라운 힘이 생겼는데, 멀리 있는 행성과 작은 물체를 더 잘 볼 수 있었다. 물건 자체도 매우 희귀했다. 렌즈를 갈고 다듬고 맞춰 끼우는 방법을 아는 사람이 거의 없었고, 그마저도 대부분의 사람들이 자신의 비법을 철저히 숨겼다. 직물점을 갓 시작한 반 레벤후크에게 '현미경'('작다'와 '보다'라는 뜻의 그리스어에서 유래)은 그가 사고파는 직물의 품질을 검사하는 데 유용한 도구였다. 초창기 현미경은 최대 9배까지 확대할 수 있었는데, 나중에 나온 현미경의 확대율은 더 높아졌다. 하지만 다중렌즈 설계는 흠이 있었다. 확대를 하면 할수록 상이 왜곡되었고, 약 20배 이상으로 넘어가면 거의 보이지 않았다.

반 레벤후크는 델프트에서 비밀리에 다른 기술을 연마하고 있었다. 여러 개의 렌즈를 사용하는 대신 아주 작은 (어떤 것은 직경이 1밀리미터가 조금 넘는) 유리구(球)를 기가 막히게 깎아 접이식 금속 받침대에 장착했다. 받침대에 물체를 올려놓고 유리구를 눈에 아주 가까이 댄 채 광원을 보면 피사체를 최대 275배까지 왜곡 없이 확대할 수 있었다. 반 레벤후크는 평생 500개 이상의 현미경을 만든 것으로 알려져 있다. 최근 연구에 따르면 그가 만든 현미경의 초점 기능과 선명도는 현대 광학 현미경에 필적한다고 한다.

반 레벤후크는 혁신적인 확대 기술을 단순히 자신이 판매하는 옷감의 직조 상태를 검사하는 데만 쓴 것은 아니었다. 직업 너머의 세계를 탐험했던 것이다. 다른 현미경 학자들이 곤충이나 코르크처럼 눈에 보이는 것을 확대해 탐구했다면, 반 레벤후크는 보이지 않는 영역 전체로 탐구를 넓혔다. 맨눈으로는 아무것도 보이지 않는 동네 연못물 한 방울에서 작은 동물, 박테리아, 단세포 생물인 '극미동물(animalcules)' 무리를 발견한 그는 놀라움을 금치 못했다. 빗물과 우물물, 그리고 입에서 긁어낸 표본과 장(腸)에서 채취한 표본 등 우리 주변 세계와 우리 몸속에서 이전에는 알려지지 않은 생물들이 무리지어 움직이고 있음을 발견했다. 반 레벤후크는 감탄하며 이렇게 적었다. "작은 물방울 하나에 수천 마리의 생물이 우글우글 움직이고 있는 모습보다 더 즐거운 광경은 지금껏 본 적이 없다."

당시 사람들은 벼룩, 장어, 홍합의 알을 볼 수 없었기 때문에 존재하지 않는다고 생각했다. 커다란 동물처럼 알에서 새끼가 나오는 것이 아니라 벼룩은 먼지에서, 홍합은 모래에서, 장어는 이슬에서 '자연 발생'이라는 과정을 통해 생겨난다고 믿었다. 반 레벤후크의 현미경은 이전에는 보이지 않던 동물의 알을 밝혀냈고, 이 자연 발생설을 무너뜨리는 데 결정적인 역할을 했다. 그는 적혈구, 박테리아, 소금의 구조, 고래 근육 세포 등 자신이 발견한 새로운 세계에 빠져들었다. 또한 정액 속에서 작고 꼬리가 달렸으며 꾸물꾸물 움직이는 물체, 즉 정자

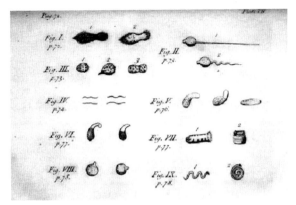

반 레벤후크가 자신이 발견한 극미동물을 그린 삽화. 그림 IV는 박테리아를 최초로 그린 것으로 추정된다.

를 보면서 그때까지 신비에 쌓여 있던 인간 생식의 세계를 탐구했다. 이때를 생각하면 얼마나 놀라웠을지, 그리고 누구의 정액으로 실험을 했을지 궁금해진다.

해협 건너편 영국에서는 자연철학자 로버트 후크가 렌즈를 덧붙이고 조절한 현미경으로 실험하면서 눈송이와 벼룩의 털 구조를 탐구하고 있었다. 후크가 출판한 숨겨진 세계의 그림은 대중에게 큰 반향을 일으켰다. 일기작가 새뮤얼 피프스는 새벽 2시까지 침대에서 후크의 책을 읽었다. 접지 형태의 삽화를 훑어보던 피프스는 "지금까지 읽은 책 중 가장 기발한 책"이라고 썼다. 반 레벤후크는 로버트 후크와 왕립학회(당시에는 자연지식 증진을 위한 런던 왕립학회라고 불렸다)의 다른 명망 높은 실험가들에게 편지를 보내 자신의 연구 결과를 보고했다. 신뢰할 만한 증인이 있었음에도 처음에는 사람들 대다수가 "엄청나게 호기심이 많고 부지런한" 이 상인을 믿지 않았다. 우리에게 전혀 보이지 않는 생명의 영역이 있다고? 반 레벤후크는 "내가 미세 동물에 대한 허무맹랑한 이야기만 하고 다닌다는 말을 자주 듣는다"고 불평했다. 그가 현미경과 현미경 제작 방법을 철저히 비밀에 부친 것도 상황을 불리하게 만들었다.

런던에서 후크는 반 레벤후크의 성과를 재현하기 위해 노력했다. 정교하고 작은 유리구를 만들기 위해 숱한 시도를 한 후크는 마침내 1677년 11월 15일 재현에 성공했다. 이 현미경으로 빗물에서 움직이는 작은 생명체를 들여다보다 "이 엄청난 광경에 놀란" 후크는 그것들이 동물이라고 "진실로 믿게 되었다." 보는 것이 곧 믿는 것이었다. 반 레벤후크는 정식으로 학회원이 되었고 오늘날 미생물학의 아버지로 널리 인정받고 있다. 그의 발명 덕에 우리는 항상 우리 곁에 있는 미시 생명체를 볼 수 있게 되었다. 하지만 못지않게 중요한 것은 반 레벤후크는 남들이 아무것도 없을 것이라 생각했던 곳을 탐구했을 만큼 호기심을 가진 사람이었다는 점이다.

몇 세기가 지난 지금 우리의 문화는 달라졌다. 길거리에서 누군가 재채기를 하면 세균이 온몸에 튀는 것을 상상한다. 자기 몸에 있는 점이 좀 이상해 보인다고 걱정하면서 작은 암세포가 격렬하게 분열하는 모습을 떠올린다. 미시 세계에 대해 알면 우리의 삶이 달라진다. 우리는 손을 씻고, 상처를 닦아내며, 배아를 만들고 동결시킨다. 우리 몸속에는 인간 세포만큼이나 많은 박테리아가 숨어 있음을 안다. 보이지 않는 생태계. 반 레벤후크는 우리의 행동과 문화, 그리고 우리 자신을 바라보는 방식을 변화시켰다.

이것이 바로 반 레벤후크의 발명이 남긴 유산이다. 우리는 그가 처음 관찰한 것을 보지 않을 도리가 없다.

~~~~~

이제 우리는 또 어떤 보이지 않는 세계를 발견할 수 있을까? 여러분도 이미 새로운 미답지(未踏地)의 일부이다. 17세기 이래로 우리가 보는 도구는 엄청나게 발전해왔고, 이제 많은 도구가 우리 자신을 향하고 있다. 보안 카메라는 길을 걷는 사람을 추적하고, 휴대폰의 온도계와 자이로스코프는 방이 차가워지면 잠자는 사람의 움직임을 감지한다. 수많은 것이 추적된다. 잠잘 때와 꿈꿀 때. 거주지와 이동 경로. 지문, 음성, 홍채 패턴, 걸음걸이, 체중, 배란일, 체온, 감염 가능성, 유방 스캔, 걸음 수, 얼굴 모양, 표정까지. 좋아하는 것, 싫어하는 것. 좋아하는 사람, 싫어하는 사람. 당신이 끌리는 노래와 색상, 물건. 당신을 흥분시키고, 당신이 재미있다고 생각하는 것. 당신의 이름과 아바타. 당신이 사용하는 단어, 말하는 억양.

이것은 시작에 불과하다. 이제 여러분은 친구와 가족뿐만 아니라 한 번도 만난 적 없는 컴퓨터에도 기억되고 있으며, 컴퓨터가 여러분에 대해 감지하는 것은 데이터로 결정화해 인터넷을 통해 방대한 서

버로 전송되어 수십억 명의 다른 사람들의 데이터와 함께 저장된다. 당신의 데이터는 당신이 쓸 수 있는 어떤 회고록보다 빠르게 축적되고 있으며, 당신이 죽으면 그 데이터는 당신보다 더 오래 남게 될 것이다. 아울러 또 다른 기계는 이들 데이터에서 보이지 않는 패턴을 찾도록 훈련된다.

지난 수십 년 동안 수많은 뛰어난 엔지니어, 수학자, 심리학자, 컴퓨터과학자, 인류학자들이 대학을 졸업하고 알파벳, 메타, 바이두, 텐센트, 기타 거대 정보 기업 그리고 미국과 중국 정부에서 일하고 있다. 1940년대라면 이 지성인들은 맨해튼프로젝트에서 원자를 쪼개는 연구에 투입되었을 수도 있고, 1960년대라면 제트추진연구소에서 우주선을 설계하는 일에 종사했을 수도 있다. 오늘날 명민한 젊은이들은 인간 데이터를 기록, 수집, 분석하는 새로운 방법을 찾아내며 많은 보수를 받고 있다. 언어의 보이지 않는 패턴을 이용해 기계는 언어를 배우지 않고도 사람의 말을 번역할 수 있고, 얼굴의 숨겨진 패턴을 이용해 사람의 미소가 진심인지 아닌지를 구별할 수 있다. 우리는 이러한 데이터의 축적 그리고 이를 통해 패턴을 이해하는 사람들에 의해 우리가 조작될 수 있다는 사실을 마지못해 받아들이고 있다.

이 모든 과정에서 우리는 우리가 동물, 인간 동물이라는 사실을 쉽게 잊는다. 우리의 신체, 행동, 소통 등 모든 패턴은 '생물학'이다. 인간에게서 보이지 않는 패턴을 찾기 위해 우리가 만든 도구는 다른 종에게도 적용될 수 있다. 옷감을 판별하는 데 유용했지만 벼룩의 기원을 알아내는 데도 사용했던 반 레벤후크의 현미경처럼, 많은 추적 장치, 센서, 패턴 인식 기계는 원래 사람들에게 물건을 효과적으로 판매하기 위해 개발되었지만, 이제는 바깥세상으로 눈을 돌려 다른 종과 자연을 향하고 있다. 그리고 그 과정에서 생물학에 혁명을 일으키고 있다.

이 책은 이 새로운 발견의 시대, 즉 자연계의 암호를 해독하는 선구자들에 관한 이야기이다. 빅데이터가 거대한 짐승과 만나고, 실리콘 기반 인공지능이 탄소 기반 생명체에서 패턴을 찾아내는 최전선으로의 여행이다. 가장 신비롭고 매혹적인 동물인 고래와 돌고래에 초점을 맞추고, 최근의 기술이 고래의 숨겨진 삶과 능력에 대해 우리가 알고 있는 것을 어떻게 근본적으로 변화시켰는지를 살펴본다. 수중 로봇, 방대한 데이터 세트, 인공지능, 인간 문화의 변화가 결합해 생물학자들이 고래의 소통을 해독하는 방식을 어떻게 변화시키고 있는지를 탐구한다.

이 책은 고래와 대화하는 법을 배우는 것에 관한 책이다. 우리의 과학, 기술, 문화가 변화하고 있는 지금, 고래의 말을 이해하는 것이 과연 가능한지에 대해 다룬다. 인간의 패턴을 찾고 읽는 기계를 가지고 다른 종이 내는 소리에 적용하면서, 과연 반 레벤후크가 현미경으로 보았던 미시 세계가 우리의 삶을 변화시킨 것처럼, 다른 종에게서 발견한 것에 의해 우리가 변화할 수 있을지 궁금했다. 우리의 발견이 이 동물들을 보호하도록 강제할 수 있을까?

이 모든 것이 다소 억지스럽게 들릴지도 모르겠다. 나 역시 그렇게 생각했다. 하지만 이 이야기는 그냥 생각해낸 것이 아니다. 이야기가 나를 찾아왔고 나는 우연히 그 이야기를 따라가게 되었다. 이 이야기는 2015년 30톤에 달하는 혹등고래가 바다에서 뛰어올라 우리 위에 떨어지면서 시작된다.

제1장

고래와의 만남

바다는 차갑다고 하지만 그 안에는 가장 뜨거운 피가 흐르고 있다.

제임스 T. 커크 함장, 〈스타트렉 IV: 귀환의 항해〉

2015년 9월 12일, 캘리포니아 연안의 몬터레이만에서 친구 샬럿 킨로치와 카약을 타고 있었다. 우리는 아침 6시쯤 해안 도시인 몬터레이와 산타크루즈 사이의 기다란 만 중간쯤에 있는 심해 항구인 모스 랜딩에서 가이드 및 다른 카약 여행자 6명과 함께 해안을 떠났다. 짝을 지어 나뉜 우리는 2인용 카약을 배정받았다. 쌀쌀한 날씨에 안개가 자욱했으며, 젓는 노에서 바다 표면으로 떨어지는 물소리가 들릴 정도로 고요했다. 잔잔한 항구 방파제 안에서 해달들이 푹신한 뗏목에 서로 등을 맞대고 쉬면서 멀리 우리를 바라보고 있었다. 방파제에 쌓인 바위를 지나 넓은 바다로 향하자 바다사자 무리가 거대한 수중 기계의 톱니바퀴를 돌리는 것처럼 수면 위를 구르며 킁킁 콧소리를 냈다. 주변 안개가 아침 햇살을 산란시켜 마치 라이트박스 안에서 노를 젓는 것처럼 느껴졌다. 보이는 것이 거의 없는 순간에도 우리 주위에

이 물보라 아래에 샬럿과 나, 카약, 혹등고래가 있다.

는 생명으로 가득했다. 머리 위로 펠리컨이 갈매기의 울음소리에 맞춰 날았다.

금속 같은 회색빛 바다를 바라보았다. 아래에는 그랜드캐니언보다 더 깊은 수중 골짜기가 있었다. 육지와 가까운 거리였지만 이미 수심은 수백 미터에 달했고, 해안에서 멀리 바다까지 약 50킬로미터나 뻗어 있는 거대한 균열이었다. 세계에서 세 번째로 큰 바닷속 계곡인 이 기이한 지질학적 구조는 먹이가 풍부한 깊은 바닷물을 수면 위로 끌어올린다. 거기서 햇빛과 영양분이 만드는 해양 연금술은 자연의 경이로 여겨지는 놀라운 먹이사슬을 공급한다. 444킬로미터의 해안선과 15500제곱킬로미터의 바다에 걸쳐 있는 국립해양보호구역은 블루 세렝게티라고 불릴 만큼 풍부하고 다양한 생물이 서식하고 있다.

뭍에서는 이를테면 탄자니아의 세렝게티처럼 이름에 걸맞은 거대 동물을 볼 수 있는 곳이 몇 군데밖에 없다. 또한 대부분의 대륙에서 가장 큰 동물은 소일 가능성이 크다. 하지만 바다에는 여전히 거대 짐승이 많이 남아 있다. 대부분 인간의 눈에서 멀리 떨어진 극지방의 바다나 외딴 열도에 모여 산다. 하지만 이곳에는 협곡 덕분에 백상아리, 장수거북, 대왕개복치, 코끼리바다물범, 혹등고래, 범고래, 그리고 거대 동물 중 가장 거대한 대왕고래 등 지구상에서 가장 큰 수중생물들이 한데 어우러져 살고 있다. 해안 바로 옆, 인류 최대 규모의 도시 외곽지역과 접한 곳, 바로 샌프란시스코와 실리콘밸리에서 내려가는 길목에 말이다.

가이드인 션은 수염을 기른 갈색 머리의 젊은 남자였는데, 뭍에서 입는 옷보다는 카약 치마를 허리에 두른 채 더 많은 시간을 보내는 것 같았다. 션은 고래가 보이면 100미터 정도 떨어져 있어야 한다고 했다. 고래는 야생동물이기 때문에 고래를 방해하지 않는 것은 우리 몫이지 그 반대는 아니었다. 이 해역에는 많은 종류의 고래가 있었다. 멕시코의 출생 해역에서 해안을 따라 새끼를 호위하는 어미 귀신고래, 이들의 새끼를 사냥하기 위해 숨어 있는 범고래, 플랑크톤 떼를 쫓으며 유유히 지나가는 긴수염고래, 밍크고래, 오징어를 사냥하는 큰코돌고래가 있었다.

노를 저어 항구를 빠져나온 지 채 몇 분이 지나지 않아 고래가 나타났다. 고래 천지였다. 아침 안개가 걷히자 고래 주둥이들이 수면에서 사방으로 솟구쳐 올랐고, 고래의 숨결이 모래 해안을 따라 몬터레이에서 바다로 향하는 공기를 가득 채웠다. 보전 생물학자이자 야생동물 다큐제작자인 나는 운 좋게도 다양한 종류의 고래를 숱하게 볼 수 있었다. 하지만 이런 경험은 처음이었다. 엄청나게 많은 고래였다. 처음에 우리가 발견한 고래는 모두 800여 미터 정도 떨어진 먼 곳에 있었다. 그러다 세 마리의 고래 무리가 아주 가까운 거리에서 차례로 나타나 빠르게 움직이기 시작했다. 얼마 지나지 않아 더 많은 녀석들이 나타났고 우리 뒤로 사라졌다.

션이 서로 바짝 붙어 있으라고 말했다. 우리는 거리를 유지하기 위해 노를 뒤로 저어 물러났다. 바람도 파도도 없는데 갑자기 고래가 수면 위로 올라오는 숨소리는 낑낑거리는 말과 가스통의 압력이 낮아지는 소리처럼 무서울 정도로 크고 가깝게 느껴졌다. 고래 숨결이 비린내 나는 브로콜리처럼 바람을 타고 우리 쪽으로 날아왔다.

고래를 목격하는 것은 때로 용두사미로 끝날 수도 있다. 대개 고래가 숨을 쉬기 위해 올라올 때 보는데, 배의 갑판 위 높은 곳에서 보면 숨을 내쉬는 커다란 통나무를 얼핏 보는 것 같은 느낌이다. 그 규모를 가늠하기 어려운 경우가 많은 것이다. 하지만 카약에서 바라보는 것은 놀랍도록 달랐다. 수면을 따라 고래를 관찰하면서 고래의 크기와 힘을 느낄 수 있었다.

그날 아침 우리가 찾던 고래는 혹등고래(*Megaptera novaeangliae*)라는 종으로 고래, 돌고래, 상괭이를 포함하는 포유류 집단인 고래목 중에서 가장 큰 고래 중 하나였다. 혹등고래는 태어날 때 이미 흰코뿔소만큼 이나 몸무게가 나간다. 우리 주변을 헤엄치는 성체 고래들은 대부분 공항 셔틀버스 크기 정도였다. 뿌연 빛이 씻기듯 사라지자 피부 표면이 생생하게 보였다. 기다랗게 갈라진 틈과 흉터가 마치 오이와 같았고, 머리 꼭대기에서 두 콧구멍을 따라 근육질로 융기가 솟아 있었다. 윗면은 청회색이고 아랫면은 옅은 회색이었으며, 팔처럼 긴 가슴지느러미가 있었다.

들자하니 고래들은 바닷속에서 1.5킬로미터 넘게 펼쳐진 물고기 떼를 먹이로 삼는다고 하는데, 우리 아래에서 거대한 고래의 향연이 벌어지고 있는 게 분명했다. 혹등고래는 한 번에 수백 마리의 물고기를 사냥하고 삼키는 대식가이다. 또한 혹등고래는 유주성(遊走性)이다. 여름에는 남극, 알래스카, 몬터레이만과 같은 서늘한 바다로 이동해 하루의 대부분을 먹는 데 시간을 보낸다. 매달 잔치를 벌이며 살을 찌운다. 그런 다음 겨울에는 음식을 끊고 몇 달 동안 먹지 않는다. 그리고 따뜻한 열대 바다로 가 짝짓기를 하고, 기생충을 떼어내고, 새끼(송아지라고 부른다)를 낳는다.

혹등고래는 몸 일부를 물 밖으로 들어 올리거나 수면 위를 구르는 등 유난히 '수면 활동성'이 뛰어나다. 먹이를 향해 돌진할 때는 갑자기 머리 대부분을 물 밖으로 내밀고 입을 크게 벌린다. 잠수할 때는 우아하게 몸을 접고 꼬리지느러미를 수면 위로 길게 뻗는다. 열대지방에서는 긴 여정을 대비하면서 체력을 비축하기 위해 쉬거나 거의 움직이지 않는 것으로 보인다. 수컷(황소)들이 암컷(암소)들을 놓고 서로 싸우고 밀치며 벌이는 피비린내 경쟁인 '히트런(heat run)'을 하는 바람에 평화가 깨지기도 한다. 수컷 혹등고래의 연간 이동은 포유류 중 가장 길며 전 대양에 걸쳐 있다. 혹등고래가 먹이 섭이장으로 돌아올 때쯤이면 등뼈의 윤곽이 선명하게 보일 정도로 지방이 홀쭉하게 빠져 있다. 따라서 몬터레이에서 혹등고래는 느긋할 겨를이 없다. 먹이를 실컷 먹어야 하는 것이다.

사방에서 혹등고래들이 빠르게 움직이고 있었다. 서너 마리씩 짝을 지어 자주 방향을 바꾸는 것 같았다. 나는 이 고래들이 몸과 내뿜는 공기방울로 만든 벽으로 물고기 떼를 가둬 수면으로 밀어낸 다음 함께 돌진하는 방식으로 팀플레이를 한다는 것을 알게 되었다. 이와 같은 협력 작전에서 고래들은 서로 다른 역할을 맡는다. 협력하는 포유류로서는 드물게 고래 무리는 서로 친척이 아닌 경우가 많으며, 해마다 수천 킬로미터를 무리 지어 함께 이동한다. 나는 네 마리의 고래 무리가 수면 위로 올라와 몸을 정렬하고 가슴지느러미를 겹쳐서 밀착하는 모습을 지켜보았다. 고래들이 일제히 숨을 내쉬고 들이마시더니 곧바로 사라졌다. 마치 배구 선수들이 주먹을 맞부딪히며 득점 세리머니를 주고받는 것처럼 보였다.

이러한 관계를 우정이라고 한다(과학자들은 일반적으로 '다년간의 안정적 연합'이라고 부른다). 발가락에 쥐가 난 채 카약에 몸을 싣고 넋을 놓고 먹이를 먹는 모습을 지켜보았다. 나중에 듣기로는 그날에만 최소 120마리의 고래가 확인되었다고 한다. 때로 고래들은 지느러미로 물을 내리쳐 '파악' 하고 크게 소리('펙-슬래핑')를 내기도 했고, 수면 위로 머리를 들어 자신을 볼 수 있는 높이까지 공중으로 떠오르는 '스파이 호핑 (spy-hopping)'이라는 행동도 했다. 수평선 쪽에서는 고래가 물 밖으로 몸을 내밀고 멀리서 천둥 같은 굉음과 함께 하얀 폭발을 일으키며 다시 내려오는 장면을 여러 차례 목격했다. 당시에는 이것이 몬터레이만에서도 보기 힘든 풍경으로, 고래가 먹이 떼를 향해 몰려드는 것이라는 점을 몰랐다. 잔잔하기 그지없는 날 해안과 가장 가까운 곳에서 고래가 가장 많이 모여 있는 장면을 우연히 보게 된 것이다.

우리 가이드 션이 있는 쪽을 보는데, 왠지 편치 않아 보였다. 션은 우리 일행의 보트 네 척을 앞뒤로 훑으며 너무 멀리 떨어져 있으면 다시 모이라고, 새로운 고래가 나타나면 뒤로 노를 저어 달라고 수시로 외쳤다. 물론 고래는 카약보다 훨씬 빠르게 움직였다. 아침이 밝아오면서 고래탐사선 서너 척 그리고 다른 카약이 합류했다. 해변에 너무 가까이 붙여 있던 스탠드업 패들보더 한 명이 모래사장으로 밀려 나갔다. 얼마나 춥고 물에 젖었는지 배 아래쪽 감각이 하나도 느껴지지 않았다. 두어 시간 후, 평생 고래를 한 번도 본 적이 없는 샬럿과 나는 경외감과 함께 몹시 지친 몸을 이끌고 고래로부터 보트를 돌려 나머지 일행들과 해안으로 향했다.

항구까지 반쯤 왔을 때 갑자기 10여 미터 전방에서 성체 혹등고래

한 마리가 바다에서 솟구쳐 올랐다. 샬럿은 이 장면을 바다에서 빌딩이 솟아오른 것 같았다고 표현했다. 물속에 있을 때 고래는 마치 빙산과 같다. 일부만 보일 뿐 그 크기를 제대로 가늠할 수 없다. 혹등고래의 발 하나 무게는 약 1톤에 달하며 성체의 길이는 약 9~15미터에 이른다. 무게는 이층버스 무게의 3배에 달한다. 이런 동물이 머리 위에 맴돌고 있는 모습이 어떨지 상상할 수 있을까? 돌아가는 길, 잔잔하고 고요한 바다에서 근육과 피와 뼈로 이루어진 거대한 덩어리가 공중에 떠서 우리를 향해 날아오고 있었다. 목에 홈이 파여 있었던 기억이 난다. 속으로 생각했다. '배에 난 주름.'

이후 기억나는 것은 물속이었다.

혹등고래는 가장 큰 티라노사우루스보다 3배나 크고, 약 5미터 길이의 가슴지느러미는 지구 생명체 역사상 가장 크고 강력한 팔이다. 혹등고래의 가슴지느러미를 엑스레이로 촬영하면 견갑골과 상완골, 요골과 척골, 손뼈와 손가락이 연결되어 있는 등 조상들이 바다로 돌아가기 전 육지에서 살았던 삶의 유산이 고스란히 남아 있는 괴물 같은 팔을 볼 수 있다. 고래가 우리를 덮치자 그 충격으로 카약이 물속으로 가라앉았고, 우리는 가라앉는 고래와 함께 빨려 들어갔다. 조금 전까지 우리가 있던 곳은 물보라만 남았다. 카약에서 튕겨져 나온 나는 인형처럼 빙글빙글 돌았고, 생각보다 빠르게 차가운 물속으로 빨려 들어가면서 높은 곳에서 뛰어내릴 때처럼 아랫배가 요동쳤다. 눈을 떴지만 아무것도 보이지 않았다. 고래는 여전히 아주 가까이 있는 것 같았다. 하지만 고래는 아무 일도 없다는 듯 나에게서 멀어져갔다. 하얀색 폭발은 검은 바닷물이 되었다. 온통 두려움뿐이었다. 그 순간까지는 그게 사실이었다. 머리 위에 고래가 있고, 나는 꼼짝없이 죽을 것이다. 내 머릿속 파충류의 뇌는 내가 아직 죽지 않은 유일한 이유는 내가 쇼크 상태여서 몸이 산산조각이 났다는 것을 느끼지 못하기 때문일 것이라고 합리화했다. 곧 고통에 휩싸여 의식을 잃을 것이 분명했다. 하지만 기적이 일어난 듯 구명조끼가 위로 당겨지는 것이 느껴졌다. 나는 빛을 향해 발버둥을 쳤다.

샬럿이 죽었을 거라고 생각했다. 수면 위로 올라와 주위를 둘러보니 샬럿의 머리가 보였다. 샬럿의 살아있는 머리는 몸의 나머지 부분에 붙어 있었고, 눈을 동그랗게 뜨고 아드레날린과 공포로 가득 찬 미소를 지으며 입을 꽉 다물고 있었다. 말도 못할 기쁨이 몰려왔다. 살았다.

'대체 어떻게 우리가 산 거지?'

우리는 물이 가득 차서 수면 위에 둥둥 떠 있는 카약으로 헤엄쳐 가서 매달렸다. 충격으로 카약의 코가 움푹 파이고 찌그러져 있었고, 고래의 피부에 붙어사는 따개비로 긁힌 자국이 나 있었다.

나중 일이지만 물 위에 떠 있는 카약의 단단한 플라스틱이 찌그러지려면 얼마나 강한 힘이 필요할까 궁금했다. 욕조에 떠 있는 고무 오리를 있는 힘껏 내리쳐도 자국이 남지 않을 것이다. 과학자들이 추정한 바에 따르면, 혹등고래가 이렇게 파괴하려면 초당 최대 8미터의 속도여야 하는데, 이는 트럭 크기의 물체가 물속을 이동하기에는 엄청난 속도였다. 대형 성체 고래가 이런 속도로 돌파하려면 수류탄 40발에 해당하는 에너지가 방출되어야 한다고 연구팀은 추정했다. 마치 벼락을 맞고도 살아남은 것 같은 기분이 들었다.

다른 카약에 있던 사람들이 우리보다 더 하얗게 질려 노를 저으며 다가왔다. 방금 우리가 죽는 걸 봤다고 생각했으니 그럴 만도 했다. 누군가 물속에서 샬럿의 슬리퍼를 낚아채는 동안 고래를 관찰하던 보트가 우리 옆으로 다가왔다. 우리는 고개를 들어 사람들을 바라보았다. 몇몇은 소리를 질러 괜찮은지 물었고, 어떤 이들은 휴대폰으로 우리를 촬영하기도 했다. 대부분은 다른 쪽, 바다를 바라보고 있었다. 그들은 우리가 물보라에 휩쓸려 카약에서 떨어졌다고 생각했을 뿐, 실제로 고래가 우리를 덮쳤다고 생각하지 않았다. 안도감과 충격에 휩싸인 우리는 다른 사람의 카약에 매달렸다. 누군가 우리 카약을 뒤집어 물을 비워주었다. 우리는 안전했다. 바로 그때 고래 한 마리가 수면을 따라 우리 쪽으로 다가오기 시작했다.

"한 번 더 하려나 봐요!"

옆 카약에 있던 사람이 농담을 던졌다.

나는 웃었으나 내심 불안했다. 혹등고래는 사람을 먹지 않고, 사실 이빨도 없고 목구멍이 자몽만 해서 사람을 먹을 수도 없다는 사실을 알고 있었으며, 또 사람을 자주 공격하지 않는다는 사실도 알고 있었다. 점점 다가오는 고래가 우리를 덮칠 것 같은 순간, 고래는 머리를 아래로 기울여 몸을 숙였다. 혹등고래는 잠수할 때 등을 구부리면서 등지느러미 앞쪽의 불룩한 부분이 눈에 띄게 드러나는데, 이 부분 때문에 혹등고래의 이름이 붙은 것이다. 긴 등뼈가 구부러지고 고래의 머리가 바다 속으로 가라앉는 동안에도 고래의 다른 부분은 여전히 위쪽으로 움직이고 있었다. 기차의 객차처럼 고래의 일부가 먼저 솟아올랐다가 아래로 사라졌다. 등지느러미, 굵고 통통한 꼬리자루(디플로도쿠스(diplodocus)의 꼬리처럼 사람의 몸통 너비만큼 좁아지는 부분), 그리고 마침내 거대한 꼬리지느러미가 반짝이며 공중으로 떠오르고, 거대한 지느러미 절반 끝에서 물방울이 떨어졌다.

물 위에 떠 있던 나는 고래 관찰자들이 몹시도 사랑하는 고래가 눈앞에 있는 광경에 넋을 잃었다. 거대한 검은색 하트 모양의 고래 꼬리가 회색빛으로 빛나고 있었다. 꼬리 끝만 해도 말만 한 크기였다. '이게 플루킹이구나.' 나는 생각했다. '꼬리의 무게로 부력을 이겨내고 가라앉기 위해 하는 행동이야.' 고래가 사라진 자리에는 커다란 팬케이크 같은 흔적이 물 위에 남았다. 고래 발자국이었다. 고래가 지나갈 때 아래로 발을 뻗으면 고래의 몸을 만질 수 있을 것 같았다. 하지만 현실은 카약에 나무늘보처럼 달라붙어 축 늘어진 다리로 감싸고 있었다. 그 순간 방금 고래 한 마리가 우리에게 달려들었고 거기서 살아남았다는 것이 떠올랐다. 내가 샬럿을 돌아보며 이 사실을 말하자 샬럿은 자기도 알고 있으니 뭍으로 돌아갈 때까지 좀 조용히 있으라며 쏘아붙였다.

고래 관찰자들은 관찰을 다시 시작했고, 우리는 물이 빠진 카약에 다시 올라탔다. 션은 조난이라도 당한 듯 자신의 카약에 우리 카약을 밧줄로 엮어 항구로 향했다. 모스 랜딩 뒤편에 있는 폐발전소의 거대한 굴뚝 두 개가 얇게 걷힌 안개 사이로 어렴풋이 모습을 드러냈다. 몸이 오들오들 떨렸다.

돌아가는 길에 고래를 보러 가는 사람들과 마주쳤다. 모두 잔뜩 상기된 얼굴이었다. "고래 한 마리가 방금 우리 위를 덮쳤어요." 지나가는 무리에게 내가 말했지만, 이상하고 쫄딱 젖은 영국인을 쳐다보고 활짝 웃더니 계속해서 바다로 나아갔다. 베이스캠프로 돌아오니 사람들이 몬터레이만 카약 야구모자와 핫초콜릿을 주었다. 우리에게 더는 말을 시키지 않았다.

마치 실수라도 한 것처럼 이상하게 어색한 기분이 들었다. 방금 우리에게 어떤 일이 벌어졌는지 또 어떤 끔찍한 일이 일어날 뻔 했는지 헤아릴 수 있는 사람은 없는 듯했다. 어쩌면 우리가 고소할까 봐 걱정했을지도 모르겠다. (나중에 고래 카약 투어를 더는 진행하지 않는다는 소식을 들었다. 보험이 적용되지 않는다는 이유였다.) 친구가 우리를 에어비앤비 숙소로 데려다줬다. 돌아오는 길, 샬럿이 끝내 눈물을 터뜨렸다.

신발끈을 묶으려고 차에서 앞으로 몸을 숙이는 순간, 부비강에 갇혀 있던 바닷물이 코로 흘러나왔다. 생각이 나는 것이라곤 찰나의 순간 내가 겪은 아름다운 폭력, 그리고 우리 말을 믿을 사람은 아무도 없을 것이라는 생각뿐이었다. 문득 아침에 두 대의 고프로 카메라를 차에 두고 내렸다는 생각이 났다. 샬럿이 카메라를 가져가라고 했지만, 내가 고래 영상은 다 똑같으니 가져가지 말자고 했던 것이었다.

우리는 빌린 비치하우스에서 친구들과 다시 만났다. 기나긴 단체 휴가가 끝난 친구들은 모두 공항으로 떠날 준비를 하고 있었다. 나는 근처에 있는 다른 친구들과 캠핑을 하기 위해 남았다.

"늦었네." 친구 루이즈가 말했다. "네 짐 싸느라 아침도 못 먹었어."

"고래 한 마리가 우리를 덮쳤어." 내가 말했다.

"좋네. 근데 빨리 출발하지 않으면 지각으로 벌금을 내야 해." 루이즈가 말했다.

나는 내내 말이 없던 샬럿을 껴안았다. 그녀는 고래와 위험한 탐험을 모두 좋아해서 불만이 많았던 남편 톰에게 일어난 사건을 애써 말하려 했다. 우리는 남은 아침을 먹었다. 그러고 나서 모두들 떠났다. 샬럿은 집으로 돌아가는 비행기에서 졸도해 산소마스크를 써야 했다.

～～～～

해변가 별장 밖 길가에 앉아 친구 니코와 그의 부모님이 데리러 오기를 기다렸다. 내가 겪은 이야기를 증언해줄 유일한 사람은 떠나고 없었다. 나는 니코의 어머니 그리고 니코의 당시 여자친구였던 타냐와 함께 차 뒷좌석에 비집고 들어가 앉았다. 내가 겪은 일을 이야기하니 다들 믿는 눈치였지만, 니코의 어머니는 타냐의 부모의 일에 더 관심이 많았다. 고래 이야기를 계속할 수는 없어서 다른 이야기를 꺼냈다. 몇 시간 후, 빅서 산맥의 소나무 숲에 있는 캠프장에 도착했다. 어둠이 내려앉고 있었고 나는 먼지가 날리는 언덕에서 태평양을 바라보며 맥주를 마셨다. 근처 있던 다른 캠퍼들은 음악을 들었다. 전화 신호도 잡히지 않는 곳이라 어디 이야기할 데도 없었다. 누가 내 말을 믿어줄까. 30톤짜리 고래가 우리를 덮쳤다면 누가 믿을까?

그날 밤, 텐트에서 잠이 깬 나는 어둠 속을 올려다보다 허공에서 엄청나게 커다란 고래를 보았다. 바닷물이 흘러내리고 있었고, 고래의 수염이 자리 잡은 우툴두툴한 혹이 머리 주위에 흩어져 있었으며, 지느러미 가장자리에는 따개비가 붙어 있었다. 바다보다 공중에서 훨씬 더 거대해 보였지만 터무니없는 농담처럼 느껴지기도 했다. 고래가 덮친 순간에는 무서워할 겨를이 없었지만, 그때를 떠올리니 심장이 쿵쾅댔다. 이후 몇 년 동안 사람들은 나에게 트라우마가 생긴 것은 아닌지 물었으나 그건 아니었다. 솔직히 말하면 트라우마가 아니라 들뜬 상태였다. 바라보고 느끼는 것은 얼마나 경이로운 일인가. 자리에 누운 나는 눈을 감고 그 순간을 결코 잊지 않으려고 당시 일을 하나하나 가슴에 새겼다.

이튿날 샌프란시스코로 차를 몰고 돌아왔다. 국립공원을 떠날 무렵 휴대폰 신호가 다시 잡혔다. 타냐와 니코의 어머니가 반려동물 문제로 논쟁을 벌였고, 니코가 사이에서 중재했다. 차를 타고 가는 도중 나는 인터넷에서 사진, 블로그 등 무엇이든 내 말이 진짜임을 증명할 수 있는 자료를 뒤졌다. 그리고 마침내 찾았다. 정말 우연찮게 고래가 바다에서 뛰어오르던 순간 근처 고래 관찰 보트를 타고 있던 래리 플랜츠라는 남자가 휴대폰으로 촬영을 한 것이다. 영상을 보니 우리가 노를 저어 가는데 갑자기 고래가 나타나 우리 위로 떠올라 떨어졌고 샬럿과 나는 순간적으로 하얀 폭발과 함께 사라졌다가 6초 후에 다시 튀어 올랐다. 영상은 래리가 "내가 찍었어, 동영상을 찍었어"라며 의기양양하게 소리치는 으스스한 녹음과 함께 "카약, 카약!"이라고 외치는 주변의 한 여성의 소리로 마무리되었다. 래리는 고래 관찰 회사에 영상을 보냈고, 회사는 이를 유튜브에 업로드했다. 조회수는 이미 10만을 넘어선 상태였다.

곧 더 많은 사람들이 이 영상을 보게 될 것이라는 사실을 예감한 나는 어머니, 캐럴라인에게 전화를 걸었다. 나는 고래가 덮쳐 죽을 뻔

래리 플랜츠가 찍은 동영상에서 캡처한 장면

했지만 괜찮다고, 집으로 돌아가고 있다고 말씀드렸다. "아버지라면 어떻게 생각하셨을까?" 어머니가 말했다. 나 역시 같은 생각이었다. 아버지 마이클은 이상한 짐승과 바다 이야기를 좋아하셨다. 하지만 아버지는 몇 달 전에 돌아가셨기 때문에 물어볼 수 없었다. 아버지를 잃은 슬픔을 아직 잊지 못하고 있던 나는 뭔가 흥미로운 일이 생기면 아버지에게 전화해야겠다는 생각을 하다가도 아버지가 돌아가셨다는 사실에 가슴이 덜컥 내려앉으며 당혹스러웠다.

공항에 있는 동안 〈굿모닝 아메리카〉에서 인터뷰를 요청하는 전화가 왔다. 이튿날 런던에 도착했을 때 동영상 조회수는 400만 건을 넘어 계속 늘어나고 있었다. 고래와의 조우는 입소문을 타기 시작했고 이제 그 자체로 디지털 생명력을 갖게 되었다. 히스로공항에서 지하철을 타고 달스턴 킹스랜드에 내렸다. 해가 뉘엿뉘엿 저물며 황금빛으로 물들어가는 아름다운 초가을 저녁이었다. 사람들은 아무 일 없었다는 듯 거리에서 술을 마시고 소리를 질렀다. 이틀 전만 해도 고래 한마리가 내 머리 위로 우뚝 솟아 있었는데 어떻게 아무것도 변하지 않을 수 있을까? 아버지가 돌아가신 다음 날, 아버지의 별장에서 집으로 돌아오는 길에 같은 길을 걸으며 비슷한 느낌을 받았던 기억이 떠올랐다. 나에게 세상은 예전과 같지 않았으나 내가 바라보는 다른 사람들은 모두 아무 일도 없었다는 듯 살아가고 있었다. 600만 명이 넘는 사람들이 영상을 시청했다. 숨겨진 신비로운 거대 짐승과 두 작은 인간의 장엄하고 예기치 못한 충돌이 어떤 암울한 매혹을 불러일으키는 것 같았다.

　이 아찔한 사고에서 의미를 찾는다는 것은 시골길을 가던 다람쥐가 덜컹거리며 눈앞을 지나는 트럭에서 그 의미를 찾는 것만큼 어리석은 짓이다. 하지만 고래와 충돌했던 사고 며칠 후, 친구인 뉴욕 마운트시나이 아이칸 의과대학의 조이 레이든버그 교수가 이 사건에 대해 생각해봤다며 편지를 보내왔다. 여러 다큐에서 함께 작업한 고래 전문가인 조이는 평생을 고래 해부학을 연구해왔다. 범고래 두개골과 의대생들이 해부하는 시체로 둘러싸인 센트럴파크 위쪽 17층 연구실에서 일하는 조이는 고래가 덮친 경로가 좀 이상해 보인다고 썼다. 처음에는 한 방향으로 가다가 우리 위쪽 공중에서 경로를 바꾸는 것처럼 보인다는 이야기였다. 고래는 우리를 덮치는 대신 지느러미로 스쳐 지나면서 방향을 틀었다. 조이가 말했다. "고래가 일부러 치지 않으려

샬럿과 나는 행복하게 살아가고 있다.

고 했기 때문에 둘이 살아남은 것 같아요."

조이의 말이 맞을까? 정말 고래가 우리를 피하려고 했을까? 고래는 떨어질 때 우리를 짓이기거나 물속에서 다치게 하지 않았고 아주 천천히 멀어졌다. 뉴에이지 친구들은 이는 우주의 계시라며 레이든버그 박사의 의견에 동의했다. 그러나 다른 고래 전문가들은 다른 의견을 내놓았다. 어떤 이들은 고래가 우리를 공격했을 가능성이 높다고 했다. 다른 사람들은 먹이를 먹은 고래가 흔히 하는 행동으로 다른 고래에게 무언가 신호를 보내는 것이라고 믿었다.

고래가 뛰어올라 덮치는 행동을 이해하려 할 때 문제 중 하나는 고래가 왜 그랬는지 전혀 모른다는 것이다. 정말 기이한 일이다. 지구의 생명체 역사상 가장 큰 동물 중 하나인 고래는 자기가 살고있는 바다를 뛰어 올라 멋진 특수효과처럼 발레 동작을 하는데, 우리는 그 이유를 모른다. 어떤 사람들은 고래가 피부에 붙어 있는 거대한 이와 따개비를 제거하기 위해 점프한다고 생각한다. 또 다른 사람들은 고래가 힘을 과시하거나 놀이 또는 연습을 위해 뛰어오른다고 주장한다. 가장 널리 알려진 이론은 이런 행동이 소통이라는 것이다. 고래는 소리를 내서 상호작용하지만 바다는 소음이 많고, 고래가 발성할 때 발생하는 소리는 매우 크고 공기보다 훨씬 더 잘 전달되는 물을 통해 이동하기 때문에 수킬로미터 떨어진 곳까지 들린다. 우리가 고래 사이의 대화에 끼어들어, 우연찮게 물보라가 튀는 문장으로 구두점을 찍은 건 아닐까? 고래에게 이런 행동은 모든 것을 의미할 수도 있고, 아무

것도 의미하지 않을 수도 있다.

조이의 말을 빌리자면, "그게 무엇인지는 아무도 몰라요. 당신에게 무슨 일이 일어났는지 확실히 아는 사람은 아무도 없습니다. 마치 길거리에서 춤을 추고 있는 사람에게 '왜 춤을 추고 있느냐'고 묻는 것과 같아요. 행복해서일 수도 있고, 미쳤거나, 신발에 개미가 들어갔을 수도 있습니다. 고래의 머릿속을 들여다보거나 고래에게 '왜 그런 짓을 했느냐'고 물어볼 수는 없죠."

고래에게 물어볼 수 없다는 말은 사실이었다.

우리 사건이 각종 매체에 소개되었다. 우리는 전 세계 신문에 실리고, 〈타임〉에 소개되고, 일본 게임 쇼프로그램에 이름이 등장했다. 보도와 오보가 전 세계로 빠르게 퍼져나갔다. 한 아침방송에 출연했을 때, 진행자는 황당하게도 이렇게 물었다. "고래가 당신에게 뛰어들었을 때 … 고래라는 것을 알았나요?" 내가 말했다. "네, 그럼요. 고래라는 것을 알았죠." 우리 일은 밈, 움짤, 공유 가능한 동영상으로 옮겨졌다. 〈선데이타임즈〉 만화가들은 샬럿을 데이비드 캐머런 총리로, 나는 노 젓는 배를 탄 조지 오스본 수상으로, 우리에게 달려드는 고래는 노동당 당수 제레미 코빈으로 그렸다.

당시 영상을 돌려 보던 나는 소름 끼칠 정도로 매료되었다. 느리게 재생해보니 고래가 떨어지면서 카약 뒤쪽의 인물이 작아지는 것이 보였다. 바로 카약을 뒤집으려고 하는 나였다. 하지만 앞쪽에서 노를 잡고 있던 샬럿은 그대로 얼어붙은 채로 똑바로 있었다. 샬럿은 고래에 훨씬 더 가까이 있었다. 그녀는 물보라가 사라질 때까지 계속 고래를 쳐다보고 있었다. 우리 어머니가 뉴스에 나와 이렇게 말했다. 샬럿은 다시는 바다에 들어갈 수 없다고 했고, 아들이 무사해서 안도했지만 자기가 가야 할 길이라고 생각한다는 말이었다. 뉴스는 계속 그렇게 흘러갔고 그게 끝이었다.

하지만 상황은 예전 같지 않았다. 나는 고래 광신도들의 전도사 역할을 하는 고래 소년이었고, 만나는 사람마다 고래나 돌고래에 관해 이야기했다. 요크셔에서 은퇴한 한 해군 잠수사는 잠수함을 타고 심해로 이동할 때 고래의 노랫소리가 선체를 통해 울려 퍼지는 것을 들었다고 말했다. 고래들이 잠수함을 가지고 노는 것처럼 느꼈다고 했다. 한 과학자는 멕시코 석호에서 귀신고래 한 마리가 다가와 고개를 들고 입을 벌린 채 작은 보트 옆으로 뒹굴었다는 이야기를 들려주었다. 그녀는 고래의 입 안쪽으로 손을 뻗어 떨리는 거대한 혀를 어루만졌는데, 고래는 계속 눈을 감고 있었다. 한 출판사 직원은 호주에서 야생 돌고래와 수영을 했다고 했다. 한 마리가 헤엄쳐 와서 머리에 있는 음파탐지기 같은 반향정위 기관으로 그녀의 몸을 스캔하듯 윙윙거렸다. 돌고래는 다른 누구도 아닌 그녀에게 집중적으로 관심을 보였다. 가이드는 돌고래가 임신했다고 말했다. 출판사 직원은 며칠 후 자신도 임신했다는 사실을 알게 되었다.

아이들에게서 많은 편지를 받은 나는 학교에 가서 내가 겪은 일을 이야기했다. 한 아이는 이렇게 편지를 보냈다. "톰 아저씨께 … 고래가 어떻게 아저씨에게 뛰어든 건가요?" 그러고는 "아저씨에게도 칭구들이(Firends) 있나요?"라고 물었다.

사실 고래로 인해 친구들을 만나게 되었다. 고래와 기이한 상호작용을 경험한 사람들, 그리고 고래에 푹 빠진 사람들. 나는 어렸을 때부터 고래를 좋아했다. 가장 먼저 떠오르는 기억 중 하나는 웨일스라는 나라가 거대한 돌고래 수족관이 아니라는 사실을 알고 실망했던 기억이다. 가족 휴가 앨범에는 범고래 엽서가 가득했고, 십대 시절 여름방학에 첫 번째로 한 일은 고래 관찰 보트에서 고래를 관찰하는 것이었다. 고래 유튜브에 오르기 전까지는 고래 관련 영상을 따로 찾아본 적이 없었지만, 그 사건 이후 고래라는 웜홀에 빠져들었다. 얼마 지나지 않아 인터넷 알고리즘이 알아차릴 정도로 고래와 돌고래 동영상을 많이 보게 되었고, 남극 고래 크루즈와 아쿠아파크 배너 광고가 쏟아졌다.

한 스쿠버다이버가 밤중에 수중 횃불을 비추며 어두운 물속에서 쥐가오리를 촬영하는 영상이 있었다. 큰돌고래 한 마리가 다가오는데, 가슴지느러미에는 커다란 낚싯바늘이, 돌고래 앞쪽 반은 나일론 줄이 휘감고 있었다. 다이버가 손짓을 하자 돌고래가 다이버의 앞으로 곧장 헤엄쳐와 물속에 가만히 누워 낚싯줄을 따라 움직이며 낚싯바늘을 흔들었다. 그 후 몇 분 동안 다이버는 손과 칼, 가위를 이용해 지느러미에서 낚시 장비를 떼어내고, 야생동물의 입과 등까지 길게 늘어져 엉킨 낚싯줄을 손가락으로 떼어냈다. 돌고래가 정말 도움을 요청하고 있었던 걸까? 정말 돌고래가 인간에게 지느러미를 내밀고 있었을까? 생물학자로 훈련받은 나는 이런 종류의 생각에 들어 있는 의인화를 경계해야 했다. 하지만 달리 어떻게 설명할 수 있을까?

또 다른 영상에서는 한 과학자가 수중에서 혹등고래 두 마리를 촬영하고 있는데, 한 마리가 그녀를 등에 업고 지느러미로 밀어내는 장면이 나왔다. 결국 그녀가 배로 올라가자 동료들은 비명을 지르며 물속에 뱀상어가 있었고 고래가 그녀를 보호해줬다고 외쳤다. "사랑해, 고마워!" 사람들이 배 근처에 머물던 고래를 향해 외쳤다.

캐나다에서는 카약을 타던 사람이 밝은 흰고래 무리를 향해 노래를 불렀더니 놀랍게도 그중 한 마리가 노래를 따라 불렀다고 한다. 카약에서 내려 초록빛 물속을 헤엄치며 물속에서 노래를 부르자 흰고래가 그를 바라보며 쩩쩩, 끽끽 노래를 따라 부르며 나란히 헤엄쳤다는 것이다. 종을 초월해 물속에서 같이 노래를 부르는 것은 어떤 의미일까? 아이폰과 고프로가 나오기 전에는 이러한 일들이 일화처럼 회자되고 운 좋으면 일부 믿는 사람들도 있을 것이라는 생각이 들었다. 하지만 동영상은 쉽게 무시할 수 없다. 물론 내 안의 과학자는 이런 일화에는 선택 편향이 있다고 말했다. 그러니까 돌고래가 다이버를 무시하고, 흰고래가 카약을 타는 사람을 조용히 외면하고, 혹등고래가 상어에 노출된 수영객을 방치하는 영상은 입소문이 나지 않는다. 그럼에도 이들 인간과 고래의 새로운 상호작용을 하나하나 살펴보면서 이 모든 것이 더해지면 어떻게 될지 궁금했다.

이들 영상 속 만남에는 종 사이를 아우르는 통찰이 있을까? 심지어 내가 살고있는 런던에서도 고래는 항상 화제에 올랐다. 말보다 기다란 새하얀 북극의 바다짐승 흰고래가 700만 명이 사는 도시 템즈강 하류를 헤엄쳐 내려왔는데, 대부분의 사람들은 이 고래에 대해 들어본 적도 없었다. 이 짐승은 하구를 헤엄쳐 올라와 몇 주 동안 윙윙거리며 소리를 내다가 다시 사라졌다.

설명과 대답이 필요한 사건이었지만, 일어났던 일 대부분은 이미 직관적으로 알 수 있었다. 고래와 돌고래는 사람들과 상호작용하고 있었고, 심지어 소통을 한 것일 수도 있다. 우리에게 달려든 혹등고래는 도대체 무엇을 말하려고 했던 걸까? 하지만 의인화를 경계해야 한다는 경보가 다시 울리면서 내가 바보 같다는 생각이 들었다. 그래도 의문은 남았다. 도저히 떨쳐버릴 수가 없었다.

~~~~~~

그 무렵 나는 10년 동안 야생동물 보호와 사람과 자연이 만나는 이야기를 전문으로 하는 야생동물 다큐를 제작하고 있었다. BBC 자연사 팀과 미국 방송사 PBS는 몬터레이만 주변 지역사회와 주민들의 삶이 고래와 어떻게 상호작용하는지를 다룬 다큐 제작을 의뢰했다. 내가 겪은 사건에 대해 최대한 많은 것을 알아내고자 했고, 이를 캘리포니아 연안 태평양에서 혹등고래에게 벌어진 일과 전 세계적으로 목격된 인간과 고래의 상호작용에 대한 더 넓은 이야기와 연결하려고 노력했다. 과학자, 열성적인 고래 관찰자, 구조대, 어부들과 함께 배를 타고 몇 달을 보냈다.

고래 관련 서적과 연구 논문이 머릿속에 쌓여 갔고, 더불어 기묘한 유튜브 동영상도 함께 쌓였다. 셋으로 구성된 소규모 제작진은 매일 새벽에 고래를 촬영하러 나갔다가 오후의 바람이 바다를 흔들어 안정적인 촬영이 불가능해지기 전에 돌아오곤 했다. 바다가 요동치거나 고래를 만나기 어려운 날에는 구명조끼 더미 위에서 잠을 잤다. 뷰파인더를 들여다보며 고래가 어디에서 튀어나올지 예상하고, 고래를 따라 카메라의 초점을 이동하고, 고래의 거대한 형상을 어떻게 찍을지 고민하고, 고래가 숨을 내쉬고 내리치는 소리를 슈퍼-슬로우 모션으로 재생하고, 소리를 증폭해 반복하고, 가끔씩 우리를 똑바로 응시하는 눈빛을 힐끗 쳐다보는 등 고래와 가까이 있는 시간이 많아질수록 이 신비로운 생명체는 더욱 신비롭게 느껴졌다. 고래가 된다는 것은 어떤 느낌일까? 우리와 같은 생각과 감정이 고래의 내면에서 꿈틀댈까? 일과가 끝나면 바닷바람에 지칠 대로 지친 나는 눈을 감아도 바다가 보였고, 몇 시간 동안 카메라 튜브(촬상관)를 통해 수평선을 바라보면 마음속에서 자이로스코프가 돌아갔다.

다큐를 제작하는 과정에서 세 가지 사건이 일어났다. 첫째, 고래의 세계에서 매주 새로운 예고를 하는 것 같았다. 새로운 고래 개체군이 발견되고, 새로운 행동이 목격되고, 심지어 새로운 종이 발견되기도

지은이가 몬터레이만에서 꼬리를 치는 혹등고래를 촬영하고 있다.

했다. 새로운 종의 코끼리가 이렇게 규칙적으로 발견된다고 상상해보라. 코끼리보다 최대 20배나 큰 동물이지만, 지난 몇 년 동안 과학자들은 남극에서 포유류를 사냥하는 범고래, 뉴질랜드에서 라마리부리고래라는 신비한 신종 심해 고래, 멕시코만에서 라이스고래라는 거대한 신종 여과섭식 고래 종을 발견했다. 인도양에서는 원자폭탄을 감지하는 수중 마이크로폰에 녹음된 소리를 통해 노래로 뚜렷이 구분할 수 있는 새로운 피그미대왕고래 군집 둘을 발견했다. 많은 과학자들은 이들 각각의 새로운 군집에서 새로운 행동 패턴, 새로운 형태의 소통, 그리고 새로운 문화가 존재한다고 믿는다. 물론 이런 것들은 우리에게만 새로운 것이었다. 고래 자체는 우리 시대 이전부터 존재해

왔다.

둘째, 촬영하는 동안 카메라뿐만 아니라 온갖 기계 장치에 둘러싸여 있었다. 드론은 고래를 촬영하고 측정하기 위해 상공을 날아다녔고, 연구용 선박은 수중음향센서를 매달았으며, 해저에도 카메라, 마이크 및 기타 센서가 장착되었다. 고래의 배설물, DNA, 점액을 분석하기 위해 장치가 사용되었다. 로봇 팔과 탐침이 달린 원격조종 선박을 조종하는 과학자들이 있었고, 약 2미터 길이의 미사일 모양 배는 한 번에 몇 달 동안 먼 바다의 파도 아래를 내려가 운항했다. 과학자들은 고래에 기기를 부착하여 고래의 움직임을 추적하고 고래의 관점에서 고래의 세계를 기록했으며, 인공위성은 우주에서 고래를 추적했다. 여기에 더해 매일 수천 명의 관광객이 바다로 나가 눈에 보이는 모든 고래를 촬영하고 사진을 찍었다. 고래 관찰 보트마다 드론 조종사가 있었고, 장대에는 카메라를 부착했으며, 이렇게 모인 자료는 디지털 사진 데이터베이스에 쌓였다.

고래는 그 어느 때보다 완벽하고, 꾸준하고, 속속들이 기록되고 있었다. 이러한 혁신적 도구는 우리가 자연세계와 맺었던 관계를 변화시키고 있다. 내가 생물학 학위를 취득하던 2000년대 초에는 이런 혁신적인 도구가 존재하지 않았다. 안토니 반 레벤후크의 확대경이 현미경 발견의 시대를 열었던 것처럼, 이들 기술 … 그리고 호기심이 고래 생물학의 황금기를 주도하고 있다.

촬영하면서 깨달은 세 번째 사실은 이 모든 정보를 이해하기 위해 다른 강력한 새로운 도구들이 사용되고 있다는 것이었다. 그리고 이 사실은 개인적으로 큰 반향을 불러일으켰다. 현지 시민 과학자들은 우리가 거의 죽을 뻔했던 사건이 있기 몇 주 전에 구축한 혹등고래 사진 데이터베이스를 이용해 샬럿과 나를 덮친 고래를 식별할 수 있었다. 이들은 그 고래를 '유력 용의자'로 특정했다. 이 발견은 혹등고래 사진에서 패턴을 찾기 위해 특별히 고안된 컴퓨터 알고리즘에 의해 이루어졌다. 또 다른 알고리즘은 해저에서 수년간 녹음된 오디오를 분석하여 몬터레이만의 고래가 노래를 부르고 있다는 사실을 밝혀냈는데, 이는 고래가 겨울철 열대지방에서만 노래한다고 생각했던 많은 사람들을 놀라게 했다. 고래는 겨우내 밤낮으로 노래를 불렀다. 이는 생물학 전반에 걸쳐 심오하고 놀라운 변화가 일어나고 있음을 보여주는 생생한 사례였다. 모든 새로운 기술은 우리가 꿈꿔왔던 것보다 더 많은 정보를 제공하고, 더 빠르게 분석할 수 있게 해주었으며, 우리와 함께 살고있는 환상적인 동물들에게 점점 더 가까이 다가갈 수 있게 해주었다.

이것은 무엇을 의미할까. 이와 같은 발견의 시대에 감지 및 패턴 인식 기계는 무엇을 의미할까? 이것이 시작에 불과하다면, 컴퓨터 알고리즘은 새로운 고래 데이터에서 또 무엇을 발견할 수 있을까?

다큐 촬영이 끝날 무렵 실리콘밸리에서 두 청년이 찾아왔다. 인터넷 회사를 설립해 큰 성공을 거둔 이들은 이제 환경보호에 기여하고 싶다고 했다. 두 청년은 최신 인공지능 도구를 사용하여 동물의 소통을 해독하는 데 "동물을 위한 구글 번역기 같은 것"을 만들고 싶다는 정말 엄청난 이야기를 했다. 이야기를 듣자마자 '유력 용의자'의 동기를 추측할 때 조이가 했던 말이 떠올랐다. "고래에게 '왜 그런 짓을 했느냐'고 물어볼 수는 없어요."

나는 내가 목격했던 모든 것에 대해서, 그리고 생물학자들이 기록하고 발견한 것의 근본적 변화에 대해 생각했다. 왜 고래에게 그냥 물어볼 수 없을까? 무엇이 우리를 가로막고 있을까? 과학적으로 말하자면 무엇이 그렇게 불가능했을까? 나는 알아보기로 했다.

제 2 장

바다의 노래

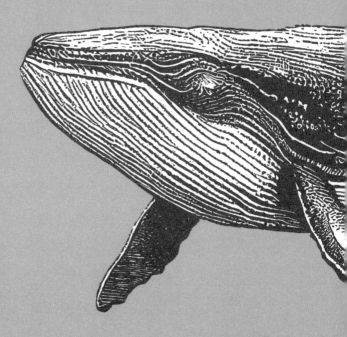

무언가를 사랑해야만 그 무언가를 위해 불편을 감수하게 된다.

바버라 킹솔버

수년 동안 고래의 세계에 빠져들면서 만났던 사람들은 너나할 것 없이 한 사람을 언급했다. 많은 사람이 그의 연구를 통해 고래를 처음 접하고 고래와 함께 일하는 삶으로 들어갔다고 했다. 나는 고래의 소통을 해독하는 것이 어떤 의미와 중요성을 가졌는지 그로부터 배웠다. 로저 페인 박사는 고래에게 노래를 선물한 사람이다.

이 상징적인 고래 과학자는 바다에서 멀리 떨어진 버몬트의 깊은 숲속에 살고 있었다. 6월의 어느 금요일, 나는 고속도로를 벗어나 숲속을 가로지르는 긴 길을 따라 내려갔다. 나무 사이로 햇살이 도로에 내려앉는 아름다운 날이었다. 자동차 오디오에서 밥 딜런의 노래가 흘러 나왔고, 마음이 뭔가 싱숭생숭했다. 오른쪽 앞 숲 가장자리에 아주 크고 검은 개 한 마리가 나타났다. 혹시 개가 앞을 가로질러 달려올까 봐 속도를 늦췄는데, 정말로 앞으로 달려왔다. 그제야 개가 아니라 흑곰이라는 것을 깨달았다. 곰은 내가 있는 쪽으로 와서 잠시 차를 쳐다보더니 고개를 돌리고는 차 옆의 수풀 사이로, 그리고 경사면을 따라 보이지 않는 개울이 흐르는 쪽으로 흔들흔들 걸어갔다. 풀잎이 바스락거리는 소리가 곰이 지나가고 있음을 알려주었다. 얼마 후 커다란 하얀색 목조 건물에 도착했다. 한쪽 공터에는 벌집이 있었고 창문에는 벌새 모이통이 놓여 있었다. 풀이 무성한 공터와 구불구불한 나무들이 내려다보였는데, 얼핏 보기에 다른 사람들이 사는 흔적은 없었다. 바다와 고래로부터 최대한 멀리 떨어져 있다는 느낌이 들었다.

문을 두드리자 회색 셔츠와 치노 팬츠에 뿔테 안경을 쓴 키가 크고 환한 남자가 나타났다. 보기에 여든셋처럼 안 보여서 말을 얼버무렸다. "아니에요, 제 머릿속을 들여다보면 제가 여든셋처럼 보일 겁니다." 하지만 행동은 민첩했고, 눈에는 젊음이 빛났다.

인터뷰하기 전 로저는 집안을 보여주겠다고 했다. 그러고는 나를 집 뒤편으로 안내하고 목재로 물건을 만들고 수리하는 데 시간을 보내는 작업실 문 앞을 지나갔다. 로저는 이 집이 자기 집이 아니라 고래를 연구하고 보호하는 자신의 삶에 깊은 인상을 받은 고래 애호가 친구가 로저와 그의 두 번째 아내이자 유명 배우인 리사에게 빌려준 것이라고 말했다. 로저는 혼자가 아니었다. 숲속에는 수상 찻집이 딸린 작은 호수가 있었는데, 인근 농가에 있는 작은 절의 승려들이 주기적으로 이곳을 들렀다. 길 건너편에는 나무 사이로 커다란 황금빛 부처상이 반짝였다. 호숫가로 걸어 내려가자 쥔코(할미새)와 다른 작은 새들이 날아다녔다. 한 남자가 수상 찻집이 있는 부두에서 명상을 하고 있었다. 호수 옆에는 거의 3미터 높이의 긴 풀밭 능선이 펼쳐졌다. 능선을 관통하는 터널은 거칠게 다듬은 거대한 돌 조각으로 만들어져 아름답게 조화를 이루었는데, 입구는 두 사람이 걸어갈 수 있을 정도의 넓이였다. 마치 무덤의 입구 같았다. 이 모든 것이 고래를 사랑하는 후원자가 기획한 것이었다. 터널은 어둡고 시원했으며, 산등성이 반대편으로 뚫려 있었다. 우리는 높이가 3미터가 넘는 12개 정도의 울퉁불퉁한 오벨리스크가 만든 거대 입석의 원 안으로 들어섰다. 로저는 이곳에서 자신과 리사가 결혼식을 올렸는데, 책을 쓰도록 도와준 친구 작가 코맥 맥카시 그리고 또 다른 친구인 〈스타트렉〉의 패트릭 스튜어트 경이 주례를 보았다고 말했다. 자비로운 마법사가 앞에 있는 것 같았다.

영국의 고향이 그리운 뉴질랜드 사람 리사는 집으로 돌아와 갓 구운 빵을 우리에게 주며 버몬트 시골에서는 질 좋은 제빵 제품이나 좋아하는 치즈를 구할 수 없다며 앓는 소리를 했다. 등받이가 높고 꽃무늬가 그려진 안락의자에 앉아 무릎에 고양이를 앉힌 로저가 이야기를 시작했다.

1950년대 말과 1960년대 초, 로저는 올빼미를 연구했다. 특히 올빼미가 어떻게 어둠 속에서도 청각을 이용해 쥐를 잡는지가 주 분야였다. 재능 있는 과학자였고 차곡차곡 연구자로서의 경력을 쌓아가고 있었다. 하지만 인생을 바꾼 사건이 일어났다. 매사추세츠주 해안

남미 연안에서 고래의 소리를 듣는 로저 페인

근처 터프츠대학교에서 연구하던 어느 날 밤, 라디오에서 소식 하나를 들었다. 근처 해변에 고래 한 마리가 떠밀려왔다는 뉴스였다. 로저는 차를 몰고 해변으로 내려갔다. 도착했을 때는 날이 어둡고 비가 쏟아지고 있었으며 다른 사람들은 모두 떠난 뒤였다. 해변을 따라 걷던 로저는 사체를 발견했다. 고래가 아니라 돌고래였다. 누군가 돌고래의 꼬리지느러미를 잘라냈고, 다른 누군가는 돌고래의 입에 시가를 집어넣었으며, 또 다른 누군가는 옆구리에 자신의 이름 이니셜을 새겨 놓았다. 강력한 파도가 해안을 덮쳤다. 비 내리는 어두운 밤 로저는 인근 건물의 불빛에 은은하게 비친 돌고래의 '사랑스러운 곡선'을 바라보았다. 분노가 치밀어 오른 로저는 나중에 이렇게 썼다. "시가를 빼낸 나는 말로 표현할 수 없는 감정에 사로잡혀 오랫동안 거기에 서 있었다. 누구나 평생 영향을 미치는 그와 같은 경험이 몇 번씩은 있을 것이다. 그날 밤도 그중 하나였다."

그 순간 로저는 돌고래를 인간과 매우 다른 존재, 미지의 존재, 그저 '물건'에 불과할 뿐이라고 여기는 사람만이 돌고래에 자기 이름을 새길 것이라고 생각했다. '말도 안 돼.' 그는 생각했다. '뭔가 다른 길이 있을 거야.' 하지만 로저는 그토록 엄청난 일을 바꾸기에는 무력하다고 느꼈고 다시 공부를 시작했다. 얼마 후, 국제포경통계국을 운영하는 한 신사의 강연에 참석했다. 이 신사는 전 세계적으로 고래에게 일어나고 있는 '냉혹한 진실'을 설파했다. 공장식 포경선이 가장 크고 수익성이 높으며 가장 쉽게 찾을 수 있는 고래—참고래, 대왕고래, 긴수염고래—를 사냥한 후 나머지 고래—정어리고래, 혹등고래, 향유고래, 밍크고래—까지 무차별적으로 학살하는 산업적 도살에 대해 말이다. 로저는 충격을 받았다.

강연을 듣고 며칠 후 로저는 우연히 혹등고래의 소리를 녹음한 파일을 듣게 되었다. 로저는 그토록 신비롭고 사랑스러운 소리를 들어본 적이 없었다. 혹등고래의 소리는 오래도록 뇌리에 머물렀다. 로저는 알람시계를 프로그래밍하여 매일 아침 이 소리를 재생하는 레코드플레이어를 켜서 자명종으로 썼다. "이 소리를 들으며 잠에서 깰 수 있다면 하루가 더 나아질 거라고 생각했죠. 실제로 그랬어요."

하지만 고래의 울음소리는 아름답기만 한 것이 아니었다. 울음소리는 고래가 처한 절망적인 상황을 상기시켰다. 로저는 사람들이 고래와 맺은 유일한 연결고리가 포경업이라는 데 어느 정도 문제가 있다고 생각했다. 고래를 보자마자 죽이는 것은 "고래가 복잡하고, 흥미로우며, 다채롭고, 영리한 존재라는 것을 사람들에게 환기하는 데 그리 좋은 방법은 아니었습니다." 로저는 이것을 바꾸기로 했다.

어느 날 그는 뉴욕동물학회(현 야생동물보호협회)에서 고래를 연구하겠다고 선언한다. 사실 자기가 무슨 말을 하는지도 전혀 몰랐고, 살아 있는 고래를 본 적도 없었다. 그러나 사람들의 열화와 같은 반응에 용기를 얻은 로저는 핍박받는 이 신비로운 거대 생명체를 연구하는 데 평생을 바치기로 했다.

다른 고래 과학자들이 그러하듯 고래를 연구하는 것도 매력적인 삶의 길이었다. "저는 항상 좁디좁은 길을 따라 내려가 바다로 이어지는 길에 다다르고 싶었습니다." 로저가 말했다. "그리고 그곳에서 배를 타고, 바다로 나아가면, 정말 거부할 수 없이 생생하고 관능적인 느낌이 듭니다." 이 말을 했을 때 나는 마치 항상 느끼고는 있지만 어떻게 형언할 수 없었던 것을 말로 표현한 것만 같았다.

로저는 다양한 방법을 시도했다. 고래를 아는 사람이면 누구에게나 연락을 했다. 그러던 중 버뮤다에 사는 프랭크 와틀링턴이라는 미해군 엔지니어가 이상한 녹음을 했다는 제보를 받았다. 냉전이 한창이던 당시 미국은 수중에 장치를 설치해 지나가는 소련 잠수함을 도청하고 있었다. 프랭크는 해안에서 56킬로미터 떨어진 해저에 있는 일급 비밀감청 장치의 수중음향센서에 접근했다. 이 수중음향센서는 청취 범위가 넓어서 사람이 들을 수 있는 모든 주파수를 포착했다. 프랭크는 흥미로운 소리가 들리면 녹음했다. 길고, 다채로우며, 복잡하고 특이한 소리를 들은 프랭크는 그 소리가 버뮤다를 지나가는 혹등고래의 이동 시간과 관련이 있다는 것을 알아냈다. 그는 고래가 이 소리를 내는 것은 아닌지 궁금했다. 로저와 당시 아내 케이티는 버뮤다로 가 프랭크를 만났다.

해군 엔지니어는 둘을 배의 중심부로 데려갔는데, 그곳에는 로저가 말하는 소리가 들리지 않을 정도로 발전기가 시끄럽게 돌아가고 있었다. 로저는 프랭크의 헤드폰을 끼고 녹음된 소리를 들었다.

프랭크가 로저에게 소리쳤다. "제가 보기엔 혹등고래인 것 같아요!" 로저는 그 소리를 듣고 깜짝 놀랐다. 로저는 생각했다. '이게 혹등고래가 맞다면 그 어떤 목소리도 말하지 못한 것을 세상에 말할 수 있을 것이다.' 수십 년 후 인터뷰에 응한 케이티는 당시를 생생하게 기억했다.

"눈물이 뺨을 타고 흘러내렸어요. 우리는 완전히 넋을 잃고 놀랐어요."

오늘날까지도 프랭크 와틀링턴의 녹음은 이제껏 포착된 혹등고래의 발성 중 가장 아름답고 잊히지 않는 녹음으로 남아 있다.

1967년은 상업포경이 절정에 달했던 시기로, 매년 7만 마리가 넘는 고래가 도살되고 있었다. 와틀링턴은 포경업자들이 더 많은 고래를 찾아 죽이기 위해 이 소리를 이용할까 봐 걱정스러웠다. 프랭크는 녹음테이프를 주며 부부에게 말했다.

"가서 고래를 구하세요."

로저는 3개월 동안 틈만 나면 프랭크의 테이프를 들었다. 고래의 소리는 거칠게 속에서 올라오는 소리부터 고음의 삐걱거리는 소리, 깊고 애절한 신음소리에 이르기까지 약 20분 동안 지속되는 매우 복잡한 소리였다. 로저는 뭔가 떠오를 때까지 소리를 수백 번을 들었다.

"이런, 이 고래들은 소리를 반복해서 내고 있어."

로저는 스콧 맥베이라는 공동 작업자와 함께 소리의 반복 패턴을 명확하게 보여주기 위해 스펙트로그래프를 이용 소리를 시각적 표현으로 만들었다. 이 패턴은 음정과 음량이 다른 단위('음')로 구성되어 있었다. 가장 낮은 음역대의 울림부터 우리가 인지할 수 있는 가장 높은 음에 가까운 비명까지, 이러한 음은 '악구'처럼 몇 분 동안 반복되면서 '테마'를 형성했다. 프랭크의 테이프에 담긴 첫 번째 녹음은 6개의 테마로 구성되었으며, 각 테마에 문자(A, B, C, D, E, F)를 부여했다고 로저가 설명했다.

로저와 스콧은 고래가 다음 테마로 전환하기 전까지 각 테마가 다양한 횟수만큼 반복되는 것을 발견했다. 이렇게 소리가 반복되어 첫 번째 테마(A)로 돌아갔을 때 로저와 스콧은 이 시퀀스를 '노래'라고 불렀다. 첫 번째 노래는 이런 형태였다.

AAAAABBBBBBBBBCCDDEFFFFFF.

다시 돌아와서 고래가 A 테마를 다시 부르면 두 번째 노래의 시작을 알리는 신호였다. 혹등고래는 노래를 다시 반복하는 데 시간이 오래 걸리지 않았기에 "혹등고래의 노래는 몇 분, 때로는 몇 시간 동안 계속되는 소리의 강물"이었다.

대부분의 동물 발성은 선형적이기 때문에 중첩된 계층 구조가 없다. 첼리스트인 로저는 고래의 소리에 가장 가까운 것이 음악이라고 생각했고, 따라서 고래의 소리를 노래라고 불렀다. 페인과 맥베이의 1971년 연구 논문은 《사이언스》 표지에 스펙트로그래프 사진이 실릴 정도로 블록버스터급 논문이었다.

"혹등고래는 7~30분 동안 아름답고 다양한 소리를 내다가 같은 소리를 상당히 정확하게 반복합니다. 이러한 행동을 우리는 '노래한다'라고 하며, 반복되는 일련의 소리를 '노래'라고 불렀습니다." 로저와 동료 연구자들이 관찰한 것은 수컷 혹등고래의 소리였다.

혹등고래는 수면 아래 약 20미터 물속에서 수직으로 선 채 움직이지 않고 가만히 있으면서 노래를 차례로 부른다. 여러 곡이 끝나면 수면으로 올라와 숨을 들이마신 다음 다시 가라앉아 노래를 계속한다. 보통은 특정 테마에 도달할 때까지 숨을 쉬기 위해 노래를 중단하지 않지만, 숨을 쉬는 위치에 관계없이 "사람이 노래를 부를 때처럼 노래를 방해하지 않도록 음과 음 사이에서 숨을 재빨리 쉰다." 아울러 노래가 중단되지 않는다면 이러한 노래 대결은 몇 시간, 심지어 며칠 동안 계속될 수 있다. 고래는 노래할 때 인간이 노래를 만들 때 사용하는 것과 유사한 음악적 법칙을 사용하기도 한다. 이를테면 혹등고래는 음악에 쳐서 내는 소리와 음으로 내는 소리를 인류의 몇몇 음악 전통에서 사용하는 것과 거의 같은 비율로 포함시킨다.

로저의 연구실 멤버인 린다 기니는 케이티 페인(고래부터 코끼리까지 다양한 동물의 소통을 연구한 뛰어난 음악가이자 과학자)과 함께 고래가 운율까지 사용한다는 사실을 발견했다. 고래가 왜 운율을 사용하는지 물었다. 로저는 고대 그리스 시인들이 서사시에서 운율을 사용했던 것과 같은 이유로, 즉 긴 노래에서 다음 내용을 기억하기 위해 운율을 사용하는 것 같다고 말했다.

케이티 페인은 고래가 부르는 노래가 끊임없이 변화한다는 사실—노래하는 동물에게는 매우 드문 현상이다—을 밝혀내기 위해 매달렸다. 혹등고래는 전 세계 바다의 여러 지역에서 번식하고 먹이를 먹는 12개 정도의 뚜렷한 개체군으로 나뉘어 서식한다. 혹등고래는 주어진 먹이 지역을 충실히 지키는 것처럼 보이지만, 수컷은 여러 번식지를 옮겨 다니는 것으로 알려져 있다. 번식기가 시작될 때마다 고래 무리는 서로 조금씩 다른 노래를 부르기도 한다. 번식 시즌이 지나면서 마치 오케스트라가 조율하듯 노래는 하나의 일관된 노래로 합쳐져 매우 정확하게 반복된다. 노래는 지속적으로 진화하며, 각각의 노래는 이전 해의 노래와 달라지다가 몇 년이 지나면 완전히 다른 노래가 되기도 한다. 바다마다 다양한 고래 개체군이 각기 다른 노래를 부르지만, 호주고래는 '히트곡 제조 공장'이 있는 것처럼 보인다. 호주고래의 귀벌레 곡조는 개체군에서 흘러 나와 수컷에 의해 다른 바다로 옮겨지고 다른 수컷이 그 구절과 구절의 요소를 가져와 자신의 노래에 덧붙인다.

노래는 이전의 주제 패턴을 반복하지 않는 것 같다. 케이티 페인은 인간 언어학을 연구한 에드워드 사피르의 말을 인용하여 고래의 노래와 인간의 언어가 시간에 따라 어떻게 변화하는지에 대해 이렇게 설명했다. "언어는 스스로 만들어낸 흐름 속에서 움직인다. 말하자면 시간의 흐름을 타고 떠다닌다. … 모든 단어, 모든 문법 요소, 모든 어구, 모든 소리와 악센트의 구성은 천천히 변화한다."

노래를 부르는 것은 혹등고래만이 아니다. 인도양의 대왕고래 같은 다른 대형 고래들도 노래를 부르는 것으로 밝혀졌다. 물론 이들의 노래는 훨씬 더 단순하다. 2백 년 이상 사는 북극고래는 재즈에 비유할 수 있는 노래를 부른다. 로저의 연구를 이어받은 연구원들은 고래와 돌고래의 발성법이 다양하고 광범위하여 어지러울 정도로 바다에 생동감이 넘친다는 사실을 발견했다. 어떤 고래와 돌고래의 발성은 수백 미터 떨어진 곳에서만 들리는 반면, 어떤 고래와 돌고래의 발성 소리는 바다 전체를 가로질러 전달되기도 한다.

고양이가 로저의 무릎으로 옮겨갔다. 로저는 안락의자에 더 깊숙이 앉았다. 대화하는 동안 창문으로 들어온 빛줄기가 로저의 뒤쪽 책장 위로 천천히 스며들고 있었다. 내가 여기까지 온 이유는 바로 이것 때문이었다. 그는 무엇을 발견했을까? 그 노래는 무슨 의미일까? 고래는 왜 노래를 부를까? 왜 그렇게 복잡할까? 로저는 아무도 모른다고 대답했다. 이 모든 것이 치열한 논쟁의 대상이었으며 지금도 여전히 논쟁이 계속되고 있다. 로저는 고래의 노래가 아무 의미 없을 수도 있음을 인정했지만, 자기는 그렇게 생각하지 않는다고 말했다. 고래가 노래를 위해 엄청난 노력을 기울이고 다양한 버전을 학습한다는 사실을 생각하면 노래에 "엄청나게 중요한 의미"가 있을 것이라는 이야기였다. 하지만 그는 생전에 그 의미가 무엇인지 알 수 있으리라는 희망은 거의 포기한 상태였다.

로저는 이 노래가 새소리처럼 수컷이 암컷의 관심을 끌기 위해 사용하는 짝짓기 노래일 가능성이 있다고 말했다. 하지만 그는 이 이론에 몇 가지 문제가 있는데, 특히 새소리와 달리 혹등고래 암컷은 노래하는 수컷에게 많은 관심을 기울이지 않는다는 점이었다. 로저가 웃으며 말했다. "그래요. 마치 물리학처럼 고래에 대해 더 많이 연구할수록 고래 전체에 대해서는 아는 게 더 적어지죠." 로저가 잠시 머뭇거리더니 말했다. "고래의 노래가 어떤 의미인지 정말 알고 싶어요."

반세기 전에 혹등고래가 노래를 부른다는 사실을 발견하고도 답을 찾지 못했으니 과학자인 나로서는 다소 실망스러운 대답이었다. 로저는 이 물음 때문에 수십 년 동안 밤잠을 설쳤다고 말했다. 이 수수께끼 같은 발견은 이야기의 시작에 불과했다. 로저가 발견한 노래는 아름다웠지만, 1970년대에 363,661마리의 고래가 도살당하는 등 당시 혹등고래의 노래는 영구적으로 침묵당할 위기에 처해 있었다.

로저는 단순히 노래의 의미를 알아내기 위해서가 아니라 "인류의

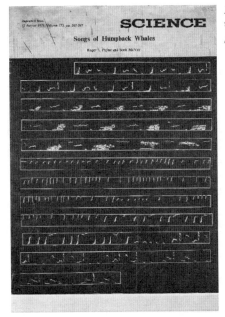

고래가 부르는 노래의 '음악'을 표현한 페인과 맥베이의 중요한 논문. 《사이언스》(1971)

상상을 사로잡는" 노래의 힘을 알고 있었기 때문에 연구에 나섰다. 로저는 처음부터 다른 사람들이 이 노래를 들으면 고래에 대해 다르게 생각할 것이라고 확신했다. 고래에 더 관심을 가질 것이라는 이야기였다.

1970년, 연구 결과를 《사이언스》에 발표하기 전에 로저는 최상의 녹음을 모아 〈혹등고래의 노래〉 앨범을 발매했다. 이 앨범은 125,000장이 팔려 멀티 플래티넘을 기록했다. 로저는 고래 전도사를 자처하며 가수, 음악가, 교회 신자, 배우, 시인, 정치인, 언론인 등 고래의 아름다움에 관심을 갖고 더 많은 관심을 가질 것이라 여겨지는 모든 사람에게 이 앨범을 들려주었다. 대서양을 넘나들며 심야 TV와 라디오 토크쇼에 출연했다. "고래의 노래는 들불처럼 퍼져나갔고, 사람들은 그 소리에 빠져들었으며, 그 소리를 듣고 깜짝 놀랐습니다." 밥 딜런이 가끔 공연을 중단하고 이 곡의 일부를 연주한다는 소문이 들렸다.

고래의 노래는 입소문을 타고 퍼져나갔다. 이 노래는 조니 카슨의 〈투나잇 쇼〉, 〈데이비드 프로스트 쇼〉, 주디 콜린스의 히트곡 〈타와티에게 작별을〉의 배경음악으로 사용되었다. 이 고래의 노래는 환경운동의 성장과 함께 반향을 일으켰다. 로저의 앨범은 첫 번째 지구의 날이 있고 몇 달 후, 그리고 그린피스가 출범하기 바로 전 해에 발매되었다. 영화 〈플리퍼〉에서 플리퍼의 모험을 보며 이미 돌고래에 호감을 느낀 관객들은 고래를 사랑스러운 동물의 반열에 올려놓았다.

가장 큰 성과는 로저가 《내셔널 지오그래픽》을 설득하여 1979년 1월호 잡지에 수록할 디스크를 제작한 것이었다. 당시 잡지 발행 부수는 1,050만 부였기 때문에 혹등고래의 노래가 수록된 플렉시 디스크 1,050만 장이 제작되었다. 이는 지금까지도 단일 음반으로는 가장 많이 제작된 것으로 남았다.

반세기가 지난 후 과학자, 고래 관찰선 선장, 프리다이버, 수중 카메라맨 등 고래와 돌고래를 사랑하는 사람들과 인터뷰를 거듭해보니 이 음반이 어린 시절과 청소년 시절 그들을 매료시켜 평생 고래와 함께하게 했다는 사실을 알게 되었다.

수 세기에 걸친 무자비한 사냥으로 인해 살아남은 고래의 수가 급감하자 이에 대한 항의가 빗발쳤다. 포경 장면이 텔레비전 야생동물 다큐멘터리에 방영되었다. 고래수염 코르셋을 입었던 할아버지 할머니를 둔 사람들은 '고래를 구하라'라고 적힌 티셔츠를 입었다.

그린피스 보트가 고래 사냥꾼과 고래 사이를 오가며 로저의 앨범을 틀었다. 사람들의 항의는 국제정치적 움직임으로 이어졌다. 1972년, 미국은 미국 해역에서 고래를 사냥하고 죽이는 행위와 그 제품의 수출입을 금지하는 해양포유류보호법을 통과시켰다. 국제포경위원회(IWC)는 포경업자들에게 쿼터를 부여하는 것에서 나아가 모든 사냥을 금지했다. 마침내 1982년 상업포경 중단이 투표로 결정되었다. 이제 포경은 거의 중단되었다. (하지만 이 글을 쓰고 있는 지금 일본 포경업자들은 과학을 위한 고래 사냥이라는 명분을 버리고 국제포경위원회를 탈퇴해 자국 수역에서 상업적 사냥을 재개했다. 하지만 고래 고기를 먹고 싶어하는 일본인은 거의 없는 듯하다.) 로저는 고래를 구하기 위해 이성이 아니라 감성과 공감에 호소하는 강력한 노래로 고래를 구하는 데 큰 힘을 발휘했다. 그는 우리 문화에서 고래에게 목소리를 부여했고, 이러한 한 인간의 결정으로 인해 고래가 여전히 살아남을 수 있었다.

인터뷰가 끝나고 로저가 저녁식사를 준비하기 위해 일어났다. 고양이는 따뜻한 구석으로 옮겨졌다. 이야기를 듣고 나니 뭔가 울림이 있었다. 로저는 인간과 고래를 연결할 수 있는 무언가를 찾고 있었다. 그는 기념비적 논문을 발표하기 몇 년 전부터 고래의 노래를 들었다. 고래와 인간의 연결고리를 만들고 수백만 명의 사람들에게 다가가기 위해 로저는 그것이 노래라는 것을 '증명'해야 했다. 고래의 노래의 패턴을 찾아내고 그 구조를 보여줘야 했다. 로저에게 고래가 부르는 노래의 정확한 의미는 중요하지 않았다. 고래가 노래를 부른다는 사실만으로도 고래의 운명을 바꿀 수 있었던 것이다. 그는 마음을 움직일 수 있는 과학적 근거를 찾아야 했다. 50년이 지난 지금도 자신의 사명을 계속하고 있었다.

~~~~~~

데이비드 애튼버러의 다큐멘터리를 보면서 자연세계를 배우며 자란 나는 지구와 지구 생명체의 이야기에 매료되었다. 나는 지구를 직접 목격하고 발견하고 탐험하고 싶었다.

하지만 평온한 자연애호가에게는 힘든 시기였다. 나는 인간 평균수명의 절반밖에 살지 못했지만, 내가 태어난 이래로 척추동물의 절반이 사라진 것으로 추정된다. 불과 수천 년 만에 우리는 야생 포유류의 83퍼센트와 식물의 절반을 잃었다.

우리는 생명의 다양성을 파괴하고 소수의 종만 인간화된 세상에서 살 수 있도록 만들었다. 한때 온대우림이 펼쳐지고 거대한 짐승들이 활보하던 나의 고국의 유채밭, 주차장, 골프장을 바라볼 때면 로마의 적들이 저지른 파괴에 대해 이렇게 말한 칼레도니아의 족장 칼가쿠스가 생각난다. "로마인들은 황무지를 만들어 놓고 평화라고 부른다."

오늘날 양식용 닭은 약 250억 마리로 추정된다. 이들의 바이오매스
는 지구상에 남아있는 모든 야생 조류의 무게를 합친 것의 두 배 이
상인데, 실제로 매년 너무 많은 닭이 죽어 쓰레기장에 쌓인 뼈가 고생
물학적 층을 형성하여 인류세의 미래 지표가 되고 있다. 지구상에 남
은 포유류 중에서 무게를 기준으로 96퍼센트는 소, 양, 염소, 개, 고양
이와 같은 가축 그리고 인간이다. 바다의 경우 2050년에는 물고기보
다 플라스틱이 더 많을 것이라고 한다. 이 거대한 죽음은 인류 역사상
유례를 찾아볼 수 없는 일이다.

야생동물 다큐 제작자로서 다른 많은 동료들처럼 나도 일종의 자
연 전쟁의 종군기자가 되었다. 하지만 몬터레이만에서 혹등고래를 직
접 만나기 전까지는 고래잡이에 대해 제대로 알아본 적이 없었다. 그
전까지는 대부분의 고래 학살이 19세기 허먼 멜빌의 시대, 즉 고래로
먹고살던 산업사회에서 일어났고, 고래 기름을 태워 도시를 밝히고,
고래의 입에서 나온 고래수염 코르셋을 만들던 시절에 일어났다고 순
진하게 생각했다. 하지만 고래 DNA와 포경업자들의 기록을 아우르
는 새로운 연구를 포함해 고래에 관한 책을 읽기 시작하면서, 나는 지
금까지 죽임을 당한 고래 대부분이 20세기에, 그리고 내가 살았던 시
대에 수많은 고래가 도살되었다는 사실을 알게 되었다.

공장식 포경선으로 알려진 화석연료 추진 강선(鋼船)은 이전의 범
선 포경선보다 더 빠르고 큰 고래, 이를테면 대왕고래와 긴수염고래를

잡을 수 있었다. 이 배들은 작살포로 원거리에서 고래를 죽인 후 배로 끌어올려 갑판 위에서 인간과 기계 팀이 고래를 가차 없이 처리하는 동안 사냥을 계속할 수 있는 능력을 갖추고 있었다. 이후 고래는 개 사료, 비료, 윤활유, 마가린, 껌, 타자기 리본과 같은 상품으로 만들어 졌다. 최근에 밝혀진 바에 따르면 내가 어렸을 때인 1980년대에도 소련 함대가 남극 바다에서 잡은 거대 고래의 피부를 시베리아 모피 농장에 공급하는 등 이러한 관행이 여전히 활발하게 이루어지고 있었다. 정확한 통계는 알 수 없지만 20세기에 약 300만 마리의 고래를 죽인 것으로 추산되며, 이는 전체 개체수의 90퍼센트가 넘는 수치이다. 이 수치는 바이오매스 측면에서 역사상 가장 큰 규모의 동물 살처분으로 추정된다.

'300만 마리의 고래.'

지구 생명사를 통틀어 모든 동물 중에서 무게와 크기 면에서 가장 큰 대왕고래는 개체수의 0.1퍼센트만 남을 때까지 사냥을 당했다. 18세기 남극에서 가장 많았던 대왕고래 개체수는 약 30만 마리로 추정된다. 수십 년 전 사냥이 중단되었을 때는(대체로 생존한 고래가 너무 적어서 찾기가 어려웠기 때문으로 보인다), 약 350마리로 추정되었다. 불가리아 주민을 제외한 전 세계 모든 인간을 죽이는 것과 같은 수준의 학살이라니 가히 상상할 수도 없다. 산업적으로 포획하기 전의 고래 규모, 고래라는 동물뿐만 아니라 고래의 행동, 문화, 소통까지 생각하면 현기증이 날 정도이다. 1962년 아서 C. 클라크는 이렇게 썼다. "우리는 우리가 파괴하고 있는 개체의 진정한 본질을 알지 못한다." 당시 고래를 연구하는 사람들은 고래가 매머드나 공룡처럼 멸종되어 우리 곁에서 사라질 것이라고 생각했다. 고래는 아이들에게 옛날이야기나 꿈속의 이야기, 사라진 세상의 유물이 될 것이라고.

하지만 고래는 사라지지 않았다. 로저와 동료들의 노력, 그리고 고래 보호를 법으로 제정하도록 항의하고 촉구한 수백만 명의 사람들 덕분에 오늘날 전 세계 고래의 개체수는 다시 회복되고 있다. 이는 무관심으로 이어지는 인간의 타고난 파괴성이라는 위험천만한 이야기에 대한 반증이다. 우리가 어떻게 변화할 수 있는지, 또 어떻게 생명이 회복될 수 있는지를 보여준다.

내가 혹등고래와 마주친 몬터레이만에서는 1970년대까지만 해도 혹등고래를 발견하는 것조차 거의 불가능했다고 어부들과 고래잡이 배 선장들은 입을 모은다. 하지만 이 해안에 처음 도착한 유럽인들의 초창기 일화를 보면 고래가 많았다는 것을 알 수 있다. 지금은 카약을 타고 가도 고래를 볼 수 있을 만큼 많은 고래가 찾아오고 있으며, 수백만 달러에 달하는 고래 관찰 산업을 지탱할 정도로 자주 목격되고 있다. 중앙 태평양 혹등고래 개체수는 포경 이전 수준으로 회복되고 있는 것으로 추정된다.

다른 고무적인 사례도 있다. 2019년과 2020년에 보고된 바에 따르면, 과학자들은 1세기 전 포경으로 대왕고래가 완전히 멸종했던 사우스조지아 남대서양에서 고래가 섬과 그 바다를 '재발견'한 것으로 비유할 만큼 갑자기 다시 나타났다고 한다.

로저와 리사가 저녁을 차렸고, 우리는 밤늦게까지 이야기를 나눴다. 로저는 또 다른 이야기를 들려주었는데, 그 의미를 깨닫는 데는 시간이 좀 더 걸렸다. 1971년, 두 대의 보이저 우주 탐사선 중 첫 번째 탐사선이 발사되었다. 이 우주선에는 카메라와 센서가 장착되어 있었다. 하지만 이 우주선은 우주로 보내는 지구 생명체의 메시지이기도 했다. 로저는 각 우주선마다 12인치 금도금 구리 디스크에 당시 인류가 중요하다고 생각했던 사진, 도표, 오디오 녹음을 실었다고 설명했다. 파도가 부서지는 소리, 인간이 음식을 먹는 사진, 우리의 해부학적 구조 그리고 번식 방법을 표현한 것 등 다양한 내용이 담겨 있었다.

아카디아어부터 웨일스어까지 55개 언어로 된 인사말도 있었다. 천문학자이자 대중 지식인인 칼 세이건과 그의 아내 앤 드루얀이 요청을 받고 이 녹음을 편집했는데, 그중에는 로저의 혹등고래의 노래도 포함되었다. 고래의 노래는 유엔 사무총장의 연설 그리고 다양한 인류 언어로 된 소리와 메시지가 나오고 난 이후에 나왔다. "캐나다 정부와 국민들의 인사를 우주 공간의 지구 밖 주민들에게 전하고 싶습니다." 이와 같은 유엔 주재 캐나다 대표의 연설이 끝나고 이후 혹등고래의 잊히지 않는 신비로운 노래가 3분간 흘렀다.

로저가 확인한 바로는 두 탐사선은 현재 지구에서 300억 킬로미터 이상 떨어진 곳에서 시속 5만 4천 킬로미터 이상의 속도로 이동하고 있었다. 이 두 탐사선은 인류가 태양의 중력 통제를 벗어나 태양계를

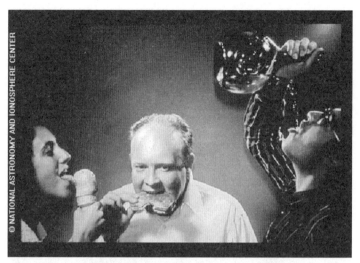

금박 디스크에 새겨져 우주 멀리까지 전송된 이 이미지에는 세 명의 인간이 핥고, 먹고, 마시는 모습이 담겨 있다. 이 사람들은 성간 연회 홍보대사가 될 것이라고 들었을까?

떠난 몇 안 되는 물체 중 하나이다. 50억 년 후 태양이 수명을 다해 지구와 주변 행성을 집어삼키기 전에 인류가 태양계를 벗어나지 못한다면, 이 탐사선은 인류 존재의 유일한 기록이 될 수 있으며, 그 기록이 고래의 유일한 유물이 될 수도 있다.

하지만 로저는 이 기록을 접한 외계인이 감명을 받을 것이라고는 생각하지 않았다. 이를테면 "동물이 62번, 인간이 1번 인사했다"면 외계인은 우리를 선진적이라고 생각할 것이다. 하지만 우리가 우리 자신에게만 집중하고 지구에 있는 동료들을 외면하는 것은 우리가 이제 겨우 "사다리의 가장 아래 발판에 발끝을 올려놓았으면서 … 은하계 법정에서 '지구에 지적 생명체가 있다'고 떠벌리는 상태라는 증거"라

혹등고래, 멕시코 레비야기헤도 제도 국립공원

고 말했다. 이 말을 하던 로저가 큭큭 웃었다.

곧 로저는 진지한 표정으로 말을 이었다. "하지만 그 두 개의 금박 디스크에 담긴 메시지는 과연 누구를 위한 것일까요? 저는 우리를 위한 것이라고 생각합니다. 그게 제 생각입니다." 고래가 우리에게 세상에 대한 이해와 다른 종에 대한 공감을 줄 수 있다면, 그야말로 우리가 배울 수 있는 가장 중요한 교훈이 될 것이다. 내가 떠날 준비를 하는 동안 로저는 우리가 직면한 가장 큰 문제는 지구상의 다른 생명체에 더 가까이 다가가지 않음으로써 우리가 놓치고 있는 것이라고 말했다. 그는 "우리가 미래를 가지려면 어떻게든 우리가 하는 일이 지구의 나머지 생명체를 보존하는 일인지 확인해야 한다"면서 "그러지 않으면 우리는 살아남지 못할 것이기 때문"이라고 말했다. 로저에게 고래와 공감하는 방법을 전 세계에 알리는 것은 우리 생존에 필수적인 문화적 변화, 즉 우리가 서로 연결되어 있음을 이해하고 갈팡질팡하는 인류를 바로잡을 수 있는 중요한 다리였다.

나는 고래와 대화하고 동물의 소통을 해독하는 방법을 알기 위한 여정을 시작했지만, 로저 페인과 함께 하루를 보내고 나니 왜 우리가 이 일을 하고 싶은지가 훨씬 더 중요하다는 생각이 들었다.

제 3 장

혀의 법칙

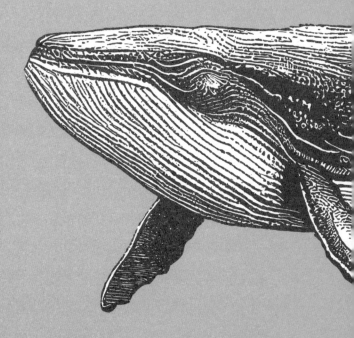

하지만 가능성을 상상해보라. 다른 관점을 가지는 방법을,
다른 눈으로 보는 것들을,
우리를 둘러싼 지혜를 상상해보라

로빈 월 키머러, 『향모를 땋으며』

몇 달 동안 몬터레이만에서 혹등고래를 관찰해보니 특이한 점이 있었다. 가끔 고래들이 보트를 발견하면 우리를 피하고 싶어하는 것처럼 보였고 그렇게 어디론가 사라졌다. 어떤 때는 전혀 눈치 채지 못하고 우리를 무시하는 것처럼 보이기도 했다. 하지만 어떤 때는 고래들이 다가왔다.

　우리는 규칙에 따라 멀리 떨어진 곳에 머무르고, 고래가 헤엄치는 방향과 반대방향으로 보트를 움직였지만, 고래는 항로를 바꾸고 이내 우리 쪽으로 다가왔다. 고래들은 물 밖으로 고개를 내밀어 한쪽 눈으로 우리를 쳐다보다가 몸을 뒤집어 다른 눈으로 우리를 바라보면서 배 주위를 헤엄쳐 다니다 거대한 가슴지느러미를 펼치고 몸을 비틀며 배를 살폈다.

　고래는 조심스럽게 우리 바로 옆, 닿을락말락한 거리까지 와서는 수면 위로 올라와 숨을 내쉬고 가만히 몸을 흔들었다. '로깅(logging)'이라는 행동이었다. 때로 고래는 지느러미를 부드럽게 튀기며 꼬리를 공중으로 들고 앞뒤로 흔들면서 머리를 아래로 향했다. 내가 수영장 바닥을 손으로 걸으며 친구의 아이들에게 발을 손처럼 흔드는 것과 같은 동작이었다. 혹등고래가 왜 이런 행동을 하는지는 분명하지 않았다.

배에서 혹등고래에게 먹이를 주거나 뭔가 도움을 주지도 않았으며, 우리가 어떤 피난처가 되지도 않았다. 혹등고래의 행동이 배에 위협이 되는 것 같지도 않았다. 혹등고래가 범고래에게 하는 것처럼 큰 숨을 내쉬거나, 위협을 느낄 때 가슴지느러미와 꼬리를 요동치는 등 공격적인 모습을 보이는 것과 달리, 우리와의 만남은 문제를 일으키지 않았다. 고래 관찰자들은 이 고래를 '다정한 고래'라고 부른다. 다른 고래들과는 확연히 다른 모습을 보이기 때문에 선장들은 '다정한 고래'를 발견하면 신비로운 종간(種間) 교류를 위해 기다린다.

~~~~~

지구상에 사는 놀랍도록 다양한 생명체들 사이에는 서로 다른 종들이 상호작용하는 수많은 관계가 존재한다. 이를 '공생(共生)'이라고 하는데, '함께 살아간다'는 뜻이다. 생물학자들은 이러한 다양한 상호작용을 누가 더 이익을 얻느냐에 따라 분류한다. 1975년, 한 생물학자가 인도네시아에서 다이빙을 하다가 범무늬해삼을 건져 올렸다. 범무늬해삼은 딱딱한 해양생물인데, 약간 퉁퉁한 불가사리의 한쪽 팔로 만든 동물처럼 생겼다. 생물학자는 범무늬해삼을 소금물이 담긴 양동이에 넣었다. 잠시 후 놀랍게도 해삼의 항문에서 십여 마리의 물고기가 헤엄쳐 나왔다. 숨이고기였다. 숨이고기는 홀쭉하고 미끄러우며 방어 능력이 없는 물고기로 다른 동물의 몸 속에 숨어 지내는 것을 좋아한다.

해삼은 항문을 통해 숨을 쉰다. 이는 많은 장점이 있지만 한 가지 큰 단점이 있다. 항문을 통해 숨을 쉬어야 하는 해삼은 주변에 숨이고기가 있어도 괄약근을 계속 움켜쥐고 있을 수 없다. 다이버가 세어 보니 범무늬해삼 항문에서 나온 숨이고기는 15마리나 되었는데, 숨이고기의 길이는 이 불쌍한 무척추동물의 4분의 1에 달했다.

과학자들은 안쓰러운 해삼의 항문에 물고기가 사는 것은 이득이 되지 않는다고 생각한다. 몇몇 숨이고기 종은 끔찍한 손님으로 숙주

해삼의 항문으로 나와 세상을 구경하는 숨이고기

의 생식 기관을 먹어치운다. 이를 방어하기 위해 일부 해삼은 '항문이빨'을 진화시켰다. 이렇게 보면 해삼과 숨이고기의 관계는 '기생'의 범주에 속한다. 한 개체가 다른 개체의 비용으로 이익을 얻는 관계인 것이다.

'편리공생' 관계도 있다. 황로(黃鷺)라는 새는 소와 어울려 소의 방목에 방해가 되는 곤충을 잡아먹는데, 이처럼 편리공생은 한 개체가 다른 개체에게 뚜렷한 이득이나 해를 끼치지 않으면서, 이익을 얻는 관계를 말한다. 따개비(게의 동족으로 끈적끈적한 갑각류)의 일부 종은 고래의 피부에 정착하여 단단한 보호 껍질을 키우고 지나가는 물에서 먹이를 걸러내면서 무임승차 하도록 진화했다. 어떤 고래는 거의 0.5톤에 달하는 따개비를 품고 있는 것이 발견되기도 했다.

마지막으로 상리공생이 있는데, 개인적으로 가장 좋아하는 상호작용이다. 상리공생은 서로 다른 종들이 서로의 이익을 위해 협력하는 디즈니식 상생의 파트너십을 말한다. 이를테면 남아프리카에는 꿀잡이새가 있다. 이 새는 벌집을 찾는 데 능숙하고 밀랍과 애벌레를 먹는 것을 좋아하지만, 몸집이 커서 벌집에 들어가면 벌떼로부터 자신을 방어할 수 없다. 따라서 꿀을 먹는 것을 좋아하고, 검은색과 흰색의 콧수염에 두꺼운 털과 거친 발톱을 가진 네 발 달린 벌꿀오소리와 함께한다. 새가 오소리를 벌집으로 안내하면 오소리는 벌집을 뜯어 벌들을 밀어내고 꿀을 먹는다. 이때 벌들이 흩어지면 꿀잡이새는 땅바닥에 흩어져 있는 맛있는 벌집을 쪼아 먹기 위해 달려든다. 벌집을 파낼 때 벌꿀오소리는 강력하고 악취가 나는 항문주머니를 뒤집어 벌떼를 훈증 소독하는 것으로 알려져 있다.

1908년 포콕이라는 생물학자는 이 냄새를 "질식할 것 같은" 냄새라고 묘사했는데, 실제로 꿀벌은 벌꿀오소리의 이 냄새를 맡으면 "도망가거나 기절해버린다"고 한다. 양봉을 해본 사람으로서 벌꿀오소리의 주머니가 부러울 따름이다.

먼 관계에 있는 동물들 사이에서도 상리공생이 형성될 수 있다. 바다 속 무척추동물인 딱총새우는 척추동물인 망둥이와 한 팀을 이룬다. 해저는 포식자를 포착하기 위해 경계를 늦추지 말아야 하는 위험한 장소이며, 깊고 멋진 굴은 중요한 은신처를 제공한다. 망둥이는 땅을 파는 데는 서툴지만 시력이 새우보다 훨씬 뛰어나 포식자가 접근하거나 새우가 놓칠 수 있는 다른 위험을 경고해준다. 이 새우는 모래를 파고 들어가서는 거대한 땅굴 시스템을 구축하는데, 혼자 사는 새우보다 훨씬 더 큰 굴을 판다. 새우가 외골격을 벗고 성장해야 할 때 숨을 수 있는 부가적 굴 그리고 룸메이트인 망둥이가 다른 물고기를 유혹하고 짝짓기를 할 수 있을 만큼 넓은 굴도 있다. (이는 분명히 긴밀한 관계이다.) 물고기와 새우는 어릴 때 동맹을 맺고 함께 자란다. 망둥이는 굴에 들어갔다가 무너져도 당황하지 않고 친구인 새우가 자신을 파내고 은신처를 수리할 때까지 침착하게 기다린다.

상호주의의 다른 예는 어디에나 있으며 꼭 동물계에만 국한된 것은 아니다. 오래된 벽이나 묘비에서 이끼가 돋아나는 것을 본 적이 있을 것이다. 이끼는 하나의 생명체처럼 보이지만 실제로는 서로 다른 역(域)에서 온 둘 이상의 매우 다른 생물로 구성되어 있다. 이끼는 진균(진균계)과 조류(식물계) 그리고(혹은) 시아노박테리아(모네라계)로 구성된 혼합물이다.

진균은 조류나 남조류를 위한 구조물과 집을 만들어주고 그 대가로 조류나 남조류가 햇빛을 먹이로 바꾸어주면 진균이 먹는다. 이는 수십억 년 전에 공통 조상을 공유했을 정도로 먼 친척 관계인 두 종 이상의 종으로 구성된 완전히 상호의존적인 복합 유기체를 형성한다 (비교를 위해 고래와 공통 조상을 공유한 것은 불과 1억 4,500만 년 전이다).

생명계 사이의 협력의 또 다른 예는 아카시아에서 찾을 수 있다. 아카시아는 때로 나무껍질에 개미에게 이상적인 보금자리인 혹을 만든다. 개미들은 이 혹에 서식하는데, 기린이 연한 잎을 뜯어먹기 위해 나무에 접근하면 세입자 무척추동물들이 집주인을 지키기 위해 달려가 기린이 포기할 때까지 산(酸)을 분출한다.

종간 소통은 지구 생명체의 필수적인 특징이며 수십억 년 동안 존재해왔다. 이 모든 상리공생에는 한 가지 공통점이 있다. 바로 신호로 서로 소통한다는 점이다. 자라나는 곰팡이는 균사라는 특수한 더듬이를 내보내고 잠재적인 조류 동료의 신호 분자를 감지하는 점액을 생성해 함께 이끼를 만들 수 있도록 크기를 조정한다. 꿀잡이새는 벌꿀오소리에게 특별한 노래를 불러 주의를 환기시킨 다음, 벌집으로 이끌기 위해 날아간다. 먹이 사냥을 하는 새우는 긴 더듬이 중 하나를 망둥이 친구의 꼬리에 대고 있는데, 매의 눈을 한 망둥이가 위험을 감지하면 꼬리를 흔들어 눈이 나쁜 딱총새우에게 신호를 보내 둘 다 안전한 곳으로 도망가 숨는다. 아카시아는 화학적 신호(호르몬)를 방출하여 개미에게 초식동물이 다가오는 것을 알리고 도움을 요청하는 위치를 알려준다. 생물은 종의 경계를 넘나들며 다른 생명체에게 신호를 보내 생존한다. 고래와 인간 역시 마찬가지이다.

인간은 거의 모든 곳에서 주변의 다른 동물들과 관계를 맺어 왔다. 우리는 동물의 신호를 해석하고, 동물은 우리의 신호를 해석하고, 함께 은신처를 찾고, 먹이를 찾고, 서로를 보호하는 방법을 배웠다. 우리는 동물을 다루고, 동물은 우리가 주의해야 할 중요한 것들을 알려준다. 이렇게 신호를 제대로 파악하는 것은 종종 인간과 짐승 모두에게 생사의 문제였다. 양치기들이 개를 먼 들판으로 보내면서 정해진 휘파람을 불며 크게 뛰거나 몸을 웅크리면서 양떼를 작은 우리로 몰고 돌아오라고 지시하는 것처럼, 우리는 신호를 의식적으로 보낸다. 때로는 무의식적으로 신호를 보내기도 한다. 최근 연구에 따르면 말은 피부를 통해 기수의 심박수를 감지하고 스트레스에 반응하는데, 말의 심박수와 스트레스 수준은 기수의 심박수와 함께 증가하거나 감소하는 것으로 밝혀졌다. 수천 년 동안 이러한 관계는 본질적으로 상리공생 관계였다. 서로가 상대방의 신호를 이해함으로써 얻을 수 있는 이득이 있었기 때문이다.

많은 문화권에서 자연에 주의를 기울여 징후와 징조를 파악하는 일을 직업으로 삼는 사람들이 있었다. 또한 우유 짜는 사람, 양치기, 늑대사냥꾼, 전서구(傳書鳩)잡이, 쥐잡이, 수달을 이용해 고기를 잡는 어부 등은 모두 동물 동료들에게 매우 세심한 주의를 기울였다. 인간과 다른 동물의 상리공생에 관한 많은 일화가 있으며, 그 중심에는 신호가 있다. 그중 일부는 특정 행동에 대해 동물에게 보상이나 처벌을 주는 훈련인 '조작적 조건화'로 설명할 수 있다. 여기서 동물은 왜 보상을 받는지는 이해할 필요가 없고, 이전에 보상을 받았을 때와 마찬가지로 반응하기만 하면 된다. 브라질의 피아위(Piauí) 주에서는 마약 상인 주인에게 "엄마, 경찰이다!"라고 외치도록 학습된 앵무새가 경찰에 연행된 일이 있었다. 〈가디언〉에 따르면 "작전에 참여한 경찰관은 이 날개를 가진 범인에 대해 '분명 이에 대비해 훈련을 받았을 것'이라면서, '경찰이 가까이 다가가자 소리를 지르기 시작'했다." 앵무새는 체포된 이후에는 조용히 지냈다.

이 이야기는 단순히 조작적 조건화로 치부하기에는 좀 더 미묘한 면이 있다. 역사적으로 유명한 인간과 동물 팀 중 하나는 제임스 에드윈 '점퍼' 와이드와 그의 친구 차크마 개코원숭이 잭이다. 기차들 사이를 뛰어다니는 습관 때문에 생긴 별명인 점퍼는 1880년대 남아프리카공화국 유텐헤이그에 살던 철도경비원이었다. 하지만 그는 기차 아래로 떨어진 후 무릎 아래 두 다리를 잃었다. 점퍼는 사고 후 얼마 지나지 않아 케이프타운 외곽의 포트엘리자베스 본선 철도의 신호수로 다시 고용되었다. 전하는 이야기에 따르면 점퍼는 시장에 갔다가 우마

차를 끌도록 훈련받은 어린 개코원숭이를 보았다고 한다.

한눈에 잠재력을 알아본 점퍼는 주인에게서 개코원숭이를 사서 잭이라는 이름을 지어주었다. 곧 점퍼는 잭을 견습 신호수로 훈련시켜 바퀴 달린 썰매를 끌고 다니게 했다. 역에서는 여러 개의 레버를 조작해 선로 구간을 앞뒤로 당겨 기차를 다른 경로로 보냈다. 두 사람은 신호수의 숙소에서 함께 살았다. 점퍼와 잭 모두 죽이 잘 맞았다.

점퍼는 잭에게 올바른 레버를 당기는 방법을 가르치기 위해 신호 시스템을 개발했다. 점퍼가 해당하는 숫자의 손가락을 들어서 레버의 번호를 지시했던 것이다. 이 시스템은 문제없이 원활하게 작동했고, 점퍼는 매일 저녁 잭에게 브랜디를 몇 모금씩 줘서 기분을 좋게 했다. (들어오는 기차에서는 호루라기를 불며 어떤 레버를 어떤 순서로 당겨야 하는지 알려주었다.) 지금까지는 조작적 조건화로 설명할 수 있다. 하지만 더 흥미로운 것은 잭이 곧 기차가 들어오는 소리를 스스로 해석했고, 그러면서 다가오는 기관차를 올바른 선로로 보내기 위해 레버를 정확한 순서로 당기며 행동에 옮겼다는 점이다.

개코원숭이는 다른 신호에도 반응하는 법을 배웠다. 도착하는 기차에서 호루라기를 네 번 불면 특별 상자에 있는 열쇠 뭉치를 꺼내 기관사에게 가져다 달라는 신호였다. 이 신호가 떨어지면 의족을 신고 비틀거리며 열쇠 상자로 가는 점퍼를 바라보던 잭이 점퍼보다 먼저 달려가 열쇠를 가져오도록 훈련했다.

1885년경 신호 박스에서 잭과 점퍼가 트랙 레버 중 하나를 당기고 있는 모습. 잭이 점퍼를 태우고 다니던 썰매가 오른쪽에 주차되어 있다.

어느 날 원숭이가 철도 신호를 조작하는 것을 보고 불쾌감을 느낀 한 승객이 이의를 제기하자 철도 회사의 조사가 이어졌고 인간과 원숭이 팀은 해고를 당했다. 다행히 다른 직원들이 항의하자 회사는 잭을 테스트하기로 결정했다. 회사는 잭에게 실제와 같은 모의 신호소에서 빠르게 변화하는 기차 기적 소리를 들려주었다. 잭은 자신의 임무를 훌륭히 수행하는 것으로 판명되어 계속 일할 수 있게 되었을 뿐만 아니라 정부로부터 월급과 고용 번호도 받았다. '신호수 잭'은 9년 동안 한 번의 실수도 없이 신호기를 조작했고, 폐결핵으로 죽기 전까지 사람들의 이목을 끌었다. 이 모든 것이 잭이 신호에 반응해 레버를 당기고 보상과 처벌을 통해 다음에 수행할 행동 순서를 학습한 기계적인 사고에서 나온 것일까? 아니면 나름의 방식으로 인과관계를 파악하고 점퍼를 즐겁게 해주고 싶었으며, 자기가 배운 것을 진정으로 이해했던 것일까?

개코원숭이와 인간의 파트너십에 대한 이야기가 이것만 있는 것은 아니다. 나미비아의 나마쿠아족은 오랫동안 개코원숭이를 양치기로 훈련시켜왔다. 원숭이들은 낮에는 염소들을 따라다니며 염소들을 지켰다. 저녁이 되면 염소를 한곳에 모았고, 포식자를 발견하면 경보를 울렸으며, 해질 무렵에는 염소들을 우리로 몰았다. 때로 원숭이는 가장 큰 염소의 등에 올라타기도 했다. 이는 적어도 1980년대까지 지속되었다. 아흘라를 비롯해 몇몇 개코원숭이는 염소들을 손질했으며, 새끼의 엄마를 알고 있었던 아흘라는 엄마와 새끼가 떨어졌을 때 다시 만나게 해주기도 했다.

아마도 개코원숭이들은 무의식적으로 또는 의식적으로 훈련을 받았을 것이다. 잭은 호루라기 소리와 기차에 반응하여 특정 레버를 당기면 음식과 잠자리가 보상으로 제공된다는 것 외에는 아무것도 이해할 필요가 없었을 수도 있다. 아흘라는 훈련된 서열 본능에 따라 새끼를 어미에게 돌려보내는 행동을 했을지도 모른다. 어쨌든, 이들은 태어날 때부터 인간들 주변에서 자라고 기이한 방식으로 훈련된 반가축 동물이었다.

'다정한' 고래를 만난 후 인간과 고래가 상리공생한 사례, 말하자면 인간과 야생 고래가 팀을 이뤄 함께한 사례를 찾아 나섰다. 그리고 누가 상호작용을 시작했는지, 누가 누구를 훈련시켰는지 불분명한,

쉽게 설명할 수 없는 상리공생 사례를 하나 발견했다. 바로 에덴의 범고래 이야기이다.

고래, 돌고래, 상괭이는 모두 '거대한 물고기' 또는 '바다 괴물'을 뜻하는 고대 그리스어 케토스(kētŏs)에서 유래한 고래하목 동물이다. 고래는 물고기가 아닌 포유류인데, 인간과 마찬가지로 따뜻한 피를 가지고 있고 폐로 호흡하며 새끼를 낳아 젖을 먹여 키운다. 약 5천만 년 전, 아마도 현대의 파키스탄 근처에서 일부 포유류가 다시 물속으로 들어간 것으로 보인다. 이들이 모든 고래류의 조상이었다.

이렇게 바다로 들어간 고래는 대부분의 털과 수염을 잃고 유선형으로 변했으며 지방으로 채워졌다. 손과 발은 지느러미로 바뀌었다. 점차 물 밖에서는 생존할 수 없을 정도로 물속 생활에 완벽하게 적응했다. 열대지방에서 극지방, 심해 바다과 내륙의 강까지 지구의 바다를 가로질러 퍼져 나갔다. 오늘날 고래류에는 최소 90여 종이 있다. 모두 육식동물로, 생존에 필요한 영양분과 물을 얻기 위해 다른 동물을 잡아먹는다. 이 책에서는 고래, 돌고래, 상괭이 등 모든 고래류를 통칭하여 '고래'라는 말을 자주 사용할 것이다.

고래류는 입 안에 무엇이 있는지에 따라 두 종류로 분류된다. 이빨고래(또는 오돈토세티(Odontoceti), 말 그대로 '이빨을 가진 바다 괴물'이라는 뜻)와 수염고래(또는 미스티세티(Mysticeti), '수염을 가진 바다 괴물'이라는 뜻)가 있다. 수염고래는 약 3,400만 년 전 이빨고래에서 분리되었는데, 이때 이 이빨은 사람의 머리카락이나 손톱과 같은 케라틴으로 된 거대하고 유연

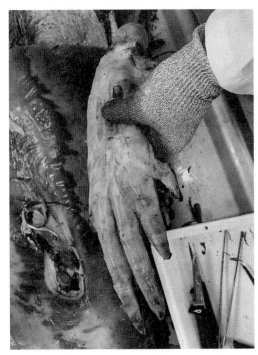

모든 고래와 돌고래의 지느러미 안에는 육지를 걷기 위해 진화한 사지가 있다. 사진은 소워비부리고래(*Mesoplodon bidens*)의 손을 해부한 사람이 잡고 있는 모습

한 강모(剛毛)로 바뀌었다. 수염고래는 바닷물을 한 번에 크게 들이마셔 물고기와 크릴 같은 먹이를 걸러내는 습성이 있으며, 대체로 몸집이 엄청나게 크다. 우리를 거의 죽일 뻔한 혹등고래도 수염고래이며, 대왕고래, 귀신고래, 참고래, 긴수염고래, 밍크고래 등 15종의 다른 고래들도 수염고래와 같은 종이다.

이름을 보면 알 수 있듯 이빨고래는 이빨이 있다. 이빨고래는 엄청난 양의 바닷물을 걸러서 먹이를 먹을 수 없기 때문에 이빨로 물 수 있는 동물을 사냥한다. 모든 돌고래와 상괭이는 이빨이 있다. 코르

혹등고래는 수염으로 걸러서 먹이를 먹는다.

테즈해에서 작은 물고기를 사냥하는 개 크기의 멸종위기종(현재 10마리 정도만 남아있다)인 바키타돌고래부터 약 9미터 길이의 거대오징어 같은 큰 먹잇감을 쫓는 아파트 한 채만 한 향유고래까지 그 규모가 다양하다. 이빨과 수염이 고래에게 주는 두 가지 사냥 전략에 대해 간단히 생각해보면, 수염으로 걸러 먹는 여과식은 작은 동물을 한 번에 크게 먹고, 이빨로 사냥하는 이빨고래는 큰 동물을 한입에 먹는 경향이 있다. 아마도 가장 유명한 이빨고래는 범고래(*Orcinus orca*)일 것이다. 일부 범고래 종(혹은 '생태형')은 연어나 청어와 같은 물고기를 사냥한다. 다른 생태형은 해양 포유류를 사냥하는데, 심지어 대왕고래와 같은 거대한 종을 포함해 고래 사냥에 특화된 고래도 있다. 한 가지 설에 따르면, 범고래(killer whale)의 이름은 스페인 포경업자들이 '발레나 아세

시나(ballena asesina)' 또는 '암살자 고래'라고 불렸던 것에서 유래했다고 한다. 오늘날 일부 지역에서는 '살인자(killer)'라는 단어가 경멸적이라는 이유로 '오르카(orca)'라는 용어를 대신 사용하기도 한다.

수염고래는 자신을 사냥하는 일부 범고래를 일부러 피해 다닌다. 하지만 수염고래와 새끼 고래는 매년 이동 경로를 따라 수중 불모지를 지나가는데, 이곳에 범고래가 숨어 있기도 한다. 이들 장소 중 하나는 호주 동부해안으로, 남방참고래와 혹등고래가 먹이 수역을 찾아다니며 지나는 곳이다.

호주 대부분의 지역은 4만 년 전부터 인간이 살았다는 증거가 있으며, 현대 호주 원주민 사회 중 일부는 지구상에서 가장 오래 지속된 문화로 여겨지고 있다.

같은 장소에 오랫동안 살아온 호주 원주민들은 문자는 없었지만 구전 전통을 통해 놀라운 생명력을 발휘해왔다. 일부 지역사회에서는 마지막 빙하기 이후 바다 속으로 사라진 해안선과 풍경에 관한 이름과 이야기가 전하고 있다. 이야기가 전하는 장소에 대한 설명은 1만 년 전의 풍경을 과학적으로 재구성한 것과 일치한다. 이야기가 약 400세대 동안 정확하게 전해져 왔다는 증거이다.

이 해안의 호주 원주민인 유인(Yuin)족은 고래와 사람들을 연결하는 수많은 믿음, 관습 및 의식을 가지고 있었다. 검은색과 흰색 무늬가 있는 전사의 복장은 범고래의 무늬와 비슷하다. 전통적인 치료법 중 하나는 죽은 고래의 몸속으로 들어가서는 머리는 밖으로 내놓고 썩어가는 고래의 사체 속에 누워있는 것이었다. 사람들이 전통을 배우고 지키기 위해 모였던 언덕에는 여전히 고래와 그 안에 사람의 모습이 그려진 바위 조각이 남아 있다.

유럽인들이 '투폴드 베이(Twofold Bay)'라고 이름 붙인 식민지 마을 에덴의 카퉁갈(바닷물 사람들)족은 아마도 수천 년 동안 범고래와 특별한 상리공생 관계를 발전시키고 유지해 왔을 것이다. 범고래는 4월에서 11월 사이에 이동하는 수염고래(또는 '잔다(Jaanda)')를 기다렸다가 얕은 바다에 가두어 잡아먹곤 했다. 이곳에서 카퉁갈족은 더 수월하게 수염고래를 창으로 찔러 고기를 얻을 수 있었다. 사람들은 고래가 선물을 가져다준다고 생각했다. 범고래는 '베와(beowa)'(형제)로 불렸고, 사람들은 범고래를 '죽은 조상의 환생한 영혼'으로 여겼다. 구전 전통과 초기 유럽인들의 기록에 따르면, 카퉁갈족은 범고래에게 최대 4톤에 달하는 거대한 혀를 포함해 사냥한 고래의 입 부분을 보상으로 주었다고 한다.

150년 전, 투폴드 베이에는 포경 정착촌이 세워졌다. 정착민들은 고래 기름 수요를 맞추기 위해 해안을 오가는 작은 포경선에서 일했다. 많은 유럽 포경업자들은 현지 범고래를 경쟁자이자 성가신 존재로 여겼다. 하지만 스코틀랜드의 포경업자인 데이비슨 가문은 유인족을 고용해 배에서 일하게 하고 합당한 임금을 지불했다. 유인족은 데이비슨 가문에게 사냥하는 법을 가르쳤다. 포경업자들은 요즘 고래 과학자들처럼 고래의 '등에 난 흔적'으로 15~20마리의 고래를 식별하고 이방인, 스키너, 지미 같은 이름을 붙여주었다. 이들 중 대부분은 암컷 고래였을 것이다. 범고래 사회는 몸집이 더 크다고 수컷이 지배하지 않는다. 한 마리 혹은 몇몇 우두머리 암컷이 모계의 딸, 아들, 손자 등을 이끄는 모계사회이다.

암컷 범고래는 인간이나 코끼리와 마찬가지로 폐경을 경험하는데, 이 시기가 되면 평생 쌓아온 경험을 바탕으로 무리를 도맡아 이끈다고 한다. 이를테면 현재 북아메리카 태평양 연안에서 서식하는 남부 범고래 무리는 최소 93세 이상으로 추정되는 암컷 L25가 이끌고 있다. 에덴 섬에서 사냥을 하던 무리도 다르지 않았을 것이다. 현지 원주민 고래잡이 가문과 데이비슨 부부는 범고래의 생김새와 성격을 통해 많은 범고래를 속속들이 알고 있었다. 20세기 초에 포경업자들과 교류가 많았던 고래 무리 중 한 마리는 거대한 등지느러미와 '장난기 많은 성격'으로 다른 고래들과 쉽게 구별되는 거대한 수컷 올드 톰(Old Tom)이었다. 아마도 올드 톰은 할머니로부터 고래잡이들과 교류하는 법을 배웠을 것이다.

올드 톰이 속한 무리가 지나가던 혹등고래와 참고래를 만나면 데이비슨 부부가 살던 투폴드 베이로 무리를 지어 몰려들었다는 이야기가 전한다. 올드 톰과 다른 고래들은 인간들에게 알리기 위해 사냥에서 이탈해 집 옆 강어귀까지 헤엄쳐 와서 꼬리를 수면 위로 올리거나 내리치는 등의 행동을 했다. 물론 이런 행동은 밤낮을 가리지 않았다. 데이비슨 부부와 선원들이 배를 타고 노를 저어 범고래에게 다가가

면, 범고래는 선원들을 사냥감으로 안내하여 작살로 죽일 때까지 고
래들을 모아놓고 공격하는 것을 도왔다. 때로 범고래는 작살에 연결
된 밧줄을 잡아당겨 올가미에 걸린 고래를 고래잡이배 쪽으로 끌어
당기며 도움을 주기도 했다. 고래잡이였던 올레 씨의 조카인 퍼시 멈
불라에 따르면, "고래가 근처에 있으면 범고래들이 알려주었다." 하지
만 소통은 양방향으로 이루어졌다. "삼촌은 범고래에게 그들의 언어
로 말하곤 했습니다."

　인간과 고래가 협력해 벌이는 해상 전투를 묘사한 그림, 일기, 사
진, 판화를 보면 거대한 사냥감에 비해 너무 옹색한 고래잡이꾼들의
4.5미터짜리 배 그리고 거대 범고래가 주위를 휘젓고 헤엄쳐 다니는
모습을 볼 수 있다. 사냥 도중 사람들이 물에 빠졌거나 배가 침몰하면
고래들은 상어로부터 사람들을 보호하기 위해 주변을 맴돌았다.

세기가 바뀔 무렵 촬영된 이 사진에서 고래잡이꾼들은 작살을 쏘는 작살꾼 너머의 오른쪽 앞을
바라보고 있다. 그곳의 배 옆에서 새끼를 따라다니는 어미 혹등고래를 사냥하고 있는 모습을 볼
수 있다. 앞에는 범고래의 거대한 등지느러미가 있다.

사냥이 끝나면 데이비슨 일행은 죽은 고래에 부표를 매달아 놓았고, 범고래는 먹잇감 고래의 거대하고 살이 많은 입술과 혀를 먹으며 자기 몫을 챙겼다. 데이비슨 부부는 원주민 선원들로부터 이 방법을 배웠다고 한다. 포경업자들은 나머지를 가져가 비누, 연료, 가죽을 만들기 위해 귀중한 고래의 지방을 가공했다. 수염고래를 사냥하기 위해 꼬리로 때리고, 물속으로 밀어 넣고, 약한 부위를 물어뜯는 등 위험을 감수해야 했던 범고래에게도 괜찮은 거래였다. 이처럼 수천 년 동안 이어져 온 상리공생을 보여주는 이 교환 관계를 현지에서는 "혀의 법칙"으로 불렀다.

당시 사냥 사진과 일기 등을 보면 범고래는 데이비슨 가문과 함께 1840년대부터 최소 1910년까지 3대에 걸쳐 70년 이상 에덴에서 고래를 함께 잡았던 것으로 추정된다. 그중 한 명인 잭 데이비슨이 두 자녀와 함께 익사했을 때, 사람들은 시신을 찾는 데 일주일을 보냈다. 올드 톰은 잭의 친구들이 시신을 발견한 만의 구석에 한동안 머물렀다.

인간과 고래가 협력한 사례 그리고 다른 많은 상리공생 사례는 기록도 많고 심지어 촬영되기도 했다. 103세의 앨리스 오텐은 2004년 인터뷰에서 이렇게 말했다. "바다와 인간 사이에 이처럼 신뢰와 우정이 있었던 적은 없었던 것 같습니다." 하지만 고래는 20세기 초 사라지고 말았다. 올드 톰의 고래 떼는 노르웨이 포경선들이 자기들의 옛 동료들을 향해 총을 쏘는 것을 알지 못한 채 만 근처에서 학살당한 것으로 추정된다. 이와 더불어 많은 호주 원주민들이 오랫동안 살아왔던 삶의 터전에서 쫓겨나 자신들의 삶의 방식이 금지된 학교로 끌려갔다.

결국 만에 남은 유일한 고래는 1923년에 다시 나타난 올드 톰뿐이었다. 가슴 아프게도 톰과 마주한 사람은 조지 데이비슨이었다. 친구 로건과 함께 낚시를 나간 조지는 올드 톰을 보고 깜짝 놀랐다. 더 놀라운 것은 톰이 조지의 배를 향해 새끼 고래를 몰고 온 것이었다. 조지가 작살을 들고 고래를 찔렀다. 당시 고래가 거의 잡히지 않았고, 폭풍이 다가오고 있어 고래잡이 철의 마지막이 될까 봐 걱정한 로건은 죽은 고래를 올드 톰이 '자기 몫'을 먹기 전에 끌어내려고 했다. 조지가 격렬하게 반대했다. 고래와 사람 사이에 줄다리기가 벌어졌고, 그 과정에서 올드 톰의 이빨 두 개가 부러졌다. 살아남은 동료가 없었던 올드 톰은 어떻게 해볼 도리가 없었다. 그날 함께 있던 로건의 어린 딸은 겁에 질린 아버지가 한 말을 기억했다. "세상에, 내가 무슨 짓을 한 거야?" 예전부터 내려오던 계약이 깨진 것이었다.

이 상리공생은 어떻게 시작되었을까? 어떻게 발전하고 또 신호는 어떻게 보냈을까? 고래와 돌고래는 손가락이 있지만 딱딱한 가슴지느러미 깊숙이 숨겨져 있다. 고래와 돌고래의 얼굴 표정은 변화가 없으며, 인간과 개코원숭이가 그렇듯 이목구비를 다양한 감정과 의도를 나타내는 유용한 시각적 신호로 바꾸는 데 사용하는 근육이 없다. 우리는 생물학적으로뿐만 아니라 사는 곳도 다르다. 물과 뭍으로 분리되어 살고 있다. 하지만 모든 장애물에도 불구하고 고래와 인간은 소통하고, 협력하고, 서로의 세계를 연결하는 방법을 배웠다.

1930년에 촬영된 이 사진에는 투폴드 베이에서 올드 톰의 사체 위에 앉아 있는 조지 데이비슨의 모습이 담겨 있다. 고래잡이 왕조의 마지막 고래잡이, 그들이 사냥했던 고래의 마지막 모습이다.

시간이 흐르면서 호주 외 지역에서는 에덴의 범고래 대한 이야기를 알거나 믿는 사람이 대부분 사라졌다. 범고래가 인간에게 신호를 보내고 협력했다는 것은 허무맹랑한 이야기였다. 사실 1970년대까지 범고래는 위험한 동물로 여겨졌다. 미 해군 매뉴얼을 보면 범고래는 사람을 발견하면 바로 잡아먹을 수 있다고 잠수부들에게 경고했다. 1960년대까지 해안 경비대 헬리콥터는 야생 범고래 무리를 대상으로 기관총 사격 연습을 했다고 한다. 70년대와 80년대에 걸쳐 태평양 북서부 등지에서 야생 범고래 개체수가 급격히 감소했고, 새끼는 무리와 생이별해 놀이공원에 수용되었다. 삶과 신앙이 고래와 얽혀 있던 원주민 공동체에게는 그야말로 공포였다. 이 과정에서 수많은 고래가 죽임을 당했으며, 오늘날에도 일부 국가에서 이런 일이 계속되고 있다.

나는 인간과 고래의 공생에 관한 다른 이야기들을 연구했고, 그중 일부는 아주 최근의 사례들도 있다. 브라질 라구나 섬의 큰돌고래는 숭어를 쫓아 해안으로 향하는데, 어부들이 얕은 곳에서 숭어를 기다린다. 어부들은 물속에서 물고기를 볼 수 없기 때문에 돌고래가 보내는 신호를 보고 파악한다. 돌고래가 꼬리를 치면 어부들이 투망을 던지는 것이다. 돌고래는 갈팡질팡하는 물고기를 잡음으로써 이익을 얻고 어부들은 돌고래가 없을 때보다 더 많고, 큰 물고기를 잡음으로써 이득을 얻는다.

한 흥미로운 연구에 따르면 인간과 함께 사냥하는 돌고래의 휘파람 소리는 사냥을 하지 않는 돌고래와 다르게 들린다고 한다. 협력하는 돌고래의 발성은 인간과 함께 있을 때나 다른 돌고래와 함께 있을 때나 일관되게 달랐기 때문에 휘파람 소리가 인간을 향한 것은 아닌 것으로 추정된다. 이 연구의 저자 중 한 명은 "돌고래가 자신을 특정 사회 집단의 일원임을 보여주는 방법"이라고 지적했다. 이 글을 읽으면서 모든 인간이 고래를 찾는 것은 아니지만, 고래를 찾는 사람들을 쉽게 찾아볼 수 있다는 사실이 떠올랐다. 이들은 돌고래 문신과 혹등고래 귀걸이를 하고 범고래 티셔츠와 흰고래 야구 모자를 써서 다른 사람들에게 자신이 고래를 사랑하는 사람들임을 알린다.

어느 날, 평소 고래에 관한 이야기를 즐겨보는 나에게 온라인 알고리즘은 호주 퀸즐랜드의 야생 혹등돌고래 무리에 관한 뉴스를 추천했다. 이 돌고래 무리는 평소에는 카페에 줄을 서서 기다리는 사람들이 주는 먹이를 먹으면서, 사람들과 많은 교감을 나누었다. 코로나19 팬데믹으로 봉쇄가 이루어지자 돌고래들은 몇 주 동안 물고기도 못 먹고 사람과의 접촉이 끊긴 채 지냈다. 돌고래들은 해면, 따개비로 뒤덮인 병, 산호 조각과 같은 '선물'을 가지고 해변으로 몰려들었다. 돌고래는 세상과 인간, 원인과 결과, 다른 사람에 대해 어떻게 생각하기에 이런 행동을 하는 것일까? 무엇이 돌고래로 하여금 물고기를 주도록 만들었을까? 정확히 무엇이 이런 행동을 하게 했을까? 누구의 아이디어였을까? 어디서 배운 것일까? 그냥 배가 고팠을까? 아니면 외로움 때문일까?

과학 문헌과 뉴스를 볼수록 고래가 종간 상호작용에 얼마나 열성적인지 놀라움을 금치 못했다. 파일럿고래는 물고기를 잡아먹는 (자기들에게 위험하지 않은) 범고래의 소리에 이끌려 범고래 쪽으로 헤엄쳐 함께 어울린다. 뉴질랜드의 흑범고래는 평범한 큰돌고래와 '우정'을 맺는 것으로 보인다. 이런 우정은 무작위적인 것도, 일시적인 이벤트도 아니고 기회주의적인 팀워크도 아닌 것으로 밝혀졌다. 과학자들은 돌고래와 짝을 이룬 상괭이가 5년 이상 함께하며 수백 킬로미터를 여행하는 것을 발견했다. 크기와 생김새, 먹이가 서로 다른 이 동물들은 긴 바다 항해에서 나란히 헤엄치며 서로의 삶을 함께하고 있었다. 아일랜드에서는 주기적으로 배에 접근해 선장의 개와 친구가 된 고독한 돌고래 한 마리가 있다. 2008년 뉴질랜드 마히아 해변의 모래톱에 갇힌 어미와 새끼 피그미향유고래는 사람들이 물에 띄워주었음에도 불구하고 다시 떠밀려 와 안타까움을 자아냈다. 당시 그곳에 서식하는 큰돌고래 모코가 인간과 고래 사이를 헤엄쳐 올라오며 개입하는 듯했다. 고래들은 곧바로 모코를 따라 모래톱의 틈새로 들어가 안전하게 바다로 나갔다.

최근 연구에 따르면 혹등고래는 범고래에 의해 사냥당하는 다른 종을 구하러 오는 것으로 밝혀졌다. 혹등고래가 포식자에게 공격을 당하는 동료 혹등고래뿐만 아니라 다른 종, 이를테면 다른 고래, 돌고래, 물개 심지어 거대한 바다 개복치까지 보호하기 위해 달려든 사건이 100건 이상 기록되었다. 혹등고래는 포식자와 사냥감 사이에 끼어 물개와 바다사자를 등에 업고 물 밖으로 들어 올려 포식자에게서 떨어뜨려 놓았다. 나는 몬터레이만에서 혹등고래 한 쌍이 죽인 새끼 귀신고래를 먹으려는 범고래 무리 두 마리와 싸우는 모습을 목격했다. 혹등고래는 사체를 보호하기 위해 며칠 동안 그곳에 머물렀다. 혹등고래에게 상당히 위험할 수도 있는 이 모든 소모적인 상호작용에서 혹등고래가 무엇을 얻었는지는 분명하지 않다. 바다에 싸우는 상대편이 있는 것일까?

어떻게 보면 다른 종과 협력하는 것은 이미 매일 벌어지는 일이기 때문에 이상할 것도 없다. 세상은 상리공생에 의해 함께 유지되고 있다. 협력은 경쟁만큼이나 진화의 중요한 원동력이라고들 한다. 하지만 서로의 이익을 위해 협력하고, 바다를 누비고, 음식을 나누는 것은 별개의 문제이다. 우리 인간이 소중하게 여기는 것은 어떨까? 이를테면 다른 사람의 마음을 이해하는 것 같은 깊은 관계는 어떨까?

에덴의 범고래 대한 이야기를 조사하던 중 '구부(Guboo)' 테드 토머스가 생을 마감할 무렵에 한 인터뷰 녹취록을 발견했다. 구부는 앞서 이야기했던 호주 원주민 고래잡이 중 한 명의 자손으로 20세기에 접어들 무렵 태어났다. 그는 아버지와 할아버지가 범고래에 의해 바다로 '소환'되어 사냥하러 나가는 것을 보았으며, 때로는 자다가도 일어나 나갔다고 말했다.

정말 흥미로웠던 것은 다른 고래의 이야기였는데, 할아버지와 아버지가 돌고래를 '불러들여' 도움을 요청하는 방식이었다. 어렸을 때 구부는 할아버지와 함께 바닷가로 나갔다가 어마어마한 물고기 떼를 발견했다. 할아버지는 물가로 달려가 막대기를 함께 두드리며 춤을 추고 노래를 불렀다. 한참 후 돌고래가 나타나 물고기를 해안으로 몰아 물 밖으로 내보냈고, 이에 남자들이 다가가 물고기를 잡았다. 이는 범고래와 인간의 관계에서 인간이 신호수 역할을 하는 것과는 정반대였다.

인터뷰 녹음 내용 중 인상 깊은 것이 하나 있다. 구부는 사냥이 끝난 후 할아버지가 바다로 나가 허리 깊이까지 들어가 서 있었다고 말했다. 그때 커다란 돌고래 한 마리가 헤엄쳐 와서는 할아버지의 팔 위에 머리를 얹었다. 할아버지는 돌고래를 쓰다듬으며 말을 걸었다. 그러자 돌고래가 "치-치-치-치-치-치이-치-치-치-치이치이 하고 말했습니다. 돌고래는 할아버지에게 말을 했고, 할아버지는 돌고래에게 말을 했지요." 돌고래는 헤엄쳐서 두 번 공중제비를 돌더니 사라졌다.

이 장면을 보고, 녹음해 두었다면 정말 좋았을 것이다. 하지만 이는 이 장의 다른 많은 일화들과 마찬가지로 과학적 증거로는 좀 부족하다. 할아버지는 돌고래와 소통을 할 수 있었을까? 고래와 정말 '대화'를 할 수 있는 사람이 있을까? 나와 다른 사람이 겪은 이야기에서 데이터와 사실의 세계로, 보고 만지고 측정할 수 있는 것들의 구체적인 세계로 옮겨가야 했다. 고래의 몸, 뇌, 행동을 보면 고래의 소통에 관해 뭔가를 추론할 수 있을까? 영화 〈마션〉에서 맷 데이먼이 한 말을 빌리자면, 이제 이 모든 것을 과학적으로 밝혀내야 할 때였다.

제4장

고래의 기쁨

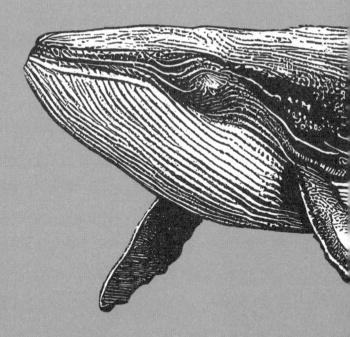

리바이어던이 … 네게 부드럽게 말하겠느냐?

욥기 41장 1절 3

몬터레이만에서 '유력 용의자'가 솟아올라 우리를 덮쳤을 때, 가장 기억에 남는 것은 엄청나게 보동보동한 고래의 살집이었다. 고래의 피부는 홈과 흉터가 있었고 따개비가 붙어 있었다. 고래는 멀리서 보면 매끈하고 매끄러워 거의 추상적으로 보이지만 아주 가까이 다가가면 숨을 크게 쉬고 냄새를 풍기는 동물로 변한다. 우리 머리 위에 솟아 있는 이 터무니없이 거대하고 비현실적인 물체가 살아있고, 생각하고, 느끼는 존재라는 것이 분명했다. 피와 뼈로 가득 차 있고 신경으로 가득 찬 거대한 동물이 우리 위에 떠 있었다.

　고래가 덮쳐 엎어진 적도 있었고, 죽은 고래를 만나는 행운도 있었기 때문에 이 사실을 누구보다 잘 알았다. 고래의 속을 들여다보고 뼈의 관절을 따라 손으로 만져보며 고래의 따뜻한 심장을 느꼈기 때문이다. 이런 영광스러운 경험은 비디오 클립을 본 후 '유력 용의자'가 우리를 공격하지 않기 위해 침입 경로를 변경했다고 믿었던 과학자 조이 레이든버그 교수 덕분이었다. '고래에게 물어볼 수는 없다'는 그녀의 말은 내가 이 여정에 박차를 가하게 된 계기였다. 조이는 이제껏 내가 만난 사람 중 가장 비범한 사람 중 한 명이며, 동시에 세상에서 가장 역겨운 직업을 가진 사람 중 한 명이기도 했다.

1984년, 갓 졸업한 대학원생이었던 조이는 고속도로에서 과속을 하다가 주 경찰관의 단속에 걸렸다. 조이는 신분증과 서류를 요구하던 경찰관이 신경이 곤두서 있다는 것을 눈치 채지는 못했지만, 만약 경찰이 차량 트렁크를 뒤지면 상황이 난처할 것임을 알았다. 피할 수 없는 순간이 왔을 때 조이는 잔뜩 긴장한 채 가만히 있었다. 경찰관은 차에서 한 발짝 물러나 한 손으로 총을 들고는 차 안에 뭐가 있는지 말하라고 했다. "그냥 제가 쓰는 물건이에요. 뼈톱, 해골 끌, 망치, 단검, 낫, 정원용 가위, (고래) 가죽을 벗기는 칼, 갈고리, 쓰레기봉투, 쇠사슬 장갑과 두꺼운 고무장갑, 작업복이 전부예요." 조이가 웃으며 말했다. 경찰관 입장에서는 끔찍한 일이었을 것이다. 당시 시신이 토막난 채 봉투에 담겨 발견되었기 때문이다. 경찰관은 사람을 해부할 수 있는 도구와 지식을 갖춘 살인범이 도주 중이었는데, 바로 그 살인범을 찾았다고 생각했다.

조이는 경찰관에게 첫 임무를 수행하러 가는 중이라고 설명했다. 차로 3시간 거리에 있는 곳에 피그미향유고래 한 마리가 떠밀려왔는데, 고래 사체에서 표본을 채취하고 부검(동물 부검)을 해 사인을 파악

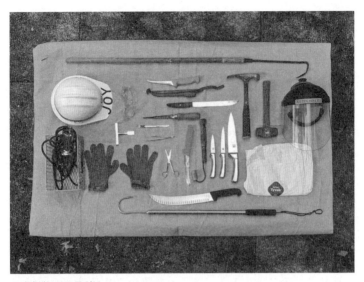

조이의 해부 도구 중 일부

하고, 사체를 측정하고 조직 샘플을 채취하러 간다는 이야기였다. 구할 수 있는 것은 구하고 연구할 수 있는 것은 연구하기 위해서였다. 다행스럽게도 조이의 이야기는 사실로 확인되었다. 안도감에 가슴을 쓸어내린 경찰은 사이렌을 울리며 그녀보다 앞서 차를 몰아 교통 체증을 뚫고 해양 수사관을 현장으로 안내했다.

조이가 서두른 데는 그럴 만한 이유가 있었다. 죽은 고래는 매우 빠르게 부패한다. 물개와 달리 고래는 조상들이 육지에서 살 때 필요했던 털을 대부분 잃었다. 물론 혹등고래와 같은 일부 종은 턱과 주둥이에 수염이 남아 있어 주변 세상을 파악하는 데 유용하게 쓴다. 이상하게 들릴지 모르지만 인간도 체모를 많이 잃었고, 고래와 인간 모두 태

아기에 털이 있는 경우가 많아서 털이 많았던 과거의 흔적을 엿볼 수 있다. 고래는 포근한 털 대신 버터로 만든 침낭처럼 피부 바로 밑에 몸 전체를 감싸고 있는 블러버(blubber)라는 두꺼운 지방층으로 보온과 단열을 유지한다. 동물이 죽으면 세포 사멸 과정에서 열이 방출된다. 하지만 고래는 이 열이 내장 지방에 갇혀서 빠르게 체온이 상승한다. 공기 온도와 신체 노출에 따라 뇌, 장기 및 기타 연부 조직은 몇 시간 내에 점액질로 변하는데, 이렇게 되면 갈 길 바쁜 해부학자가 찾고 있는 모든 정보가 사라지고 만다.

해양 포유류인 고래의 내적 작동 원리 그리고 외적 능력과 행동에 매료된 조이는 고래의 소통 구조를 포함해 고래의 몸에 대해 거의 독보적인 이해를 갖게 되었다. 고래의 소통을 해독하기 위해 가장 먼저 생각해야 할 것은 바로 이 고래의 몸이다. 고래가 어떻게 생각하고, 듣고, 말하는지를 알 수 있는 단서가 고래의 몸에 있을까? 그 답을 찾는데 조이보다 더 적임자는 없었다. 얼마나 많은 고래와 돌고래를 해부했는지 셀 수 없을 정도이며(수백 마리라고 한다), 나에게 처음으로 고래의 내부를 보여준 사람도 바로 그녀였다. '유력 용의자'가 우리를 덮치기 4년 전인 2011년 3월, 쌀쌀한 영국 남동부 해안의 해변에서였다.

~~~~~

당시 나는 동물이 어떻게 움직이는지 설명하고, 해부 촬영을 통해 동물의 진화 과정을 보여주는 다큐멘터리 〈인사이드 네이처스 자이언츠(Inside Nature's Giants)〉 시리즈를 제작하고 있었다. 연구 과정에서 과학자, 사육사, 국립공원 관리인, 동물 구조대원들과 연락망을 만들어 큰 동물이 죽는 안타까운 일이 발생하면 언제든지 연락할 수 있도록 했다. 정말 괴이한 직업이었다. 우리는 기린, 코끼리, 대왕오징어, 북극곰의 부검을 위해 파견된 과학자들의 모습을 촬영하려고 대기하고 있었다. 고래가 해변에 떠밀려온 날 아침, 영국 고래 좌초 조사프로그램('바다의 CSI'라고도 불린다)으로부터 전화를 받았다. 서둘러 켄트로 가라는 것이었다.

집이 있는 런던에서 두어 시간을 달려왔지만, 가는 도중 고래는 죽고 말았다. 어렸지만 자랄 만큼 자란 수컷 고래였다. 북해와 영국 해협은 향유고래가 살기에 좋은 곳은 아니다. 선박과 산업 시설이 많고 먹이인 오징어가 많이 서식할 만큼 수심이 깊지 않았다. 페그웰만은 영국 해협으로 기울어져 있는 넓은 모래 해변이었다. 거의 2천 년전 줄리어스 시저가 삼두마차를 상륙시키고 영국을 침공하기 위해 선택한 장소로, 배를 대기도 쉽지만 탈출하기도 어려웠다. 이 만의 얕은 물에서 허우적대는 향유고래가 발견된 것이다. 고래는 중력을 거스르도록 설계되지 않았다. 뭍에서는 자신의 체중을 지탱할 수 없기 때문에 구조대가 최선을 다해 노력해도 해변에 떠밀려온 고래는 거의 살아남지 못한다. 고래는 바닥에 부딪혀 내부 장기가 손상되고 탈수증에 걸릴 수 있었다. 운동 부족으로 독성 대사부산물이 축적되어 조직에 고이게 된다. 페그웰만에서 썰물이 빠져나가자 고래가 남겨졌다. 항상 그렇듯 해변에서 우연히 고래를 발견한 사람들이 주변에 모여들었다. 어떤 이들은 놀라서 말을 잇지 못했고, 어떤 이들은 눈물을 흘렸다. 어떤 이는 고래 위에 올라탔고, 또 어떤 이는 고래의 커다란 이빨을 만졌으며, 개들은 고래의 부레를 뜯어 먹었다. 조류에 쓸려 고래가 옆으로 누워 있었다. 죽음의 몸부림을 치면서 모래에 문지른 탓에 두터우나 예민한 검은 피부와 연약한 잇몸에서 피가 흐르고 있었다. 머리를 만져보았다. 차가운 공기 속에서 따스함이 느껴졌다.

하루 종일 40여 명의 사람들이 모여들었다. 방수복을 입은 과학자, 자원봉사 도우미, 밝은 주황색 방수 작업복을 입은 10명의 다큐 제작진, 눈에 잘 띄는 재킷을 입은 작업자, 진한 파란색 옷을 입은 경찰 등등. 40톤이나 되는 동물을 옮기고 해부할 수 있는 유일한 방법은 동물 앞에 펼쳐진 중세식 무기고에서 갈고리와 고래 가죽을 벗기는 칼, 특수 칼날과 끈 등 다양한 무기를 사용하는 것이었다. 우리는 중장비를 빌려 해변으로 내려갔다. 저녁 다섯 시 반이 지나자 날이 어두워졌다. 발전기를 가동해 텔레스코핑 크레인의 아크등에 전원을 공급했다. 아크등의 하얀 불빛이 고래를 비췄다. 고래 몸통의 한쪽 끝에는 360도 굴착기가, 다른 쪽 끝에는 백호굴착기가 달려 있었다. 이것만으로는 충분하지 않을까 걱정되어 현지 수목관리사를 불렀다. 자신감과 불안감이 뒤섞인 표정을 한 수목관리사가 다이아몬드전기톱을 들고 도착했다.

고래 안에 들어가는 것은 힘든 일이지만, 향유고래는 더 어려웠다. 이빨고래 중 가장 큰 향유고래(*Physeter macrocephalus*)는 심해에서 사는 동물로 장기가 구겨지고 두개골이 으스러지고 갈비뼈가 피자 상자처럼 접힐 정도의 압력을 견딜 수 있도록 설계되었다. 경찰은 고래를 해부하고 촬영할 수 있도록 두 번의 조수 간만 주기(약 24시간)를 주었다. 대신 우리는 고래를 작은 조각으로 잘라 해변에서 끌어내어 협의회에서 매장할 수 있도록 도와주기로 했다.

죽은 고래를 처리하는 데는 커다란 위험이 따랐다. 해변에 구멍을 파고 젖은 모래를 덮으면 고래가 다시 수면으로 올라올 수 있다. 하지만 바다로 끌어내다가는 배가 위험해지고 다시 해안으로 떠밀려갈 수 있다. 심지어 이동 중에 폭발할 수도 있다. 대만의 한 마을에서는 고래 한 마리를 트레일러에 실어 이동하는 과정에서 폭발해 차량과 상점이 내장으로 뒤덮이는 사고가 발생하기도 했다. 일부 당국은 이를 방지하기 위해 고래를 다이너마이트로 폭파하려 하지만, 1970년 오리건주 플로렌스에서 폭발한 향유고래가 약 300미터 떨어진 곳까지 엄청난 고래 지방을 쏟아 부어 인근 자동차를 덮치고 구경하던 행인만 가까스로 대피한 사례처럼 때로는 역효과를 낼 수도 있다.

조이는 새벽 2시에 날아왔다. 잠도 제대로 자지 못했음에도 불구하고 조이는 활기차게 모든 사람이 자신의 임무를 숙지하고 있는지 확인했다. 그러고는 팀원들에게 고래 배의 한 부분을 작게 도려내라고 지시했다. 내부에 갇혀 있던 가스를 빼내서 압력을 완화하고 폭발을

고래 폭발, 오리건 주 플로렌스, 1970년

방지하기 위함이었다. 회흑색의 매끄러운 외피를 천천히 자른 다음, 고래의 근육을 감싸고 있는 섬유질 결합 조직의 흉갑을 자르고 나서야 비로소 고래를 절단할 수 있었다.

조이가 흉갑을 자르자 따닥 하는 소리가 났고, 수백 개의 팽팽한 고무줄 같은 가닥이 칼 아래로 튕겨져 나갔다. 조이 팀은 서서히 옆으로 거대한 U자 형태로 절개를 하고 배를 따라 올라갔다. 그런 다음 U자 바닥에 구멍을 뚫고 커다란 밧줄을 꿰어 백호굴착기 양동이 주둥이에 통과시켰다.

모두가 물러섰다. 커다란 파열음과 함께 굴착기의 팔이 당겨지자 킹 사이즈 침대 두 개 크기의 거대한 살덩어리가 벗겨지면서 살이 통째로 드러났다. 이제부터는 고래의 근육이었다. 살은 혈액 세포의 헤모글로빈처럼 산소를 가두는 근육의 엄청난 미오글로빈 단백질 농도로 인해 검붉은 색을 띠고 있었다. 고래는 90분 정도 잠수하는 동안 자신의 살을 스쿠버 탱크처럼 사용해 근육에서 산소를 천천히 방출한다. 조이는 고래의 내장 쪽으로 다가갔다. 얼마나 건강한지, 무엇을 먹었는지, 기생충이 있는지 등을 보기 위해서였다.

조이가 조심스럽게 근육 벽을 뚫고 들어가던 중 칼이 너무 깊숙이 들어갔는지 창자에 구멍이 났다. 마치 고래에서 산탄총이 발사된 것 같은 굉음과 함께 증기와 선혈이 얼굴에 튀었다. 보안경을 쓰고 있긴 했지만, 그 외에는 별다른 보호 장비가 없는 상태였다. "좀 닦아주세요." 조이가 말했다. "물티슈 있는 사람 없어요?" 나는 녹음 담당자인 재스민을 바라보았다. 그녀의 붐 마이크를 덮고 있던 '털북숭이 개' 앞쪽 유리는 파열로 인해 회색빛의 끈적끈적한 찌꺼기가 덮여 있었다. 부츠는 피와 모래, 장액으로 가득 차 있었다. 조연출인 안나가 물티슈를 들고 앞으로 나와 조이의 얼굴에 묻은 고래 내장을 조심스럽게 닦아냈다.

<hr>

역사를 보면 고래 사체는 고래를 파악할 수 있는 정보원이었으며, 고래 사냥꾼은 이 분야의 전문가였다. 고래의 이름은 자연학자가 아니라 포경업자들이 지었다. '참고래(right whale)'는 죽으면 사체가 잘 뜨

기 때문에 사냥에 적합한(right) 고래로 여겨졌고, 브라이드고래는 거대한 포경장을 건설한 노르웨이인 요한 브라이드(Johan Bryde)의 이름을 따서 명명되었다.

고래의 부위도 해부학자가 아닌 포경업자들이 명명했다. 이를테면 향유고래의 코 아랫부분인 '정크(junk)'는, 정교한 소통을 위한 해부학적 구조의 일부인데, 이 부위는 포경업자들에게 다른 부위보다 가치가 떨어졌기 때문에 이렇게 명명된 것이다. (코끼리의 몸통이 '쓰레기'라고 불리거나 독수리의 깃털이 '먹을 수 없는 것'이라고 불렸다고 상상해보라.)

한편 고래를 작살로 찌르는 순간 멀리 있는 고래가 두려움에 떨며 위로 뛰어오르고 행동이 달라지는 것을 본 일부 포경업자들은 고래를 비롯해 다른 해양 포유류가 목소리를 가지고 있다고 생각했다. 포경업자들이 보기에 작살에 맞은 고래는 울부짖었다. 1890년 엘리자호의 윌리엄 켈리 선장은 잡지 《아웃팅(Outing)》에 작살에 맞은 참고래에서 배로 이어지는 줄에 귀를 대고 "고통에 빠진 사람의 신음처럼 깊고 무겁고 고통스러운 소리"를 들었다고 썼다.

1950년대에 생물학자 맬컴 클라크는 남극에서 사냥을 하던 영국 포경선에 승선했다. 선원들이 김이 모락모락 나는 고래를 갑판으로 끌어올려 기계로 고래 해체 작업을 시작할 때, 클라크는 갈고리와 날아오는 쇠사슬을 피하며 고래들 사이를 헤집고 다녔다. 내장을 보면 그 주인을 알 수 있을 뿐만 아니라 당시로써는 누구도 가보지 못한 심해로 들어가는 통로라고 생각했던 그는 향유고래의 내장에 매료되었다. 클라크는 1.5미터 길이의 기생충 그리고 고래 소화액으로 향기로운 오렌지색 밀랍 덩어리인 용연향(ambergris)을 발견했는데, 이 덩어리는 독특한 화학적 특성으로 인해 향수 업계에서는 운석처럼 금에 맞먹는 값어치가 있었다(샤넬 넘버 5 등 클래식 향수에 여전히 사용되고 있다).

클라크는 부리도 발견했다. 향유고래 한 마리의 뱃속에서만 1만 8천 개의 부리가 나왔는데, 부리의 주인은 바로 오징어였다. 빨판에 '이빨'이 있는 대왕오징어나 촉수에 갈고리가 줄줄이 돋아난 남극하트지느러미오징어 같은 괴물을 제외한다면 오징어의 몸 중 유일하게 소화되지 않는 부분은 입이었다. 여기서 클라크는 새로운 종의 오징어를 발견했다. 우리는 클라크가 쓴 과학논문을 통해 향유고래와 거대한 연체동물 먹잇감이 어둡고 차가운 심해에서 벌이는 전투의 규모를 깨닫기 시작했다.

켄트 해변에서 향유고래의 몸에 있는 고리 모양의 상처를 추적해보니, 대왕오징어의 촉수 빨판 이빨에 찔린 상처였다. 아마도 고래 입에 빨려 들어가기 전 대왕오징어가 낸 상처였을 것이다. 이 고래가 겪었을 일을 생각하니 몸서리가 쳐졌다. 고래는 SF에나 나올 법한 해저산맥, 계곡, 생명체, 화학 시스템을 보았을 것이고, 섭씨 400도의 유황성 유체 구름을 뿜어내는 심해 열수구를 피해 400년 이상 사는 상어를 지나 지구상에서 가장 큰 산맥 위를 헤엄쳤을 것이다. 마치 다른 행성에 살았던 존재처럼 느껴졌다. 만약 해변에 떠밀려와 죽지 않았다면 70년 이상—다른 고래의 수명은 물론 향유고래의 수명도 정확히 알 수 없기 때문에 추정치에 불과하다—심해 탐험을 했을 것이다.

향유고래는 왜 죽었을까? 고래가 우리 해안에 점점 더 많이 떠밀려 오는 데에는 여러 가지 이유가 있다. 고래는 자연적으로 병에 걸리거나 부상을 입는다. 일부는 다른 고래나 바다 생물과의 싸움에서 죽는다. 하지만 일부는 중금속이 너무 많이 들어 있어서 유독성 폐기물로 취급되기도 한다. 몸 안에 거대한 플라스틱 덩어리가 있는 고래도 있다. 또 다른 고래들은 배에 부딪히거나 어망에 걸려 치명적인 상처를 입기도 한다. 해군의 음파탐지기와 수중 산업은 고래에게 치명적이다. 귀가 예민한 고래에게 가까이에서 들려오는 음파탐지기 펄스는 소리 폭탄과 같다. 고래, 돌고래, 상괭이 등 다양한 종의 고래가 집단 좌초한 사건(수백 마리가 좌초한 사건도 포함)이 해군 훈련과 관련이 있는 것으로 밝혀졌다. 일부 사체는 청각 시스템에 손상을 입은 것으로 나타났다. 척추가 구부러진 고래도 있었다. 최근 연구에 따르면 부리수염고래는 특정 주파수의 음파탐지기 때문에 겁을 먹은 나머지 방향 감각을 잃고 심장이 제 기능을 못해, 고통에 못 이겨 해변으로 밀려와 죽는 것으로 나타났다. 말 그대로 겁에 질려 죽는 것이다.

고래 부검 결과, 북극의 깊은 바다에서 남쪽으로 헤엄치다 길을 잃었고, 스코틀랜드 주변에서 길을 잘못 들어 대서양의 깊고 안전한 바다를 벗어나 먹이도 없고 사람들의 침해를 많이 받는 얕은 북해에 도착했다는 결론이 나왔다. 길을 잃고 쇠약해진 고래는 해변에 표류하다 결국 죽고 말았다.

조이의 지휘 아래 팀원들은 몇 시간 동안 고래의 빈 내장을 들어내고 서서히 몸에서 꺼내어 굴착기 양동이에 담아 멀리 옮겼다. 해체 팀은 고래의 거대한 갈비뼈 아래에서 탱탱한 폐를 찾아냈다. 향유고래는 잠수할 때 수압에 의해 폐가 짓눌리고 내부의 공기가 압축된다. 이런 상황에서 사람의 갈비뼈는 금이 갈 수 있지만, 향유고래의 갈비뼈는 경첩처럼 진화하여 깔끔하게 접힌다. 조이는 이 골격의 관절을 부드럽게 하는 액체를 보여주었다. 고래의 안은 뜨거웠고, 하얀 김이 겨울 공기 속으로 흩어졌다. 조이가 고래의 폐 주변에 더 단단하고 표면이 검게 반짝이는 곳으로 내 손을 밀어 넣으면서 말했다. "저기 왼쪽을 만져보세요. 바로 거기요." 고래의 심장이었다.

150센티미터가 약간 넘는 조이는 겁이 없었다. 어렸을 때 아버지가 여자는 기수가 될 수 없다고 말하기 전까지는 기수를 꿈꿨다. 지금은 고래의 내장에 올라타고, 고래 체강의 으깬 보라색 푸딩 같은 곳에 다리를 딛고 서서, 얼음도끼처럼 위험한 조직을 칼로 자른다. 폐를 한쪽으로 밀쳐낸 조이는 고래 안으로 들어가 우리가 파낸 구멍 안에 털썩 앉았다. 위로는 갈비뼈가 뻗어 있었고 발과 하반신은 내장과 피의 늪에 잠겼다. 조이는 거대한 갈고리로 심장을 제거했다. 책상만 한 크기였다.

심장을 자르던 조이는 고래가 어떻게 자신의 세계를 이해하는지 설명했다. 고래의 감각은 인간의 감각과는 다르다. 고래의 후각과 미각은 대부분 무뎌져 있고, 시각은 대체로 더 나쁘다. 하지만 고래는 우리가 감지할 수 없는 것을 감지할 수 있으며, 일부 고래는 자기장에도 민감하다.

고래도 인간과 마찬가지로 짝을 찾고, 바다를 항해하고, 먹이를 찾는 등 필수적인 활동을 해야 한다. 물론 고래는 인간과 달리 어둠 속에서 활동을 한다. 하지만 물은 밀도가 높은 매질이기에 소리가 공기보다 4배 이상 빠르게 이동하는데, 이는 귀가 예민한 고래에게 좋은 기회가 된다. 향유고래를 비롯한 많은 고래에게 소리는 매우 중요하다. 이들 고래는 심해에서 자신들의 방식으로 소리를 듣는다.

조이가 고래를 둘러보는 동안 졸졸 따라다녔다. 마치 부동산 중개인이 부동산을 둘러보듯 꼼꼼하게 살폈다. 고래의 커다란 심장, 억센

조이가 콧구멍을 잘라 '원숭이 입술'을 보여주려 하고 있다. 검은 장갑을 들고 있는 사람이 지은이이다.

지느러미, 접히는 갈비뼈, 구부러지는 음경, 탱탱한 폐, 짙고 검은 근육, 끝없이 오징어를 쏟아내는 내장까지. 고래는 거대했기 때문에 이 모든 것이 거대했다. 하지만 이 모든 것에도 불구하고 가장 큰 인상을 남긴 것은 고래의 몸에서 가장 거대한 부분, 대부분 코로 이루어진 머리였다.

조이는 고래의 주둥이와 머리를 사랑했다. 그녀는 고래의 주둥이와 머리가 복잡한 해부학적 퍼즐, 우리와는 다른 관(管)과 혈관의 미로, 극한 환경에 적응한 진화의 산물이라고 생각했다. 그녀는 향유고래의 주둥이는 소리, 지각, 소통을 위해 진화했다고 말했다. 인간은 시각이라는 일차적 감각으로 세상을 묘사하기 때문에 고래나 돌고래처럼 소리를 감지하는 것이 어떤 느낌인지 상상할 수 없다. 반면 향유고래는 (모든 이빨고래와 돌고래 사촌들과 마찬가지로) 발성을 통해 소통을 하고, 소리를 써서 돌아오는 메아리를 들음으로써 주변을 감지한다.

고래가 소리를 사용해 세상을 이해하는 방법을 설명할 때, 우리는 고래가 "소리로 본다"고 말한다. 이는 고래의 "기본적인 감각 및 소통 채널"이다. 인간은 다른 육상 포유류처럼 소리에 집중하고 출처를 찾기 위해 외이(外耳)를 움직이지는 못하지만, 소리의 출처를 파악하고 음량과 음높이를 감지하는 데는 그리 서툴지 않다. 고래와 돌고래는 눈에 보이는 귀가 없음에도 인간은 고래와 돌고래의 능력에 한참 못 미친다.

조이는 수중 생활로 인해 살이 도톰한 외이가 사라진 대신 긴 턱뼈에 있는 특수한 지방 구조를 통해 소리가 내이(內耳)로 전달된다고 지적했다. 그러고는 고래의 아래턱뼈를 절단해 고래가 어떻게 위성 안테나처럼 진동을 포착할 수 있는지 설명했다. 음파는 뼈 속의 점액을 통해 고래의 내이로 전달되어 뇌로 들어가고, 뇌는 산란된 진동을 해석하여 전방에 있는 물체의 경도, 모양, 밀도 등 3차원적인 그림으로 변환한다.

이런 고래의 내이는 사람의 내이보다 더 정교할 것으로 추정된다. 조이와 동료들이 돌고래의 내이를 스캔하고 해부한 결과, 돌고래의 내이에는 소리를 감지하는 데 쓰는 수용 유모가 수천 개 더 많으며, 인간의 두 배에 달하는 수의 청각 신경이 연결되어 있었다. 이를 통해 과학자들은 고래의 귀가 사람보다 더 복잡한 방식으로 소리를 듣고 이해할 수 있도록 '연결되어' 있다고 결론지었다. 큰돌고래를 연구하는 연구원들은 큰돌고래의 귀가 우리 귀보다 뛰어날 뿐만 아니라, 큰돌고래의 음파탐지기가 '우리가 지금까지 만든 어떤 기계보다 우수하다'는 사실을 발견했다.

빛이 들어오지 않고 소리를 전달하는 매질에서 생활하기 때문에 고래의 청력이 뛰어나다는 사실은 놀랍지 않았다. 하지만 대부분의 훌륭한 경청자와 달리 수다쟁이이기도 하다는 사실은 놀라웠다. 개인적으로 가끔 수중에서 말을 하려고 했는데 잘 안 되는 경우가 많았다. 조이에게 물었다. "고래는 어떻게 말을 하나요?"

조이의 눈이 반짝였다. 그녀는 향유고래는 뛰어난 청각과 더불어 정확하고 강력한 소리 발생기가 있다고 말했다. 실제로 향유고래는 '모든' 생물 중에서 가장 큰 소리를 낸다. 향유고래는 가장 앞쪽의 콧구멍 끝에 있는 위아래 입술을 사용하여 소리를 낸다. 해변에 있는 고래의 콧구멍은 고래가 물속에 있을 때와 마찬가지로 잠수함이 코닝타워를 봉인할 때처럼 닫혀 공기가 빠져나가거나 물이 들어가지 않는다. 공기가 빠져나가지 못하도록 누군가 입을 손으로 막으면 거의 음소거가 되는 것과 같은 이치이다.

입을 다물고 콧구멍을 막은 채로 소리를 내보라. 이것이 고래가 말하는 방식이다. 즉 고래의 소리는 '내부', 특히 머리 안의 특별한 통로를 통해 움직이는 공기에 의해 만들어진다. 조이는 우리를 향유고래의 앞쪽에 있는 음성의 근원지로 데리고 갔다. 향유고래의 오른쪽 앞쪽 상단에 한쪽 콧구멍이 막혀 있는 틈새가 보였다. 주변에는 수목관리사가 자르려다 포기한 톱자국이 있었다. 피부와 물렁뼈가 너무 질겨서 다이아몬드전기톱이 무뎌진 것이다. 조이는 대신 칼을 갈고 또 갈아가면서 콧구멍을 천천히 잘라갔다.

힘들고 진이 빠지는 작업으로 한 시간이 넘게 걸렸지만 마침내 콧구멍 윗부분의 겉살을 떼어내자 그 아래가 드러났다. 사람 머리만 한 구멍에 두 개의 두텁고 짙은 입술이 자리 잡고 있었다. 마치 코코넛 반쪽 두 개를 이어붙인 것처럼 보였다. 조이는 이것이 사람들이 흔히 말하는 '원숭이 입술'로, 공식적으로는 음성 입술(phonic lips)이라고 설명했다. 만화에 나오는 원숭이의 입술처럼 생겼는데, 커다란 콧구멍에 숨겨져 있었다. 이 입술에서 모든 생명체가 내는 소리 중 가장 강력하고 날카로운 비음이 생성된다.

공기가 통과할 때 입술은 서로 진동한다. 이것이 향유고래의 음성이다. 스피커에 연결하지 않으면 아무짝에도 쓸모없는 디제이의 데크라고 생각하면 된다. 주둥이에서 두개골까지 고래의 앞쪽 3분의 1 전체가 증폭기라고 할 수 있다. 고도로 진화한 코로 만들어진 트럭 크기의 사운드 시스템인 것이다. 이 모든 것을 해부하려면 며칠이 걸렸을 것이다. 시간이 얼마 없었다. 조이가 고래의 머리 옆을 따라 난 틈을 잘라내 보여주었다. 검은 피부 아래에는 흰색 섬유질 힘줄이 겹쳐진 그물망이 있었다. 그 안 원숭이 입술 뒤쪽에는 뇌유 기관이라 불리는 '증폭기'의 일부가 있는데, 이 기관은 몸길이의 40퍼센트까지 뒤로 늘어날 수 있다. 조이가 리본 모양을 자르자 희고 점성이 있는 액체가 흘러나왔다. 그리고는 액체를 칼로 긁어내어 손에 쥐자 이내 굳어 밀랍 종유석처럼 변했다.

뇌유(spermaceti)였다. 뇌유는 원숭이 입술이 내는 음파를 전달하고 모으는 데 중요한 역할을 하는 것으로 알려져 있다. 그러나 고래를 사냥한 최초의 서양인들은 이것이 고래의 정액이라고 생각해 정액고래(sperm whale, 향유고래)라고 불렀고, 뇌유는 '고래의 씨앗'이라는 뜻의 스퍼마세티(spermaceti)라고 불렀다. 타면서 연기가 나지 않으며, 정확한 온도에서 고체에서 액체 상태로 변하는 뇌유는 산업화된 세계 곳곳에서 불을 밝히고 윤활유로 쓰이는 등 높은 인기를 구가했다. 1839년

조이가 고래를 잘라 경뇌로 들어가자 액체가 차가운 공기 속으로 흘러나와 왁스처럼 굳어졌다. 고래의 검은 피부 위로 옅은 상처의 고리를 볼 수 있는데, 이 상처는 먹이인 대왕오징어의 '빨판 이빨'에 의해 생긴 것이다.

포경업자이자 박물학자였던 토머스 빌은 향유고래가 "해양 동물에서 가장 조용한 동물 중 하나"라고 썼다. 사실 선원들은 오랫동안 고래의 딸깍거리는 소리를 들어왔지만, 배의 선체에서 울려 퍼지는 이 소리를 가상의 "목수 물고기(carpenter fish)"가 내는 것으로 생각했다. 동물이 할 수 있는 것과 할 수 없는 것에 대한 우리의 많은 주장과 마찬가지로, 무언가를 강하게 확신하는 것은 그것이 매우 틀렸다는 것을 발견하기 직전에 오는 경향이 있다. 조이의 손에 들려 있는 뇌유를 보고 있자니 기이한 역설이 떠올랐다. 향유고래가 자연에서 가장 큰 음성을 낼 수 있도록 도와주는 물질이 어떻게 수많은 목소리를 영원히 침묵하게 만들었을까. 조이의 목소리를 귀 기울이며 듣다가 그녀의 뉴욕 억양은 어떻게 형성되었을까 하는 생각을 했다. 말을 할 때, 특히 경이로운 고래 조직에 대해 이야기할 때마다 숨을 내쉬고 들이마시는 그녀 특유의 호흡을 지켜보면서.

당시 나는 촬영을 하느라 정신이 없었다. 이 거대한 짐승이 어떻게 움직이는지 피부부터 내장까지, 앞면부터 뒷면까지 모두 찍어야 했기 때문에 지칠 대로 지쳐 있었다. 코끼리, 악어, 기린, 호랑이를 해부하는 장면을 촬영하면서 동물의 몸을 보면 동물이 우선순위로 삼고 있는 것에 대해 많은 것을 알 수 있었다. 고래의 몸은 4분의 1 이상이 소리의 발생과 수신에 사용되고 있었다. 이와 같은 것을 일찍이 본 적이 없었다.

조이는 거대한 뇌유 기관을 따라 걸으면서 소리가 원숭이 입술에서 고래 내부로 울려 퍼져 두개골에 닿을 때까지 어떤 경로를 거치는지 보여주었다. 뇌유 기관은 마치 위성 접시처럼 생겼다. 그녀는 팔을 저어가며 이 기관에 진동이 닿았을 때, 고래의 거대한 머리 아래쪽, 즉 기름, 지방, 근육 및 기타 조직으로 이루어진 정교한 일련의 '렌즈'인 정크를 통해 진동이 어떻게 튕겨 되돌아오는지 보여주었다. 이 렌즈는 진동이 고래의 머릿속을 왔다 갔다 할 때 진동을 수정하고 초점을 맞춰 소음을 놀랍도록 강력하고 정교하게 제어된 딸깍 소리로 만들어 어두운 물속으로 전달한다. 조이는 향유고래가 내는 소리가 최대 230데시벨에 달한다고 설명했다. 제트기 엔진보다 더 큰 소리였다. 공기 중에서 고막은 150데시벨에서 파열된다.

다른 고래도 강력한 청각을 갖추고 있다. 과학자들은 물속 돌고래가 옆에서 펄떡이는 소리가 같은 거리에서 소총을 쏘는 소리보다 더 크다는 사실을 발견했다. 향유고래의 머리에는 원숭이 입술, 뇌유, 정크(뇌유를 만드는 기관) 및 기타 신비한 구조가 있어 향유고래가 내는 소리를 정교하게 만든다. 최근 연구에 따르면 향유고래는 바다를 탐색할 때 사용하는 고도의 지향성 반향정위 탐지 소리 이외에도 느린 딸깍 소리, 빠른 딸깍 소리, 윙윙거리는 소리, 나팔 소리, 삐걱거리는 소리, '코다(coda)' 등 매우 다양한 소리를 내는 것으로 밝혀졌다. 코다는 연속적인 일련의 딸깍 소리를 말한다. 고래는 이러한 소리를 여러 방향으로 연속적으로 내보낸다. 딸깍 소리의 간격 패턴은 일종의 모스 부호 방식으로 정보를 전달하는 것으로 보인다. 한 향유고래 무리를 연구한 결과, 70가지 이상의 다양한 코다 유형이 발견되었다. 이 코다 소리는 고래들의 협력적인 삶을 하나로 묶어주는 아교로 여겨지며, 서로 가까이 지내고, 사냥하고, 항해하고, 짝짓기를 하고, 서로를 보호하는 데 필수적인 요소로 작용한다. 빛이 없는 위험하고 광활한 세상에서 말이다.

이와 같은 사실들은 모두 고래와 돌고래가 소리의 달인이라는 일반적인 그림에 부합한다. 실제로 고래는 포유류 중 "가장 광범위한 음향 채널을 사용한다."

조이가 향유고래 사체를 통해 고래가 어떻게 딸깍 소리를 내는지 보여주고 나자 고래의 내부가 비워져 기계가 움직일 수 있을 정도가 되었다. 경찰이 밀물이 다시 밀려오기 전에 고래를 묻을 수 있도록 해 달라고 요청했다. 기계가 미끄러운 갯벌을 가르며 고래를 끌어올리자 조이가 멈춰 달라고 외쳤다. 그러고는 고래 안쪽의 유선형 자리에서 밀려나 있는 고래의 성기 쪽으로 달려갔다. 조이는 몸을 웅크리더니 1.5미터 길이의 고래 성기를 품에 안았다. 마치 거대한 검은 거머리 같았다.

조이는 고래의 음경이 인간의 음경과 어떻게 다른지 보여주었다. 고래의 음경은 발기하는 것이 아니라 섬유질로 되어 있으며 탄성이

고래 음경을 들고 있는 조이. 열기로 인해 고글에 습기가 가득하다.

있었다. 아랫부분에 근육이 있어 혀처럼 말거나 움직일 수 있고 어느 방향으로든 삽입할 수 있었다. 이는 파트너를 붙잡을 손이 없는 무중력 섹스에서 매우 중요한 기능이었다.

"동물계에서 가장 큰 성기예요."

조이가 감탄하며 반짝이는 눈으로 말했다. 그러고는 한 발 물러서서 잠수부들이 고래를 끌어내도록 했다.

조이는 지난 사흘 동안 채 몇 시간도 잠을 자지 못했다. 밝은 주황색 작업복은 시커먼 피와 기다란 창자 자국, 까만 피부 덩어리들로 번들거렸다. 고래 내장에서 터져 나온 것들로 세 번이나 얼굴과 혀를 닦아내야 했다. 해변으로 끌려가는 동물을 바라보며 조이는 긴 한숨을 내쉬었다. 마치 바다의 고래가 내뿜는 숨 같았다.

~~~~~

이튿날 런던의 집으로 돌아와 천천히 장비를 풀었다. 곳곳에서 고래 냄새가 풍겼다. 기름에 익힌 비린내 나는 수프를 겨울 동안 정원 창고에 방치한 것 같은 냄새였다. 코트 주름 사이로 향유고래 고기 조각이 흘러 바닥에 떨어졌다. 고양이 클레오가 득달같이 달려들어 고기 조각을 핥아 먹었다.

섬세할 뿐만 아니라 아직은 거의 알려지지 않은 고래의 감각 구조를 전기톱과 커다란 갈고리로 얼마나 우악스럽게 헤집었는지 생각했다. 세상을 탐험하도록 자체 진화한 기관을 우리는 얼마나 서툴게 탐사한 걸까. 이 고래는 마지막이 되었을 여정에서 낯선 바다를 헤엄치면서 자신의 사촌들인 다른 고래의 목소리를 들었을 것이다. 사냥하는 범고래의 쾌활한 소리, 멀리서 들려오는 흰고래 떼의 짹짹 소리, 부리고래의 외롭고 기이한 음색도 들었을 것이다.

해변에서 해부를 끝내고 나서 몇 주 후, 나는 살아있는 향유고래를 촬영하기 위해 대서양 중부의 화산섬인 아조레스 제도로 떠났다. 물속에서 헤엄치다 수면으로 올라와서는 독특한 각진 주둥이를 내밀어 머리 오른쪽 위 콧구멍으로 숨을 내쉬는 향유고래를 멀리서 볼 수 있었다. 가이드는 고래를 방해하지 않고 고래 주변을 맴돌았다. 망망대해로 미끄러져 들어가자 기이한 현기증이 일었다. 한 치 앞도 보이지 않는 짙푸른 바다 위를 떠다니는 미미한 존재처럼 여겨졌다. 갑자기 '딸깍' 하는 것이 느껴졌다. 고래는 어디에도 보이지 않았고 소리도 들리지 않았지만 "컥 … 컥" 하고 폐와 목구멍, 부비동의 공기가 선명하고 크게 갈라지는 것처럼 느껴졌다. 그러고는 어둠 속으로 형체가 사라졌다.

종종 그 느낌이 무엇이었을지 생각한다. 내가 스캔되고 있었을까? 시력이 있는 동물은 눈이 반사되는 광자를 포착하기 때문에 다른 동물을 '본다.' 마찬가지로 고래는 내 몸에서 반사된 소리를 귀로 받아들여 나를 그렇게 '보았을' 것이다. 하지만 소리는 사물을 통해서도 전달되기 때문에 내 몸의 메아리는 내 몸의 표면뿐만 아니라 밀도도 나타낼 수 있다. 이 고래가 내 속을 볼 수 있었을까? 엄마 배 안에서 초음파 검사를 받은 이후 아무도 보지 못했던 나의 모습을 본 걸까? 몇 년이 지나고 나는 또 다른 궁금증이 생겼다. 내가 고래와 이야기를 주고받을 수 있을까?

향유고래는 주로 암컷과 새끼로 구성된 15~20마리의 긴밀한 가족 무리에서 생활한다. 수컷은 무리 사이를 돌아다니거나 홀로 다닌다. 이 거대 짐승들은 이른바 돌봄센터를 운영한다. 어미 향유고래가 대왕오징어를 사냥하기 위해 깊은 바다로 잠수하는 동안 다른 고래들이 새끼를 공동으로 보호하고 수유하는 것이다. 또한 위협을 받으면 머리는 안쪽, 꼬리는 바깥쪽으로 향해 둥그런 원을 만든 다음 이를 방패삼아 포식자를 물리친다. 새끼고래나 연약한 고래, 다친 고래는 이 '마거리트(marguerite)' 대형 안에서 보호받는다. 향유고래를 연구하는 생물학자 루크 렌델에 따르면 향유고래는 심지어 다른 성체 고래를 돌보기도 하고, 사냥 능력이 떨어지는 고래에게 먹이를 준다고 한다. 렌델의 최근 연구에 따르면, 향유고래는 포경선을 피하는 방법을 배우고 이 정보를 서로에게 전달하는 것으로 나타났다.

향유고래처럼 사회성이 강한 고래는 고래류 중 집단 좌초의 가능성이 가장 높은 동물이기도 하다. 건강해 보이는 많은 고래들이, 때로는 수백 마리가 한꺼번에 해변에 떠밀려와 치명적인 사고를 당한다. 이를 놓고 해군 음파탐지기부터 해양 지형에 이르기까지 여러 가지 원인이 제시되고 있지만, 주요인으로 고래들 사이의 강한 유대감이 지목된다. 파일럿고래나 돌고래 같은 작은 고래의 경우, 구조대원들이 고래를 다시 물로 보낼 수 있지만, 그렇게 물로 들어간 고래가 여전히 갇혀 있는 동료에게 곧장 헤엄쳐 돌아와 죽음을 맞이하는 것을 가슴 아프게 지켜봐야 한다. 해변으로 떠밀려온 고래들은 때로 격하게 소리를 내는데, 동료들의 고뇌에 찬 울음소리에 이끌려 고래가 돌아오는 것이다. 고래들은 함께 뱃머리 파도타기(bow-ride)를 하고 함께 죽는 것이다.

향유고래 사회는 소통을 통해 하나로 뭉치기도 하고 흩어지기도 한다. 매우 사교적인 이들 향유고래는 해수면 근처에 있을 때나 잠수를 시작할 때 자주 소통을 하며, 듀엣처럼 차례로 서로 코다를 주고받는다. 각 대양분지에는 수천 마리의 향유고래가 서식하지만, 향유고래가 모두 같은 방식으로 '말하는' 것은 아니다. 고래의 소리를 듣는 연구자들은 각 개체군마다 고유한 패턴의 '사투리'가 있다는 사실을 발견했다. 과학자들은 이를 '소리 종족(vocal clan)'이라고 부른다. 놀라운 것은 소리 종족이 다른 두 마리의 고래가 단순히 '말'만 다르게 하는 것이 아니라 생활도 다르게 한다는 사실이다. 소리 종족이 다른 고래는 사냥 기술이 다르고, 식성도 다르며, 양육 방식도 다르고, 무리고유의 다른 행동 전통을 전승한다. 향유고래의 소리 종족은 범위가 겹치지만 서로 섞이지 않는 것처럼 보이며, 같은 바다에서 서로 다른 부족으로 살며, 행동양식도 달라 다른 집단의 고래와 소통이 안 되는 경우도 있다.

인간이 서로 다른 문화를 바탕으로 사회적 경계를 만들기 시작한 시점은 인간이 협력을 기반으로 하는 대규모 사회를 이룬 동물로 진화하는 데 중요한 순간이었다. 다른 사람과 같은 방식으로 말하면 누구를 신뢰하고 누구를 도와야 하는지 알 수 있다. 향유고래와 범고래처럼 사회성이 강한 고래 종을 연구하는 사람들은 향유고래가 바다에서 협력하고, 특별한 방식으로 무리를 지어 어울리며, 다른 소리를 내는 고래를 무시하거나 피하는 것을 관찰했다. 이러한 고래 사회의 힘은 학습된 행동과 축적된 지식, 그리고 이를 서로에게 전달하는 능력에 있다. 과학자들은 이들 고래가 '문화'를 가지고 있다고 말하는 것이 가장 적합한 표현이라고 본다.

고래가 자신들만의 문화 안에서 서로에게 정보를 전달하는 것을 생각하면 고래가 어떤 말을 하는지, 또 고래 문화가 얼마나 오랫동안 존재했는지 궁금해진다. 포경이 사라지고 일부 고래가 살아남아 개체수가 다시 늘어나는 상황에서 고래의 문화 중 사라진 것은 어떤 것일까? 영국 식민지 개척자들이 호주에 도착해 문자도 없고 자기 문화를 기록하지도 않았던 원주민들에 대해 어떻게 생각했는지가 떠올랐다. 영국 역사가 시작되기도 전부터 이미 수천 년 동안 전해 내려온 구전 역사가 있던 원주민들을 말이다. 식민지 개척자들은 자기들의 문화를 모방하지 않은 원주민 문화를 거들떠보지도 않았고, 이런 식민주의자들의 행동으로 인해 끔찍한 파괴가 일어났다. 고래나 사람이나 모두 문화는 취약하기 때문에 사라질 수 있다.

고래의 몸에서 이 '문화적' 동물에 대해 더 많은 것을 끌어낼 수 있는지 알고 싶었다. 혹등고래의 해부학적 구조를 보면 혹등고래와의 소통이 가능한 일인지, 아니면 허황된 일인지 알 수 있을까? 혹등고래가 나를 덮친 지 2년이 지나고, 해변에서 고래를 해부한 지 6년이 지난 후 기회가 왔다. 조이가 다시 연락을 해서 고래의 예민한 귀와 세련된 목소리가 어떻게 연결되어 있는지를 살펴볼 수 있는 드문 기회가 생겼다고 했다. 고래의 뇌 안을 들여다볼 수 있는 기회를 주겠다는 것이었다.

제 5 장

어떤 멍청하고, 커다란 물고기

의식을 가진 원자…
호기심을 가진 물질.

바다에 서서…
경이로움에 경이로움….
리처드 파인만

뇌는 복잡하고 섬세한 기관이다. 특히 고래의 뇌는 더욱 그렇다. 고래가 해변으로 떠밀려왔을 때 건강한 상태인 고래는 거의 없다. 부패하기 전에 뇌를 적출할 수 있는 상태의 고래는 더더욱 드물다. 뇌는 체온을 방출하지 못하는 고래가 죽는 동안 두개골 깊숙한 곳에서 압력으로 민감한 조직이 뜨거워지기 때문에 가장 먼저 제거해야 하는 장기이다. 또한 뇌를 적출하고 보존할 수 있는 기술을 가진 사람은 매우 드물다. 과학자들이 죽은 돌고래의 머릿속을 들여다보면 이미 엉망진창으로 변해 있는 경우가 많았기 때문에 고래의 뇌는 오랫동안 단순하고 발달하지 않은 것으로 여겨져 왔다. 양질의 고래 뇌는 사금과도 같다.

고래 뇌를 연구하기 위해서는 고래가 갓 죽은 상태여야 하고, 훌륭한 해부학자가 고래의 머리를 잘라 재빠르게 냉동 보관해야 한다는 두 가지 조건이 충족되어야 한다. 하지만 대부분의 고래는 산업용 냉동고보다 크기 때문에 바다로 가서 고래 머리를 꺼내기란 쉽지 않다. 두 가지 조건을 충족하기가 어려운 것이다. 그런 의미에서 양질의 고래 뇌를 볼 수 있을 거라는 희망은 오래전에 접은 상태였다. 하지만 2018년, 조이가 전화를 걸어 두 마리가 있다고 말했다. 사산한 새끼 향유고래와 (수염고래의 일종으로 더 홀쭉하고 작은 혹등고래 같은) 어린 밍크고래의 머리를 해부할 기회가 생겼다는 이야기였다.

두 마리 고래 사체는 모두 얼마 전에 수습되어 스미소니언박물관의 냉동고 깊숙한 곳에 보관되어 있었다. 냉동 트럭에 실려 수백 킬로미터 떨어진 뉴욕으로 온 것이다. 뉴욕의 맨해튼 마운트시나이에 있는 아이칸 의과대학 연구실에는 조이와 신경해부학자 동료인 패트릭 호프 교수가 기다리고 있을 것이다. 원한다면 고래의 마음을 들여다볼 수도 있었다.

조이는 나와 다큐 제작진을 교외에 있는 자신의 집에 초대했다. 깔끔하게 관리한 수염에 안경을 쓴 남편 브루스(남편 역시 뛰어난 의사이자 과학자였다)와 함께 살고 있었다. 남편은 마치 훈련된 이웍(《스타워즈》에 등장하는 외계 종족)처럼 활기차게 우리를 맞이했다. 집에서 이들이 카약을 타러 간다는 강이 내려다보였다. 지하실에는 보존액에 담긴 혹등고래의 눈, 등뼈와 뼈가 놓인 테이블 등 고래 관련 물품으로 가득했다. 조이가 해양 포유류 수집가라는 사실이 놀라웠다.

위층으로 올라와서는 애완용 쥐 스피넬리를 보여주었다. 내가 유대인 혈통이라는 사실을 안 조이는 브루스와 함께 마조볼 치킨수프, 온갖 종류의 베이글, 맛있는 음식이 담긴 접시 등 푸짐한 만찬을 준비했다. 저녁식사 후에는 브루스와 함께 듀엣으로 60년대의 사랑 노래를 부르며 기타를 연주했다. 그날 밤 침대에 누운 나는 지하에 있는 고래의 눈을 생각했다.

이튿날 새벽 4시, 병원 직원 주차장에서 조이를 만났다. 우리 일행은 마치 숲에서 곰이 킁킁 거리는 소리를 들은 사람들이 곰 스프레이를 들고 있는 것처럼 커피를 꼭 쥐고 있었다. 조이는 우리보다 훨씬 일찍 일과를 시작했지만 피곤한 기색이라곤 전혀 없었다. 그녀와 동료 패트릭 호프는 의과대학에서 학생들을 가르치고 있으며, 부속 병원에서 인체 해부학이 다른 종과 어떻게 관련이 있는지 연구하고 있었다. 엘리베이터를 타고 환자 병실, 보호자 대기실, 상담실, 교육실을 지나 올라가자 해양 포유류 해골, 거대한 이빨로 가득 찬 범고래 두개골, 웃고 있는 바다사자 두개골로 둘러싸인 수장고가 나왔다. 조이는 시체로 가득 찬 옆방으로는 들어가지 말라고 경고했다.

조이와 패트릭은 인체 해부와 해부학 교육을 위한 방에서 돌고래도 연구했고, 병원 깊숙한 곳에서는 인간의 뇌를 연구하는 강력한 기계를 고래 해부학 탐구에 사용했다. 패트릭은 조이의 도움으로 60여 종의 고래와 돌고래 표본 700여 점을 보유한 세계에서 가장 방대한 해양 포유류 뇌 표본 컬렉션을 구축했다. 창밖으로 아침의 주홍빛 햇살이 주변 고층 빌딩에 반사되어 비쳤고, 그 아래 센트럴파크에는 조깅하는 사람들이 분주하게 움직였다. 사체에서 나는 냄새는 그 정체를 떠올리기 전까지는 향긋하고 왠지 기분 좋은 냄새였다.

조이와 패트릭은 고래의 머리를 자르거나 뇌를 손상시키지 않고도 병원의 첨단 스캐닝 장비인 MRI와 CT 스캐너를 사용해 3D 사진을 찍었다. 몇몇 과학자들은 살아있는 돌고래의 뇌를 스캔하여 뇌가 작동할 때 '불이 켜지는' 모습을 보여주기도 했다(도대체 무슨 일이 일어나고 있는지 궁금할 것이다).

돌고래 뇌를 스캔한 것은 많지만 고래 뇌 스캔은 거의 없었다. 가장 큰 병원 스캐너도 덩치가 매우 큰 사람을 감당하기 힘들다는 점을 생각하면, 작은 병원 병동 크기의 동물은 두 말할 것도 없었다. 성체 혹등고래를 MRI에 넣는다는 것은 베이글 구멍에 멜론을 넣는 것과 같았다. 조이가 구한 새끼 고래 두 마리의 크기는 딱 맞게 들어갈 정도였다.

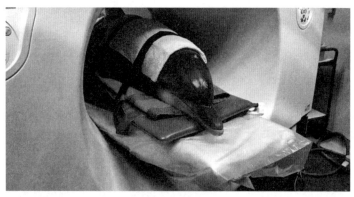

재활 중인 돌고래가 뇌 스캔을 받고 있다. (미국해양포유류보호법에 따라 미국수산청과 텍사스해양포유류좌초네트워크 간의 좌초협약에 따라 수행된 활동이다.)

마운트시나이의 스캐너는 낮에는 환자만 이용할 수 있었다. 따라서 사람들이 오기 전에 고래를 스캔해야 했다. 목이 잘리고 얼어붙은 밍크고래의 머리가 카트에 실려 지나가는 것을 보면 환자들이 당황할 수 있기 때문에 고래는 들것에 비닐로 싸여 있었다. 조명이 환한 복도를 지나 엘리베이터를 타고 내려가서는 대기실과 정맥주사를 맞고 있는 몽롱한 환자들을 지나쳐가는 동안 아무도 우리의 수상한 화물을 의심하지 않았다. 지나가던 의사가 수상쩍은 바다 냄새의 원인을 찾기 위해 고개를 두리번거리는 것이 다였다. MRI실에는 경고 문구가 빼곡한 문에 촘촘한 철망이 격자무늬로 된 창문이 있었다. 옆방에는 환자(또는 새끼 고래 머리)를 올려놓을 받침대가 있는 거대한 흰색 도넛 모양의 MRI가 있었다. 조이는 엔지니어인 자니에게 자신이 최초로 향유고래를 MRI로 스캔한 사람이라고 말했다.

연구팀이 진땀을 흘리며 가장 먼저 스캔할 새끼 향유고래를 받침대에 올리는 동안 적막이 감돌았다. 향유고래의 짙은 색 피부는 축축하고 차가웠다. 패트릭이 레이저 십자선을 따라 움직이며 센서를 정렬하자 기계가 윙윙거리며 움직였다. 서서히 새끼 고래가 스캐너를 통과했다. 다양한 조직의 밀도를 식별할 수 있는 거대하고 강력한 스캐닝 기계였다. 두 시간 동안 고래 머리를 스캔하고 돌렸다. 고래의 몸이 데워지면서 받침대와 바닥으로 물이 떨어졌다. 이제 환자들을 받을 시간이었다. 바닥에 떨어진 물을 닦고, 데이터를 저장한 후 고래를 옮겼다.

위층에 있던 조이와 패트릭은 시간이 빠듯했다. 뇌가 빠르게 해동

되고 있었기 때문에 몇 시간 안에 동물의 두개골에서 뇌를 꺼내야 했다. 배드민턴 코트 두 개 크기의 방 한쪽 끝에는 인간 시체 20여 구가 꽉 들어차 있었다. 에페 펜싱 선수인 패트릭은 메스를 들고 밍크고래의 두개골 뒤쪽 근육과 조직을 잘라내고 있었다. 패트릭이 톱으로 뇌 주위의 뼈를 자르는 동안 해는 더 높이 떠올라 뒤쪽의 뉴욕 스카이라인이 밝게 빛났다. 불에 그슬린 머리카락 같은 냄새가 났다. 마치 박물관 창문 유리를 뚫는 도둑처럼 두개골을 깔끔하게 자른 패트릭은 그 틈새로 죽 색깔의 장기를 꺼내 방부제가 든 병에 넣었다. 또 다른 고래의 뇌는 그 생각을 알 수 없는 채 다른 고래들이 있는 수장고로 들어갔다.

뇌는 보존했다가 나중에 해부했다. 때로는 개별 신경의 경로를 발견하고 추적하기 위해 1밀리미터 두께의 얇은 조각으로 잘라내기도 하고, 때로는 더 투박하게 잘라내기도 했다. 또는 모양, 홈, 돌출부 등을 인간을 포함한 다른 표본과 비교하기 위해 그대로 보관하기도 했다. 측정하고, 지도를 그리고, 어떤 구조가 우리 뇌의 구조와 비슷하고 어떤 부분이 완전히 다른지 알아내기 위해 연구하는 패트릭과 조이는 서로 호흡이 척척 맞았다.

엄청나게 복잡한 스캔을 자세히 검토하려면 며칠이 걸릴 것이다. 하지만 패트릭은 화면에 이미지 몇 개를 띄웠다. 컴퓨터 프로그램을 사용해 고래의 뇌를 훑어보려는 것이었다. 모니터에는 배의 현창과 같은 원 모양이 떴는데, 그 사이를 빠르게 지나가면서 컨트롤러로 조정

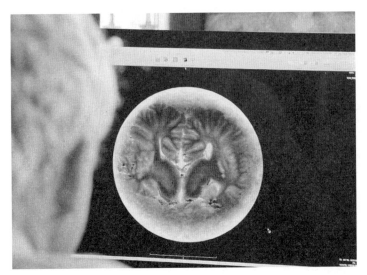

패트릭이 뇌 스캔을 살피고 있다.

해 뇌의 소용돌이와 매듭, 혈관, 치밀한 조직, 연결, 회선을 강조하는 모습은 보는 내내 매혹적이었다. 흥미롭기는 했으나 패트릭이 잠시 멈추고서 설명하는 뇌 영역과 조직 유형의 차이점을 이해하기는 어려웠다. 뇌 영역을 지칭하는 라틴어 용어가 차례로 두개골을 훑는 CT 스캔 광선처럼 내 머릿속에 순식간에 들어왔다가 사라졌다.

～～～～

여기서 나는 뇌를 비교하는 것이 대체로 까다로운 일이라는 것을 알게 되었다. 인간이 얼마나 영리한지 설명할 때 우리는 종종 사고 기관의 크기가 엄청나게 크다는 점을 지적한다. 커다란 대뇌는 출산을 굉장히 힘들게 하며, 또 혈액 내 포도당의 90퍼센트를 소비한다. 하지만 뇌가 큰 일부 대형동물이 작은 동물보다 인지 능력이 떨어지는 것을 보면 크기 자체는 동물의 지능을 비교하는 명확한 기준이 될 수 없다. 속된 말로 크기가 전부는 아니다. 상대적인 뇌의 크기, 뇌의 주름과 복잡성, 뇌 층의 두께, 뇌 내부의 구조, 신경세포의 종류 등을 보고 평가하는데, 인간의 뇌는 당연히 다른 뇌를 측정하는 기준이 된다.

물론 고래의 뇌를 보고 그 크기에 놀라지 않는 사람은 없을 것이다. 패트릭은 고래의 뇌가 크다는 사실을 익히 알고 있었음에도 불구하고 처음 고래의 뇌를 봤을 때 그 크기에 충격을 받았다. 인간의 뇌는 뇌가 큰 친척인 침팬지보다 세 배나 큰 1350그램이다. 향유고래나 범고래의 뇌는 10킬로그램까지 나간다! 이들의 뇌는 지구상에서 가장 크며, 아마도 아직까지는 그 어떤 동물보다 크기가 클 것이다. 비교가 공정하지 않을 수도 있다. 우리 몸의 크기와 비교했을 때 인간의 뇌는 고래의 뇌보다 더 크기 때문이다. 인간의 뇌는 일부 설치류의 뇌와 체질량 대비 비율이 비슷하다. 생쥐와 인간 모두 사고 기관에 많은 부분을 투자한다. 하지만 몸집에 비해 훨씬 큰 뇌를 가진 작은 새와 개미에는 훨씬 못 미친다.

포유류 뇌의 바깥쪽 층을 대뇌피질이라고 한다. 대뇌피질을 단면으로 보면 마치 자전거 헬멧이 뇌의 다른 부분 위에 얹혀 있는 것처럼 보인다. 대뇌피질은 우리 뇌에서 가장 최근에 진화한 부분인데, 뇌과학자들에 따르면 우리는 대뇌피질을 사용해 이성적이고 의식적인 사고를 한다. 이 영역은 감각을 인지하고, 생각하며, 몸을 움직이기로 결정하고, 주변 공간과의 관계를 파악하고, 언어를 사용하는 등의 일을 처리한다. 여러분은 지금 대뇌피질을 사용해 이 문장을 읽고 생각하는 것이다. 많은 생물학자들은 '지능'을 '문제를 해결하고, 새로운 해결책을 제시하는 유기체의 정신적, 행동적 유연성' 비슷한 것으로 정의한다. 인간의 경우 대뇌피질은 뇌의 다른 부분(기저핵, 기저전뇌, 시상후부)과 함께 작용하며 앞서 말한 형태의 '지능'을 담당하는 것으로 보인다. 피질이 많고 주름이 많을수록 연결할 수 있는 표면적이 더 넓어진다. 더 많은 생각을 할 수 있는 것이다! 우리 인간의 신피질 표면적은 매우 넓지만, 일반적인 돌고래의 반절이 조금 넘을 뿐이고, 향유고래에 비하면 훨씬 적다. 고래의 덩치가 크다는 점을 감안해 피질 면적을 뇌의 총 무게로 나누더라도 인간은 여전히 돌고래와 범고래에 뒤처진다.

하지만 피질에는 지능과 관련된 것으로 보이는 다른 측정치가 있는데, 여기서 돌고래와 고래는 인간보다 뒤떨어진다. 얼마나 많은 뉴런이 밀집되어 있는지, 얼마나 촘촘하고 효과적으로 연결되어 있는지, 얼마나 빠르게 자극을 전달하는지 또한 뇌 기능에서 매우 중요하다. 마치 작고 저렴한 휴대폰에 탑재된 칩셋의 구성과 배치가 방 크기의 5.5톤짜리 1970년대 슈퍼컴퓨터보다 더 강력한 계산 능력을 담고 있는 것과 같다. 육지와 바다에서 가장 큰 포유류인 코끼리와 고래는 뉴런 사이가 듬성듬성하고 전송 속도가 느린 것으로 알려져 있다. 뉴런의 실제 수를 놓고 봐도 인간은 더 우위에 있다. 인간의 대뇌피질에는 약 150억 개의 뉴런이 있다. 고래의 뇌 크기가 더 크기 때문에 더 많은 뉴런이 있을 것이라고 생각할 수 있지만, 사실 이들의 대뇌피질은 더 얇고 뉴런은 더 비대해 많은 공간을 차지한다. 그럼에도 불구하고 범고래와 같은 일부 고래는 코끼리와 거의 같은 105억 개의 대뇌 뉴런으로 인간 수준에 근접한다. 침팬지는 62억 개, 고릴라는 43억 개이다. 비교를 더욱 복잡하게 만드는 것은 고래는 대뇌피질을 구성하는 신경교세포(glia)라고 하는 다른 종류의 세포가 엄청나게 많다는 점이다. 최근까지만 해도 우리는 이 신경교세포를 별다른 기능 없이 채워진 것이라고 생각했지만, 지금은 인지에도 중요하다는 사실이 밝혀졌다. 여러분은 어떤지 모르겠지만, 이렇게 피질을 측정하고 비교하는 마음이 썩 유쾌하지만은 않았다.

패트릭은 이런 식으로 분석한 100번째 해양 포유류의 스캔을 확대하고 측정하면서 마치 흑백 만화경을 들여다보듯 대칭과 프랙탈 패턴을 탐색했다. 의문점이 쏟아졌다. 뇌를 보면 고래나 돌고래가 의식을 가질 수 있는지 알 수 있을까? 이 생명체들은 다른 존재를 마음속에서 상상할 수 있을까? 패트릭은 이런 문제를 논의하는 것을 내키지 않는 모양이었다. 우리가 알지 못하는 것들이 아직 많다고 생각했던 것이다. 하지만 이와 관련하여 여러 사람들이 다양한 의견을 제시하고 있다.

한 연구에 따르면 인간은 정보처리 능력 면에서 침팬지, 원숭이, 일부 조류보다 떨어지는 고래의 5배에 달한다고 한다. 그러나 같은 연구에서 침팬지보다 뇌가 작은 말이 피질 뉴런 수에서는 5배 더 많은 것으로 밝혀졌다. 이것은 말이 침팬지보다 더 똑똑하다는 것을 의미할까? 이러한 식의 비교에서 가장 혼란을 주는 것은 '모든' 요소가 상당히 복잡하게 얽혀 있다는 점이다. 뉴런의 수를 추정하는 것은 정말 투박한 방식이기 때문에 실제 숫자를 비교하는 것은 의미가 없다. 뉴런의 종류는 매우 다양하며, 뉴런은 종마다 다른 구성과 비율로 배열되어 있다. 우리는 이러한 모든 차이가 뇌가 할 수 있는 일을 결정한다는 것을 알지만, 뇌의 다른 부분이 매순간 어떻게 변하는지는 아직 잘 모른다. 거기에는 많은 가정이 있기에, 한 종의 뇌로 다른 종의 뇌를 추정하는 것은 오해의 소지가 있다.

이는 인지 능력을 비교하는 데에도 적용된다. 뇌와 그 구조를 통해 어떤 동물이 인지능력이 '더 뛰어난지' 추론하고 동물의 뇌를 '지능' 순으로 순위를 매기는 것은 유혹적인 만큼이나 위험한 일이다. 평생 다양한 동물의 인지와 행동을 연구한 스탠 쿠차즈 교수는 단도직입적으로 이렇게 말한다. "우리는 인간의 지능을 유효하게 측정하는 데 서툴다. 종을 비교할 때는 더더욱 형편없다." 지능은 다루기 힘든 개념이며 어쩌면 측정할 수 없을지도 모른다.

앞서 언급했듯이 많은 생물학자들은 지능을 동물의 문제 해결 능력으로 생각한다. 하지만 동물마다 서로 다른 환경에서 서로 다른 문제를 안고 살아가기 때문에 동물의 두뇌가 얼마나 잘 작동하는지를 점수로 환산할 수는 없다. 두뇌 속성은 단순히 사고에 '좋다' 혹은 '나쁘다'가 아니라 처한 상황 그리고 두뇌가 수행해야 하는 사고에 따라 달라진다. 지능은 항상 변하는 것이다.

이 딜레마를 더욱 복잡하게 만드는 것은 한 종 내의 개별 동물이 다양한 인지능력을 가지고 있다는 점이다. 곰의 손을 타지 않는 쓰레기통을 만드는 것이 왜 그렇게 어려운지 묻는 질문에 요세미티 국립

『잘못된 무릎』에 나오는 이 만화는 지능에 대한 인간 중심적인 개념을 우아하게 꼬집고 있다.

공원 관리인은 이렇게 말했다. "가장 똑똑한 곰과 가장 멍청한 관광객의 지능이 상당 부분 겹치기 때문이다."

우리는 고래의 두뇌가 처하고 해결해야 하는 문제가 무엇인지 거의 알지 못한다. 고래는 심해의 거대한 사냥꾼부터 작은 강의 돌고래에 이르기까지 수백 마리가 무리를 이루어 살면서 매우 다양한 삶의 문제를 처리하도록 진화해왔다. 이러한 모든 해야 할 것과 불확실성에 맞닥뜨린 고래를 생각하니, 이 미지의 영역에서 너무 많은 것을 유추하지 않으려는 패트릭의 망설임에 어떤 지혜가 있다는 생각이 들었다.

～～～～

패트릭과 조이가 고래의 뇌를 스캔하는 모습을 지켜보던 나는 기이한 상상을 했다. 수면 부족 때문인지, 고래의 머리를 스캔하고, 피부와 근육, 뼈를 벗겨내는 것을 상상하던 나는 감각기관과 안구, 외이도, 후각 및 미각 수용체가 우주를 떠다니다가 신경을 통해 고래의 생각과 성격, 기억이 저장된 초연결 지방 덩어리인 이상하게 단조로운 기관으로 다시 연결되는 것을 보았다. 이 떠다니는 뇌를 들여다보고 그 속을 들여다본다면 뇌를 더 잘 알 수 있을까? 과학자, 영적 지도자, 언론인 모두 인간의 뇌를 "우주에서 가장 복잡한 것"이라고 말한다. 실제로 뇌는 매우 복잡한 존재이다. 하지만 고래의 뇌도 꽤나 신기해 보였던 나는 패트릭에게 간단한 질문을 던졌다. "고래도 생각이 있을까요?" 그는 잠시 멈칫했다. "고래도 인간과 같은 방식으로 구성된 생각을 가지고 있냐고요? 그럴 수도 있죠. 인간의 의식과 기억을 담당하는 동일한 신경망이 고래에게도 같은 방식으로 존재하지 않을 이유가 없죠."

용기를 얻은 나는 한 발 더 나아갔다. "그렇다면 고래도 우리처럼 생각할 수 있을까요? 의식을 가지고요? 우리처럼 서로 대화할 수 있는 두뇌를 가지고 있을지도 모른다는 징후는 없을까요?" 패트릭이 대답했다. "당신도 알다시피, 이 모든 것에는 희망적 생각의 씨앗이 많이 움트고 있어요."

희망적이든 그렇지 않든 간에 패트릭 자신도 이런 의견에 군불을 때고 있었다. 2006년, 패트릭과 동료 에스텔 반 데르 구흐트는 전 세계 신경과학자들의 뇌를 들썩이게 한 논문을 《해부학 기록》에 발표했다. 보존된 인간 뇌 일부를 조사하던 패트릭은 특이한 모양의 뉴런을 발견했다. 나뭇가지, 원뿔, 별 모양이 아니라 가늘고 길쭉하고 매우 컸다. 연구팀은 이것이 100년 전에 처음 기술되었으나 오랫동안 무시되었던 뇌세포의 일종인 폰 이코노모 뉴런(von Economo neuron)이라는 것을 깨달았다. 이 특별한 신경은 인간에게만 있는 것으로 여겨졌다. 그러던 중 샌디에이고에서 연구팀이 침팬지, 고릴라, 오랑우탄, 보노보 같은 가까운 친척 유인원에는 있지만 여우원숭이 같은 먼 친척에는 없는 이 신경을 발견한 것이다. 패트릭 연구팀은 100종이 넘는 종의 뇌를 조사하면서 세포를 찾았지만 인간, 유인원, 코끼리, 고래 등 일부 종만 이 세포를 가지고 있는 것으로 나타났다. 인간은 코끼리와 고래의 먼 친척이며, 공통조상은 6천만 년 전 공룡이 멸종할 무렵에 진화한 것으로 알려졌다.

유인원, 코끼리, 고래는 장수하며, 사회성이 뛰어나고, 지능이 높고, 소통 능력이 뛰어나며, 두뇌가 크다는 공통점이 있다. 폰 이코노모 뉴런은 조상이 여러 종으로 나뉜 후 자연선택의 압력으로 인해 서로 관련이 없는 생물에서 동일한 특징이 발달하는 과정인 수렴진화를 통해 이 세 집단에서 독립적으로 진화한 것으로 보인다.

폰 이코노모 뉴런은 인간 뇌의 특정 영역, 즉 전두 뇌섬엽과 대상피질에서만 발견되는 것으로 나타났다. 이 영역은 우리가 고통을 느끼거나 실수를 알아차릴 때, 그리고 다른 사람과 관련된 것을 느낄 때 활성화된다. 사랑을 느낄 때, 엄마가 아기의 울음소리를 들을 때, 누군가가 다른 사람의 의도를 확인하려고 할 때 폰 이코노모 뉴런에 불이 들어오는 것이다. 인간의 경우 주의력, 직관, 사회적 인식과 같은 고도의 인지 기능과 관련된 뇌 부위가 다른 포유류에 비해 더 크다. 이는 고래도 마찬가지이다. 그리고 폰 이코노모 뉴런은 두 종 모두에 존재한다. 패트릭의 말마따나 "인간의 통합적 경험을 독특하게 만드는 세포는 대형 고래에도 존재한다."

이 세포가 정확히 어떤 역할을 하는지는 아직 밝혀지지 않았지만, 몇 가지 흥미로운 해석이 있다. 고래와 인간 모두 신피질에는 감각 및 운동 영역에서 들어오는 정보를 처리하고 통합하는 특별한 '통합센터'가 있는 것으로 보인다. 고래는 수신한 신호를 분석하고 네트워크를 통해 서로 소통한다. 서로 다른 뇌 영역의 정보를 통합하는 이 능력은 매우 중요하다. 지각에 복잡성을 더하고 예술적 창작, 의사 결정, 언어 학습과 같은 고급 인지 과정을 수행할 수 있게 해주기 때문이다.

패트릭과 주요 연구자인 존 올먼은 폰 이코노모 뉴런 세포가 필요에 따라 진화했다고 추측한다. 패트릭에 따르면 뇌는 통합센터 간에 신호를 빠르게 전달하기 위해 고속도로가 필요한데, 폰 이코노모 뉴런은 "신경계의 '급행열차'와 같다"라고 말한다. 폰 이코노모 뉴런이 자리하고 있는 영역의 기능과 뉴런을 가진 종의 사회적 특성을 고려할 때, 이러한 빠른 뇌 연결은 타인에 대해 생각할 때, 즉 공감과 사회 지능에 사용되는 것으로 보인다.

일부에서는 이에 대해 회의적이다. 이들은 폰 이코노모 뉴런이 있는 크고 복잡한 고래의 뇌는 3차원의 바다 환경에서 거대한 몸을 조정하는 데 필요한 것일 뿐이라고 믿는다. 다른 사람들은 이러한 인상적인 뇌가 반향정위와 관련된 모든 정교한 정보를 처리하는 데 필요하다고 말한다. 고래의 뇌가 실제로 결과에 대해 숙고하기 때문이 아니라 세상을 감지하는 '방식' 때문에 이러한 구조를 진화시켰다는 이야기다.

2014년 패트릭 연구팀은 소, 양, 사슴, 말, 돼지의 뇌에서 뉴런 또는 유사 세포를 발견하면서 이전에 생각했던 것보다 더 많은 종에서 폰 이코노모 뉴런을 발견했다. 몇몇 연구자들은 이를 토대로 폰 이코노모 뉴런이 특별히 인상적인 인지 기능을 가진 것은 아니라는 증거로 해석하기도 했다. 내가 보기에 생물학에는 이런 식의 이야기가 상당히 많다. 우리는 인간에게만 있다고 생각하는 무언가를 발견한다. 그러고 나서 다른 동물에서도 발견하면 그것이 특별한 것인지 의문을 갖기 시작한다. 하지만 소와 돼지와 함께 지낸 적이 있는 사람이 보기에는 소와 돼지가 다른 사람을 생각하는 신경 하드웨어와 사회적 지능이 있다고 생각하는 것이 마냥 허황된 이야기만은 아니다.

이 모든 것은 아주 최근에 밝혀진 사실이고, 패트릭과 같은 과학자들은 새로운 영역을 개척하고 있는 탐험가이다. 마치 한 가닥 전선이 전구를 켜는 신호를 보내기도 하고 또 사랑하는 사람의 컴퓨터에 열정적인 이메일을 보내는 것처럼, 한 동물의 폰 이코노모 뉴런이 다른 동물의 폰 이코노모 뉴런과 상당히 다른 일을 한다는 것이 밝혀질지도 모른다. 패트릭은 폰 이코노모 뉴런이 일부 종의 뇌를 구성하는 정교한 배선 다이어그램에서 작은 조각에 불과하며, 이 다이어그램은 아직 채워지는 과정에 있다고 본다. 발견, 비교, 가설, 추정이 서로 연결되고 얽히면서 결국에는 더 명확한 그림을 그릴 수 있을 것이다. 우리는 이 발견들이 무엇을 의미하는지 알지 못하는 답답한 순간에 처해 있다. 한 신경과학자의 말을 빌리자면 "우리는 벌레의 뇌도 이해하지 못한다." 어쩌면 그것은 우주에서 가장 복잡하고 끈적끈적한 미로 속을 들여다보는 데서 오는 난점일지도 모른다.

여기서 조이의 비교가 유용하다. 외계 탐험가가 지구의 바다에서 큰돌고래와 비슷한 크기의 상어를 발견했다면 당황스러울 수 있다. 두 동물은 같은 바다에 살고 같은 물고기를 사냥하며 같은 조건에서 살지만 큰돌고래의 뇌가 훨씬 더 크기 때문이다. 구성이나 구조 면에서 지구상에서 가장 뛰어난 지적 성취를 이룬 사람들의 뇌와 매우 비슷해 보이지만, 다른 면에서는 정말 차이가 난다. 돌고래와 상어 사이에는 왜 이런 차이가 있을까?

2007년, 로리 마리노는 조이와 패트릭 그리고 생물학자 여럿과 함께 "고래는 복잡한 인지 능력을 발휘하는 복잡한 뇌를 가지고 있다"라는 논문을 발표했다. 이들은 최근 연구 성과를 두루 살피고 시간을 거슬러 올라가 화석 기록을 연구해 결론에 도달했다. 수백만 년의 시간의 흐르면 뉴런과 피질은 사라지지만, 두개골은 보존되며, 두개골을 통해 뇌의 크기를 알 수 있다. 고래의 뇌는 바다로 들어가고 나서 약 천만 년 '후에' 갑자기 커졌다. 이는 이전에 고래의 뇌 진화를 물과 추위에 대한 적응과 연관시켰던 일부 과학자들을 놀라게 했다. 논리적으로 보면 수생생물과 관련된 뇌의 적응은 더 빨리 일어났을 것이다. 연구진은 고래의 행동이 더욱 복잡해지고 사회화되면서 뇌 크기가 급격히 커졌다는 이론을 세웠다.

많은 고래와 돌고래의 경우, 사회집단 없이는 삶을 영위하기가 불가능하다. 사회집단에서 경쟁하고 협력하며 성공적으로 살아가려면 홀로 있을 때는 할 필요가 없는 사고가 필요하다. 패트릭이 덧붙였다. "이들은 방대한 노래 목록을 통해 소통하고, 자신의 노래를 인지하며, 새로운 노래를 만들기도 합니다. 또한 무리를 지어 사냥 전략을 짜고, 이를 어린 개체에게 가르치며, 유인원이나 인간과 유사한 사회적 네트워크를 진화시켰습니다." 사회적 동물은 문화라는 소프트웨어를 실행하기 위해 더 많은 뇌 하드웨어가 필요하다.

내가 마지막으로 질문을 던졌다. "고래의 뇌를 연구함으로써 고래에 대해 확실하게 알 수 있는 것은 무엇일까요?" 패트릭은 고래가 매우 지능적이며, 이전에는 인간에게만 존재한다고 생각했던 인상적인 신경 시스템을 가지고 있음이 분명하다고 말했다. 지금껏 만난 많은 고래 연구자들과 마찬가지로 패트릭도 인간 존재와 관련된 흥미로운 고래의 속성을 언급한 다음 곧바로 주의를 당부했다. 고래를 의인화해서는 안 된다는 것이었다. 하지만 고래를 우리보다 열등한 존재로 간주해서도 안 된다고 주장했다. "고래를 멍청하고 커다란 물고기라고 생각하는 사람들이 많죠?" 패트릭이 말했다. "아니요, 절대 그렇지 않아요."

고래도 우리처럼 생각할 수 있는지 알아내는 것은 생각했던 것보다 더 복잡하고 흥미로웠으며, 질문에 대한 답을 얻을 때마다 더 많은 미스터리가 꼬리에 꼬리를 물었다.

시간이 많이 흘렀다. 고래를 스캔하고 뇌를 수장고에 넣고 나니 모두 진이 빠진 모양이었다. 패트릭은 의대생들을 가르쳐야 했고, 조이는 고래 얼굴의 살을 발라내야 했다. 병원을 나와 맨해튼 거리로 걸어나갔다. 거리를 지나는 사람들의 걸음걸이에서 기분을 감지하고, 사람들의 대화를 엿들으며, 사람들과 어떻게 섞일지를 생각하다 지하철에서 낯선 남자의 눈을 피하고, 저녁 식사에서 친구와 농담을 하며 웃고, 작별인사를 할 때 따뜻함을 느꼈다. 이렇게 겪는 감각과 생각을 통합하는 뇌의 중추인 내 안의 뉴런에 대해 생각했다. 지금 내가 서 있는 곳에서 불과 몇 킬로미터 떨어진 뉴욕시 앞바다에는 혹등고래, 긴수염고래, 정어리고래가 살고 있다. 이들의 뇌도 숨겨진 예민한 귀로 듣는 기이한 수중 목소리로 인해 복잡한 생각으로 번쩍였을까?

고층 빌딩을 올려다보니 현기증이 일었다. 수천 개의 공회전 엔진에서 뿜어져 나오는 매연에 숨이 막히고, 화려한 색깔의 옷에 눈이 부셨다. 고래는 이런 것을 만든 적이 없다고 생각했다. 이건 나의 편견이었을까? 우리가 이룬 업적을 증거 삼아 우리가 다른 종보다 더 진보했다고 믿는 것은 인간의 본성일까? 어떤 동물이 영리한지 생각하고 이를 우리 자신과 연관시킬 때, 우리는 본능적으로 우리가 세상에 미친 영향, 즉 우리의 도구와 건축물을 들먹인다. 동물은 이런 일을 우리만큼 잘 할 수 없다! 비버는 댐을 건설하지만 책을 쓰지는 못한다. 오랑우탄은 나뭇잎 우산을 만들지만 바퀴는 만들지 못한다. 곤충은 도시를 건설하지만 도서관은 만들지 못한다. '우리가 만든 것을 봐, 흰개미들아. 나대지 말고 찌그러져 있어!'

하지만 고래가 성당을 지을 수 없는 다른 이유도 있다. 모든 것이 변화무쌍한 바다에서 문명을 건설하는 것은 물리적으로 더 어렵다. 물속에서 불을 피워 새로운 혼합물과 구조물을 만들 수 없고, 몸 바

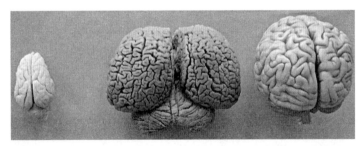

큰돌고래의 뇌(가운데), 멧돼지의 뇌(왼쪽), 인간의 뇌(오른쪽)를 나란히 비교한 모습. 돌고래의 뇌는 반구 사이의 간격이 넓은 것을 볼 수 있다. 이것은 '반구' 수면과 관련이 있는 것으로 보인다. 잠을 자는 동안 뇌의 절반은 쉬고 또 숨을 쉬기 위해 계속 헤엄치면서 한쪽 눈을 뜨고 경계를 유지한다. 나도 그랬으면 좋겠다.

깥에 음식을 저장할 수 없으며, 지느러미로 도구를 조작할 수 없다. 해양 호모 사피엔스가 의복, 도구, 건물, 농경, 기록 등 인류 문명의 흔적인 세상의 경이로움을 만들어낼 수 있었을까? 미심쩍은 일이다. 하지만 고래의 물질문화가 없는 더 간단한 이유는 고래가 성당을 구상할 수 있는 두뇌나 성당을 지을 수 있는 망치가 없기 때문일 수도 있다.

　고래의 뇌를 들여다보면 고래가 말을 할 수 있을 만큼 영리한지 알 수 있을 것이라는 기대를 가졌다. 하지만 그런 기대는 병원에서 몇 블록 떨어진 허드슨강보다 더 흐릿하고 탁했다. 마운트시나이 아이칸 의과대학에서 본 뇌 중 하나는 인간의 뇌로 언어와 소통, 음악 감상, 사랑의 감정, 복수를 계획할 수 있는 능력을 가지고 있었다. 다른 하나는 새끼 향유고래의 뇌와 매우 비슷해 보였다. 고래의 뇌를 보고 스캔한 결과는 "나는 바보야"라고 외치지 않았지만, "나는 모차르트야"라고 외치지도 않았다.

조이와 동료들 덕분에 고래가 말하는 데 필요한 하드웨어, 즉 고래의 일부를 더 잘 이해할 수 있었다. 고래의 강력하고 정교한 귀와 목소리는 고래의 삶에서 듣기와 발성이 얼마나 중요한지를 암시했다. 나는 고래의 뇌를 들여다보았고, 그 크기와 모양, 구조를 통해 고래가 놀라운 인지 능력을 가졌음을 알 수 있었다. 고래는 단순히 크고 멍청한 물고기 그 이상이었다. 하지만 뭐가 더 있을까? 내가 만났던 과학자들은 해부학적 단서에서 얼마나 많은 것을 추정하고 있었을까? 그날 보았던 인간 시체, 방 끝에 놓여 있던 이불 아래 희미한 형상의 사람 시체가 떠올랐다. 목을 보면 민요를 불렀을 거라고, 뇌를 보면 시가 그들을 울게 만들었을 거라고 유추할 수 있을까?

~~~~~

2년 후, 뇌 스캐너를 썼던 때를 떠올리게 하는 이야기를 들려준 한 남자를 만났다. 바로 상어를 좋아하는 아내 질리언과 함께 바하마의 비미니에 살고 있는 수중 카메라맨 던컨이었다. 덥수룩한 금발 수염을 기르고 믿을 수 없을 정도로 여유로운 모습을 한 던컨은 바다 백상아리처럼 크고 때로는 무서운 동물들과 함께 물속에서 많은 시간을 보냈다. 그러면서 돌고래와 향유고래의 '스캔'을 여러 번 받았고, 이들이 음파탐지기를 쏠 때 그것을 느꼈다면서, 마치 시끄러운 콘서트에서 베이스 스피커 앞에 서 있는 것 같았다고 말했다. "가슴 안에서 진동이 느껴졌어요. 동물이 사람을 스캔할 때의 느낌이 그래요."

한번은 던컨이 코닥 영화필름으로 대서양알락돌고래 무리를 촬영하고 있었다. 수중 촬영시간은 1롤당 11분이었다. 오래된 기계식 카메라는 시끄럽고 딸깍거리는 소리가 많이 났지만 돌고래들은 이 카메라를 좋아했다. '돌고래 소리 같았기' 때문이다. 던컨은 피부의 짙고 얼룩덜룩한 얼룩으로 나이를 알 수 있는 아주 늙은 암컷이 이끄는 무리와 함께 헤엄쳤다. 이들은 해변을 향해 헤엄을 쳤다. 돌고래들은 물 위에 떠 있는 괭생이모자반 사이에서 휴식을 취하고 있는 것처럼 보였다. 던컨이 녹화를 시작했지만, 얼마 지나지 않아 카메라의 매거진에서 딸깍 소리가 났다! 필름이 다 떨어진 것이다. 해가 저물고 그날 촬영이 끝난 터라 던컨은 카메라를 내리고는 풍경을 바라보았다. 그러자 싸움으로 생긴 흉터로 뒤덮인 덩치 큰 노파가 '버스처럼 천천히' 다가왔다. 그녀는 자신의 주둥이를 스쿠버 마스크 위에 조심스럽게 올려놓았다. 던컨은 눈 사이를 가리키며 "바로 여기야"라고 말했다. "그랬더니 수중음파탐지를 하는 것처럼 저에게 윙윙거리기 시작했어요." 그녀는 몇 분 동안 고요한 물속에서 그렇게 있었고, 던컨은 침착하게 숨을 내쉬었다. 그는 마치 누군가가 탄산음료 캔을 흔들어 머리 주위를 부드럽게 휘젓는 듯했다며 이렇게 말했다. "솔직히 말해서 정말 기분 좋은 느낌이었어요."

던컨의 이야기를 들으니 새끼 고래의 뇌를 스캔하며 뇌가 어떻게 생겼고, 뇌가 보여주는 것은 무엇이며, 뇌가 할 수 있는 일은 무엇인지 알려 했던 조이와 패트릭의 모습이 떠올랐다. 스캐너가 내장되어 있어 생명체의 내부를 들여다볼 수 있는 돌고래가 던컨에게서 무엇을 감지할 수 있을지 궁금했다. 무엇을 느꼈을까? 자신이 본 인간에 대해 어떤 생각을 하고 있었을까? 고요한 물속에서 돌고래가 몇 분 동안 던컨의 얼굴을 앞에 두고 저녁노을 빛을 받으며 춤을 추는 장면을 오랫동안 상상했다. 연결. 어쩌면 일종의 교감일지도 모르겠다.

그 순간만큼은 그것으로 충분해 보였다.

대서양알락돌고래, 바하마 비미니

제 6 장

동물의 언어

인간의 말은 위대한 힘을 가지고 있지만, 말하는 것은 대부분 헛되고 거짓이다.
동물의 말은 힘이 거의 없지만, 말하는 것은 유용하고 진실하다.

레오나르도 다빈치, 파리 필사본 F, 96V

마운트시나이 병원에서의 모험은 기이하고, 잔인하고, 아름다웠다. 나는 고래의 뇌 안을 보았다. 냄새도 맡았고 만져도 보았다. 해부학 대부분은 신체 부위의 구조에서 그 기능을 쉽게 유추할 수 있다. 근육을 수축시켜 힘줄을 당기고 뼈가 움직이는 것을 볼 수 있다. 혈관의 경로를 추적하고, 귀 안의 미세한 섬모가 진동하는 것을 관찰하고, 이러한 진동을 전기 자극으로 바꾸는 세포를 관찰할 수 있다. 그러나 뇌에서 보이는 것의 대부분은 이해할 수 없는 연결과 신경의 얽힘이다.

　병원 방문 이후 나는 로저 페인의 두 번째 고래의 노래 앨범인 〈심연의 목소리(Deep Voices)〉를 꺼냈다. 70년대 후반 캐피톨레코즈에서 첫 번째 앨범의 후속작으로 발매된 이 앨범에는 혹등고래뿐 아니라 대왕고래와 참고래가 등장한다. 페인은 음반 해설에서 일부 녹음은 여러 종류의 동물들이 "평온하고 유유자적 지내다가 순간적으로 다툼"을 벌이는 것처럼 짧게 소리가 터져 나온다고 썼다. 나는 〈무리 소음(Herd Noises)〉이라는 곡을 들었다. 마치 해질녘 낮아지는 사람의 목소리 위로 버펄로들이 서로 부딪히는 소리가 43초 동안 서로 어우러져 요동치는 듯했다. 나는 다시 듣고 또 들었다.

이것이 언어가 아니라고 어떻게 확신할 수 있을까? 만약 그렇다면 통역사도 없는데 도대체 무슨 뜻인지 어떻게 알아들을 수 있을까?

인간의 소통을 연구하기 위해 바다에서 뭍으로 파견된 고래를 상상했다. 아마도 고래는 우리의 소리를 녹음하고 우리가 보통 몇 초에서 몇 분, 드물게는 한 번에 한 시간 이상 지속되는 85~255헤르츠 사

암컷 참고래 어미와 새끼 고래. 일부 어미 고래는 이동하는 동안 포식자가 자신의 소통을 듣지 못하도록 새끼 고래에게 '속삭이는' 것으로 알려져 있다.

이의 소리를 낸다는 것을 알아챌지도 모른다. 이러한 '말들'은 대체로 몇몇 사람이 차례대로 겹쳐서 말하며, 웃음이나 한숨, 신음, 손뼉 치기, 발 구르기 등 다른 비언어적 소리로 강조된다. 하지만 고래 생물학자는 이 소리들이 말이라는 것을 어떻게 알까? 뜻을 담고 있고, 순서가 중요하며 이를 통해 더 큰 의미를 나타내며, 질문과 대답이 있다는 것을 어떻게 알까? 그 말들이 존재하지 않는 추상적인 개념과 다른 사람들, 심지어 아직 일어나지 않았거나 일어날 수 없는 일들을 표현한다는 것을 어떻게 알까? 우리가 언어를 사용하고 있다는 것을 어떻게 감지할 수 있을까?

나는 이미 '언어'라는 단어가 '동물'이라는 단어와 결합하면 온갖 종류의 문제를 일으킨다는 것을 알고 있었다. 로저는 '고래-말'이라는 용어를 만들어서 이 문제를 피했다. 하지만 나는 이 단어가 사람들을 얼마나 화나게 하는지 몰랐다.

언젠가 실수로 수제 천으로 만든 45미터 길이의 장식용 깃발 네 개를 세탁기에 넣고 탈수한 적이 있는데, 그 엉망진창이 된 헝겊을 풀다가 눈물을 흘릴 뻔한 적이 있었다. 이런 일을 좋아한다면 언어가 무엇인지, 왜 우리에게 언어가 있는지, 언어는 어디에서 왔는지, 왜 인간에게만 존재하는지를 놓고 학제 간에 벌이는 불화와 의견 불일치의 매듭을 연구해보길 추천한다. 다행스럽게도 다양한 분야의 많은 사람들이 이 모든 질문에 대한 답을 알고 있는 것처럼 보인다. 하지만 안타깝게도 이들이 내놓은 답은 천차만별이다. 언어가 무엇인지, 언어가 우리 뇌에 존재하는지, 어디에 존재하는지, 왜 다른 이론은 틀렸는지에 대한 확고한 설명을 나열하는 거장들의 지옥과도 같은 이론의 세계가 펼쳐지는 것이다.

'우리는 백지상태에서 태어나며 다른 행동과 마찬가지로 조건화를 통해 언어를 습득한다!'

'우리는 특별한 인간 보편 문법을 가지고 태어난다! 언어 본능!'

'보편 문법은 없다! 하지만 인간은 우리의 문화에서 언어를 만들 수 있다!'

'뇌에는 언어의 '자리'가 아니라 분산된 '기능적 언어 시스템'이 존재한다!'

'재귀성은 우리 언어를 특별하게 만드는 요소이다!'

'진정한 언어는 구두로만 가능하며, 인간만이 목소리를 조절하는 법을 배울 수 있다!'

'언어는 개인의 인지에 기반을 두면서도 이를 넘어서는 다면적 현상이다!'

심지어 언어의 정의조차도 학문 내 파벌에 따라 그리고 한 원로가 쓴 출판물 사이에서도 다르다. 언어학사상 정말 기이한 의견 대립 중 하나는 미국 수어(手語)가 언어의 자격을 갖추기에 충분한 전제조건을 가지고 있는지의 여부에 관한 것이었는데, 이 주장은 수어를 사용하는 청각 장애인에게 설명할 수 있었다. 언어에 대한 보편적 정의는 아직까지 없다. 물론 이는 사람들이 열성적으로 연구하는, 중요하지만 까다로운 주제로 연구가 활발히 진행된다는 의미일 수도 있고, 이 문제를 놓고 강한 주장을 펼치는 사람은 많지만 누구의 주장이 실제에 가장 가까운지 판단할 수 있는 방법이 거의 없다는 뜻일 수도 있다. 이들 논쟁에서 가장 일관된 것은 언어가 인간만의 것이라는 주장이 반복된다는 점이며, 이러한 주장은 종종 자기 종족만을 연구한 인간에 의해 제기된다는 점이다. 그들은 이것을 어떻게 확신한 것일까?

일부 과학자들에게 "동물의 언어"라는 개념을 언급하는 것은 "황소 앞에서 빨간 망토를 흔드는 것"과 같았다. 놀랍게도 감정적인 주제였던 것이다. 영장류학자 프란스 드 발은 "내 분야에서 역사적으로 변함없는 한 가지 사실은 인간의 고유성에 대한 주장이 사라질 때마다 다른 주장이 빠르게 그 자리를 차지한다는 것"이라고 썼다. 도구 사용, 문화, 마음 이론, 감정, 성격, 심지어 도덕성 등 이전에는 인간만이 할 수 있다고 생각했던 능력들이 다른 동물에도 있다는 증거가 발견되면서 동물에게 고유한 언어가 있다는 의심이 더욱 커진 것은 아닐까? 그 생각에 반발하는 무언가가 인간 심리에 있는 걸까?

또 다른 문제는 '언어'라는 단어가 연구하는 사람들마다 다른 의미로 사용된다는 것이다. 우리는 같은 언어를 말하고 있지 않았던 것이다. 만약 우리가 길에서 만난 사람에게 고래가 다른 고래에게 자신이 누구인지, 어디에 있는지, 감정 상태는 어떤지, 심지어 다른 고래에게 경고하거나 세상의 요소를 설명하는 소리를 낸다고 말한다면, 그 사람은 고래가 '어떤' 형태의 언어를 말하고 있다며 만족스러워할 것이다. 하지만 생물학자나 언어학자에게는 고래가 '언어'를 사용하는 것이 아니라 동물적 소통 시스템을 통해 발성하는 것으로 보일 것이다.

그렇다면 생물학자에게 '언어'란 정확히 무엇일까?

이 질문에 명쾌하게 답하려면 많은 장애물을 넘어야 한다. 하나는 인간이 소통할 때 단어 자체뿐만 아니라 말하는 방식, 보디랭귀지 등 다양한 방식을 한꺼번에 써서 소통하는 경우가 많다는 점이다. 마지막으로 누군가에게 사랑한다고 말했을 때를 생각해보자. 무표정한 얼굴, 구부정한 자세, 눈을 감고 팔을 옆구리에 낀 상태에서 단조로운 톤으로 '사랑해'라는 말을 했는가? 아니면 너무 호들갑을 떨지도, 너무 작지도 않게 따뜻하게 말했는가? 말할 때 눈과 손, 몸은 무엇을 하고 있었는가? 상대방을 바라보았는가 아니면 등을 돌렸는가? 그 사람을 어루만졌는가, 아니면 머뭇거렸는가? 우리는 대화할 때 다른 대화 방식을 잊어버리곤 한다. 이를 과학적으로 표현하면 소통은 멀티모달(multimodal)이라고 할 수 있다. 다른 동물들도 동시에 여러 개의 소통 채널을 사용한다. 여기서 의문이 생긴다. 상대방의 소통을 파악하려고 할 때 어떤 신호를 선택해야 할까?

인간은 다양한 방법으로 소통할 수 있지만, 꿀벌처럼 15개의 분비샘에서 페로몬 조합을 자유자재로 방출하여 상대를 소환하고 흥분시키거나 경고하거나 구애할 수는 없다. 우리는 일부 극락조처럼 숨겨진 네온 깃털을 꺼내 짜릿한 날갯짓을 하며 춤을 추거나, 갑오징어처럼 피부의 색과 반사율을 밀리초 단위로 바꾸어 몸의 한쪽은 구혼자에게 다가오라는 신호를 보내고 다른 쪽은 경쟁자에게 경고의 빛을 발할 수 없다.

인간의 많은 신호는 우리의 감각과 마찬가지로 눈에 띄지 않는다. 인간은 빛스펙트럼의 일부 영역에 매우 민감하지만, 그 범위가 그리 넓지 않고 적외선과 자외선 파장에는 무감각하다. 코끼리가 내는 우르릉 거리는 소리는 20헤르츠 이하이기 때문에 우리 귀는 코끼리의 소리를 들을 수 없으며, 따라서 코끼리의 진동은 먼 곳에서 난 지진과 함께 우리 몸을 통과해 지나간다. 또한, 밤에 창문을 스쳐가는 박쥐와 나방의 소리는 20킬로헤르츠 이상이기 때문에 들을 수 없다. 소의 청각 범위는 우리보다 두 배나 넓다.

사실 인간은 안경원숭이의 수다, 나무늘보의 부름 소리, 심지어 수컷 쥐의 복잡한 소리까지 듣지 못하는 소리 거품 속에서 살고 있다. 쥐가 찍찍거리는 소리는 들을 수 있지만, 쥐가 행복할 때의 소리는 들을 수 없다. 간지럼을 탈 때처럼 신이 난 상황에서 쥐의 찍찍거리는 소리가 커져서 들리지 않는다. 말하자면 우리는 슬픈 쥐의 소리만 들을 수 있는 것이다. 우리 피부는 전하를 방출하거나 감지할 수 없으며, 옆구리에 미세한 구멍이 있어 가까이 다가오는 동물의 소리를 정보로 변환할 수 없다. 방울뱀과 찌르레기, 코끼리, 벌새, 귀상어, 전기뱀장어, 참다랑어는 이러한 감각 도구를 가지고 있다. 이들은 소통이 필요할 때 우리가 들을 수 없는 소리, 볼 수 없는 색깔, 맡을 수 없는 향기, 느낄 수 없는 힘을 활용하고 이를 다른 신호와 결합해 소통한다. 우리

우리 눈에 보이는 원추천인국(왼쪽)과 자외선을 볼 수 있는 벌의 눈에 보이는 모습(오른쪽)

는 이 모든 것을 놓치고 있다.

하지만 우리 인간은 '말'을 좋아하기 때문에 다른 동물의 모든 소통 채널을 소홀히 취급하는 것 같다! 복잡한 대화에서 문장에 사용되는 단어로 형성된 소리 혹은 죽은 나무에 휘갈겨 쓴 우리의 음성언어는 정말 놀랍다. 예를 들어 추상적인 개념과 허구를 발명하고 이것을 서로에게 전달할 수 있는 힘이 바로 언어에 있다. 다른 종의 소통 시스템에서는 이러한 능력을 발견하지 못했기 때문에 많은 생물학자들은 인간의 언어가 '완벽한 사례'라고 평가했다. 인간의 언어만이 언어였다. 그렇다면 무엇이 인간 언어를 구성할까?

1958년 언어학자 찰스 호켓이 출판한 언어학 교과서에는 "자연에서 인간의 위치"라는 장이 포함되어 있었다. 책에서 호켓은 인간 언어의 7가지 속성을 제시한다(나중에 16가지로 확장되고 수정되었다). 여기서 '자연어'라는 용어는 인간의 의식적 설계 없이 진화한 언어(이를테면 중국어 또는 스페인어)와 기계, 철학, 논리, 클링온(《스타트렉》에 등장하는 외계인)을 위해 의도적으로 계획하고 구성한 언어를 구분하기 위해 자주 사용된다. 호켓의 목록은 언어의 '설계적 특징'으로 불린다. 의미성(우리가 전달하는 단위인 단어에는 의미가 있다), 불연속성(단어 사이에 간격이 있는 덩어리로 전달되어야 한다), 생산성(사물과 관련해 새로운 단어를 만들고 사용해야 한다), 이동성(다른 곳이나 과거 또는 미래에 일어나는 일에 대한 정보를 전달할 수 있다) 등이 그것이다. 동물의 소통 체계가 제대로 된 자연어로 인정받으려면 이러한 특성을 모두 갖춰야 한다. 호켓이 말한 특성은 인간의 자연어를 비인간 소통 시스템과 구분 짓고 서로 비교할 수 있게 해준다. 언어의 구성 요소를 분석하는 유일한 방법은 아니지만 호켓의 주장은 매우 큰 영향을 미쳤다.

호켓은 이미 몇몇 동물이 자신이 말한 설계적 특징을—소통에 의미성을 활용하는 새, 이동성을 증명하는 꿀벌의 춤 등—가지고 있다는 사실을 알고 있었지만, 문화적 전수(동료로부터 소통 체계를 배우는 것)와 기만(정보를 숨기거나 속이기 위해 언어를 사용하는 것)과 같이 다른 동물에게는 없다고 생각했던 몇 가지 특징을 포함해 인간만이 모든 것을 가지고 있다고 생각했다. 사람들은 곧바로 모든 특질이 모든 인간 언어에 보편적이지는 않다고 이의를 제기했고, 인간 언어에는 단어를 사용할 수 있는 순서(문법)에 대한 규칙이 있고, 순서를 바꾸면 결합된 단어의 의미가 달라지며(구문), 원한다면 의미의 층위를 추가하는 추가 절을 소통에 넣을 수 있다는(재귀) 설계적 특징이 덧붙여졌다. 특히 무엇이 언어를 구성하는지에 대한 이견은 오늘날까지도 계속되고 있으며, 옹호자들의 서로 다른 관점 때문에 '매우 격렬한 논쟁'이 벌어지기도 했다.

한편 몇몇 선구적인 과학자들은 다른 종의 언어를 배제하기에는 아직 정보가 충분하지 않다고 생각했다. 어쩌면 언어는 존재했지만 단지 우리 눈에 들어오지 않았다는 이야기였다. 그리하여 이들 과학자는 "인간만이 언어를 가지고 있다"는 동료 학자들의 비난을 무릅쓰고 무엇을 찾을 수 있는지 알아보기 시작했다.

과학자들은 동물에게도 언어 능력이 있는지 알아내는 것뿐만 아니라 인간의 언어 능력이 어디에서 왔는지에 대한 논쟁을 해결하고자 했다. 본능인가, 아니면 학습이 가능한 것인가? 자연법칙인가 아니면 행동적인 것인가? 이러한 질문에 대한 해답을 가장 먼저 찾고자 했던 곳 중 하나는 침팬지, 고릴라, 오랑우탄, 보노보 등 우리의 털북숭이 사촌인 유인원들이었다.

〰〰〰

영리하고 사회적인—도구 사용과 모든 종류의 속임수에 능한—

우리의 친척 유인원은 언어 기술을 가르치기에 이상적인 동물 후보로 보였다. 유인원들은 인간과 해부학적으로 신호를 보내는 수단과 감각 체계가 비슷하기 때문에 쉽게 포획하여 실험할 수 있었다. 물체를 가리키거나 화면을 두드리는 방식으로 다른 유인원들과 소통하는 침팬지와 고릴라 연구는 초창기에 많은 성공을 거두었다. 하지만 연구자들이 인간처럼 목소리를 사용하여 소통하는 방법을 가르치려고 할 때마다 좌절을 맛봐야 했다. 영장류는 인간의 몸짓을 흉내 내거나 조련사의 지시에 따라 소리를 내는 데는 능숙했지만, 바나나를 아무리 많이 주어도 사람의 말을 소리 내어 표현하는 데는 서툴렀다.

침팬지는 킁킁거리고, 헐떡이고, 꽥꽥거리는 소리 등 다양한 어휘를 가지고 있지만, 대부분 손, 자세, 표정을 사용하여 서로에게 정보를 전달하는 몸짓 소통을 했다. 성대를 진동시키고, 혀를 움직이고, 숨을 들이마시고, 입을 말아 말소리를 내는 등의 동작은 인간의 가까운 친척들 중 유일하게 인간에게만 있는 것으로 보인다. 왜 그럴까?

오랫동안 침팬지가 인간처럼 말을 할 수 없는 이유는 성대를 사람처럼 움직일 수 없어서 다양한 모음을 낼 수 있을 만큼 발성을 조정할 수 없기 때문이라고 생각했다. 하지만 이 가설은 미국 남북전쟁 당시 장군이었던 윌리엄 테쿰세 셔먼—쇼니족의 위대한 추장 테쿰세의 이름을 따서 자신의 이름을 지었다—의 증손자인 윌리엄 테쿰세 피치 3세 박사에 의해 뒤집혔다.

테쿰세를 처음 만난 건 대형 고양잇과 동물의 해부에 관한 다큐를 촬영할 때였다. 당시 박사는 진공청소기를 가져다 달라고 부탁했다. 진공청소기를 가지고 가자 흡입이 아닌 송풍으로 설정하더니 죽은 사자의 기관에 삽입한 다음 무덤 너머에서 사자가 포효하도록 만들었다. 이 유령의 포효는 깊은 인상을 주었다. 몇 년 후 '인간, 동물, 로봇 간의 음성 상호작용 컨퍼런스'에서 박사를 우연히 만났다. 큰 키에 넓은 어깨, 삭발한 머리에 짙은 수염을 기른 50대 후반의 남성 테쿰세는 〈브레이킹 배드〉에서 필로폰을 제조하는 배신자 화학자 월터 화이트와 닮은 점이 많았다.

테쿰세는 30년 넘게 인간과 다른 동물의 언어를 연구해왔다. 우리가 마지막으로 만난 이후에는 실시간 엑스레이와 CT 스캐너 등 피부를 투과할 수 있는 기계를 사용하여 동물의 발성 장면을 촬영했고, 이를 통해 소리를 내는 해부학적 구조를 실시간으로 관찰했다. 테쿰세의 연구 대상 중 하나는 에밀리아노라는 이름의 긴꼬리원숭이였다. 에밀리아노는 실시간 엑스레이 기계에 앉아 먹기, 발성, 입술 부딪히기, 하품하기 등을 하며 여느 원숭이처럼 지냈다. 이러한 행동 덕분에 테쿰세와 프린스턴의 동료들은 원숭이가 하는 모든 동작에서 목이 어떻게 움직이는지를 스캔했고, 이를 통해 에밀리아노의 발성 구조를 3D 시뮬레이션으로 구축해 에밀리아노가 낼 수 있는 소리의 범위를 추론할 수 있었다.

테쿰세는 아내가 말하는 모습을 찍어 이 모델을 보강했다. 그런 다음 원숭이의 해부학적 구조가 비슷한 말을 할 수 있는지 확인하기 위

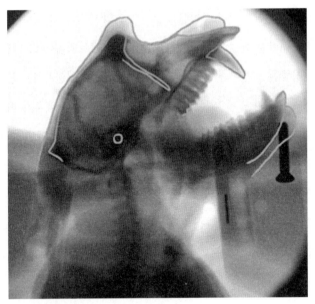

실시간 엑스레이로 찍은 에밀리아노의 성대

해 원숭이가 말하는 것을 자동으로 시뮬레이션했다. 그러고는 하이
톤의 다소 속삭이는 듯한 목소리로 에밀리아노를 말하게 했다. 테쿰
세는 문장도 짧고 모음이 모두 들어 있는 '윌 유 메리 미(Will you marry
me)?'라는 테스트 문구를 사용했다. 'I-O-U-A-E'가 모두 포함되어
있기 때문에 속삭이듯 들리는 원숭이 목소리는 꽤 섬뜩하게 들렸다.
시뮬레이션 결과 원숭이는 실제로 사람의 말을 할 수 있는 해부학적
구조를 가지고 있는 것으로 나타났다. 훈련을 통해 원숭이가 말하는
것이 성공한 적이 없었기 때문에 이는 매우 흥미로운 결과였다.

이것은 어떻게 설명할 수 있을까?

테쿰세는 인간 그리고 침팬지 같은 우리의 영장류 친척은 모두 말하기에 적합한 발성 '구조'를 공유하지만, 이 구조와 연결된 뇌를 가진 영장류는 인간이 유일하다고 믿었다. 원숭이와 침팬지에는 신경학적 연결 고리가 없기 때문에 목소리를 조절하는 법을 배우기 어렵거나 심지어 불가능하다. 따라서 진화적·해부학적 유사성에도 불구하고 인간과 결코 음성 대화를 할 수 없는 것이다. 테쿰세에 따르면, 이것이 바로 우리가 침팬지에게 말을 배우도록 하는 데 실패한 이유이다. 침팬지에게는 말할 수 있는 그리고 아마도 사고할 수 있는 하드웨어가 있지만, 이 두 하드웨어가 제대로 연결되지 않았거나 전혀 연결되지 않았다는 이야기였다.

이 이론은 말과 언어를 다루는 대부분의 이론과 마찬가지로 (때로는 치열한) 논쟁의 여지가 있다. 몇몇 연구자들은 전뇌가 소리를 내는 근육을 직접 제어할 필요가 없다고 생각하며, 다른 연구자들은 다른 영장류가 목소리를 제어하는 방법을 우리가 놓치고 있다고 주장하고, 또 다른 연구자들은 우리가 그들의 목소리를 잘못 측정하고 있으며 후두와 성대만 사용하지 않는다고 생각한다. (이를테면 나는 성대를 쓰지 않고 속삭이는 것을 매우 쉽게 알아들을 수 있다.)

하지만 우리의 가까운 친척이 인간과 같은 소리를 내는 데 필요한 능력을 가지고 있는지의 여부와는 상관없이 아직까지 우리는 그들이 말하도록 하는 방법을 찾지 못했다. 대부분의 포유류와 발성을 하는 많은 조류는 본능적으로 발성하는 방법을 알고 태어난다. 생쥐부터 닭, 다람쥐원숭이까지 제한적이긴 하지만 타고난 발성 목록을 가지고 있다. 이들 동물은 청각장애가 있더라도 비슷한 상황에서 모두 같은 소리를 낸다. 날 때부터 청각장애가 있는 사람을 포함해 인간 역시 선천적으로—웃음소리나 울음소리처럼 배울 필요가 없는—소리를 낸다.

물론 일부 동물은 어릴 때부터 동료를 관찰하거나 상호작용을 함으로써 소리를 연마하고 개선할 수 있는 능력이 있다. 동물이 자신의 소리를 바꾸는 방법을 능동적으로 배울 수 있는 것을 발성 학습이라고 한다. 이를테면 새끼 박쥐는 불분명하고 단순한 소리를 내는 옹알이 단계를 거치는데, 어미 박쥐는 인간 부모가 아기에게 하는 것처럼 옹알이를 한다. "아바바고바아고고." 새끼는 발성기관을 훈련하는 동안 옆에서 격려해주는 부모를 흉내 낸다. 어린 금화조는 주변의 나이든 '수컷 가정교사'로부터 평생 부를 노래를 거의 똑같이 따라 배우며 하루에 수천 번씩 연습을 한다. 심지어 다른 수컷의 동영상을 보면서 노래를 배울 수도 있다.

몇몇 동물은 다른 발성기관을 가진 다른 종의 소리를—인간과 먼 친척이지만 인간의 말을—모방하는 법을 배우기도 한다. 리퍼라는 호주 오리는 '이 멍청한 놈아!'라고 말하는 법을 배웠다. 아시아코끼리 코식이는 사람이 입에 손가락을 넣고 (목소리로 낼 수 없는) 휘파람 소리를 내는 것처럼 코를 입에 넣고 "좋아", "안 돼", "앉아", "누워" 같은 한국어 단어를 말하는 법을 배웠다. 새끼 때 고아가 된 물개 후버는 구조자 조지 스왈로우의 거친 뉴잉글랜드 억양을 흉내 내어 자기가 사는 보스턴 수족관에 구경 온 수천 명의 관람객을 놀라게 했다. 그중 한 명이었던 로저 페인은 지나가던 보스턴 사람들이 "이봐, 이봐, 뭐 하는 거야?"라고 외치며 주변을 두리번거리던 모습을 기억한다. 로저는 "정말 진짜 사람 같았고, 공격적인 말투였기 때문에" 사람들은 그 말을 하자마자 물속으로 숨어버린 능글맞은 후버를 전혀 찾지 못했다고 말했다.

이것은 고래와 어떤 관련이 있을까? 음, 그러니까 고래는 인간 그리고 노래하는 새와 함께 발성 학습의 위대한 대가들이다. 그런 점에서 우리와 밀접하게 관련된 것이 하나도 없다는 사실을 생각하면 흥미롭다. 인간과 고래는 생활방식도 완전히 다르고 심지어 발성기관도 다르다. 인간은 후두가 있다. 명금은 울대라는 두 부분으로 이루어진 구조가 있어 실제로 듀엣처럼 두 개의 다른 노래를 동시에 부를 수 있다. 반면, 고래는 이전 장에서 설명한 것처럼 말 그대로 별난 발성 도구를 가지고 있다. 유명한 고래 흉내쟁이로 녹(Noc)이라는 포획 흰고래가 있다. 녹은 고래가 소통할 때 사용하는 주파수보다 몇 옥타브나 더 높은 소리를 내지만, 비강과 입술을 이용해 사람의 대화와 똑같은 소리를 낼 수 있었다. 흉내가 하도 똑같아서 녹의 수족관을 청소하던 다이버는 다른 사람이 나가라는 소리로 들었을 정도였다고 한다. 물론 사람의 말을 흉내 낼 수 있다고 해서 흰고래 녹이 자기가 하는 말이 무엇인지 알았다는 뜻은 아니다. 그렇다면 왜 그랬을까? 녹은 이전에 미 해군의 흰고래였다. 조련사 미셸 제프리스는 이렇게 말했다. "녹은 교류하고자 했습니다. 그게 녹이 말을 흉내 내는 이유 중 하나라고 생각해요."

다른 동물에게 인간처럼 말하도록 가르치는 것은 막다른 길로 여겨졌다. 그러나 언어 능력을 테스트한 많은 포획 영장류는 스스로 말을 하지 못하더라도 인간이 말하는 단어를 이해하고 반응하는 것처럼 보였다. 인간의 가장 가까운 친척인 영장류는 언어의 기원과 종간 소통을 이해하는 데 가장 큰 희망이었다. 하지만 과학자들은 영장류에게 인간의 주요 소통 수단인 말을 가르칠 수 없었기 때문에 다른 방법을 찾아야 했다.

영장류는 소통 능력과 관찰력이 뛰어나고 신체적 모방이 가능한 동물이기 때문에 연구자들은 영장류에게 말을 가르치는 대신 비음성 언어를 사용해 소통했다. 미국 수어에서 파생된 수어를 가르치거나, 다양한 표시 체계를 기반으로 한 대체 기호 언어를 만들거나, 컴퓨터 인터페이스 화면을 터치하여 단어를 선택하고 문장을 구성하도록 훈련시켰다. 침팬지, 오랑우탄, 고릴라는 모두 이러한 시스템을 성공적으로 학습하여 조련사와 투박하게나마 소통할 수 있었다. 연구자들은 영장류의 소통 시스템에서 아직 발견되지 않은 호킷의 '설계적 특징'의 요소를 습득할 수 있는지 살폈다.

초기의 연구 결과는 희망적이었다. 수어를 배운 침팬지들은 새끼들에게도 수어를 가르치는 것으로 밝혀졌다. 침팬지들은 다른 침팬지,

사육사, 심지어는 자신을 방문한 청각장애 아동에게까지 신호를 보냈다. 아이오와주 디모인에서 보노보 칸지(Kanzi)는 400개의 렉시그램(단어를 나타내는 추상적 기호)을 학습했으며, 이를 사용할 때 문법적인 어순 규칙을 적용하는 것으로 나타났다. 칸지와 동료 보노보들은 1200 제곱미터 규모의 실험실 겸 저택에 기거했는데, 이곳에서 연구원들과 소통하기 위해 렉시그램을 누를 뿐만 아니라 전자레인지를 작동하고, 자판기 버튼을 눌러 음식을 고르고, 컴퓨터 화면을 눌러 관람할 DVD를 선택하기도 했다.

센트럴워싱턴 대학교의 침팬지 워쇼는 기호를 스스로 조합하여 새로운 단어를 만들어내는 것처럼 보였다. 워쇼는 단어를 상황에 맞게 쓰고 새로운 단어를 만들었으며, 어순 선호도, 과거와 사물 그리고 존

수 새비지 럼보 박사와 렉시그램으로 '대화하는' 보노보 칸지

재하지 않는 사람에 대해 이야기할 수 있는 능력을 가진 것으로 나타났다. 그러나 침팬지들은 자의성과 의미성 같은 특별한 인간 언어 요소를 증명하는 것처럼 보였지만, 인간이 침팬지에게 가르친 어떤 시스템도 호켓의 옹호자들이 정의한 자연어에 필적할 만한 것을 만들어내지는 못했다. 또한 유인원들은 모두 매우 일방향적이었다. 배운 기술을 질문하는 데 전혀 사용하지 않았던 것이다.

언젠가는 질문을 하는 데 자기들이 배운 기술을 쓰지 않을까? 아니면 그런 일에 별로 관심이 없는 것일까? 흥미롭게도 최근 연구에 따르면 영장류는 우리가 말하기에 집중하면서 간과했던 자연어의 다른 많은 요소를 가지고 있음을 보여준다. 이를테면 우간다 부동고 숲의 침팬지들은 언어학 법칙을 따르는 최소 58가지의 독특한 몸짓을 가지고 있으며, 이는 인간의 구어와 "동일한 수학적 원리에 의해 뒷받침"되는 것으로 밝혀졌다. 또 다른 연구팀은 고개를 흔들거나 쿵쿵 뛰는 등 한두 살짜리 인간 아기가 사용하는 52가지의 신체 움직임 중 50가지가 침팬지에서도 발견된다는 사실을 확인했다.

다른 동물들은 어떨까? 앵무새의 놀라운 발성 모방 능력과 레퍼토리에 이끌린 연구자들은 오랫동안 앵무새에 관심을 가져왔다. 비교심리학자인 아이린 페퍼버그 박사는 1976년부터 2007년(사망 당시)까지 30년 넘게 아프리카 회색앵무새 알렉스에게 인간의 언어를 가르쳤다. (이름 알렉스(Alex)는 '조류 언어 실험(Avian Language Experiment)'의 약자였다). 박사는 알렉스가 한 살이었을 때 데리고 왔다. 알렉스는 100개의 인간 단어를 배웠고, 소리 내어 말할 수 있었다. 아이린에 따르면 알렉스는 두 살이 되었을 때 새로운 사물의 색깔, 모양, 재질에 대한 여러 가지 질문에 정답을 맞혔다. 색깔과 모양은 개나 비스킷과 달리 추상적 개념이다. 이런 추상적 개념으로 우리는 세상을 구성하는데, 알렉스 이를 이해하는 것처럼 보였다. 페퍼버그 박사는 알렉스의 범주 전환 능력이 "다섯 살 정도 되는 아이 수준"이라고 설명했다. 거울을 보여주자 알렉스는 거울에 비친 자신의 모습을 보고 "무슨 색이야?"라고 말했다. "회색"이라는 대답을 여섯 번이나 들은 후 알렉스는 더는 묻지 않았다. 비인간 동물이 질문을 한 것은 처음이었다고 한다.

2016년 페퍼버그는 이렇게 썼다. "우리는 일종의 '닥터 두리틀'의 순간을 맞이했을 뿐만 아니라(영화 〈닥터 두리틀〉에서 두리틀은 동물의 말을 알아듣고 소통한다_옮긴이) 언어와 복잡한 인지가 우리 조상에게서 어떻게 진화했는지에 대한 통찰력을 얻을 수 있을 것 같다." 박사가 앵무새 알렉스와 함께 연구하던 20세기 후반은 동물에게 언어가 있는지에 대한 논쟁이 들끓던 시기였다. 영장류와 조류에 대한 이들 실험에 대해 비평가들은 일부 분석과 실험이 편향되어 있다고 주장하면서 연구 결과에 의문을 제기했다. 영상을 살펴본 몇몇 비평가들은 피험자가 실험에 반응하기보다는 인간의 무의식적인 단서에 더 많이 반응하거나 인간이 너무 관대하게 해석한다고 보았다.

동물권 운동이 확산하면서 포획동물 실험은 유행에서 멀어졌다. 침팬지 님 침스키(Nim Chimpsky)와 함께 연구했던 영장류 연구자 중 한

페퍼버그 박사와 알렉스가 실험을 함께하고 있다.

명은 님이 먹이를 구하기 위해 수어 신호를 보내는 것일 뿐, 그 의미를 이해하지 못하고 그저 자신을 따라하는 것 같다고 말했다. 장기적인 연구 파트너 관계는 연구자나 동물의 죽음으로 끝이 났고, 활동가들은 실험을 통해 얻은 동물의 인지 능력에 대한 발견을 실험실 연구 중단 캠페인에 활용했다.

이들 연구는 많은 시간이 소요되었고 좌절감을 안겨주었다. 몇몇 사람들은 유인원에게 자기들이 정의한 언어가 없거나 언어를 습득할 능력이 없는 것처럼 보였기 때문에 실망스러운 결과가 나왔다고 여겼다. 또 다른 사람들은 복잡한 소통이 이루어지고 있으며 그 증거가 있다고 생각했다. 이것이 인간의 언어와 동등한 수준으로 발전할 수 있을까? 페퍼버그 박사는 이렇게 말한다. "더 많은 것을 배울수록 비인간 동물에 대한 기준은 계속 높아졌다." 동물이 사물과 관련한 기호 사용법을 배울 수 있는 사례가 나오면, 그것만으로는 충분하지 않았다. 동물은 동사도 배울 수 있어야 하고, 동사를 조합하여 구를 만들수 있어야 하며, 새로 학습한 기호 체계를 사용하여 학습한 기호를 분류하고 서로 어떻게 연관되어 있는지 보여주는 등 복잡한 인지 능력을 증명해야 했다. 박사는 다른 연구자들이 "기본적으로 언어는 유인원에게는 없는 것으로 정의"하는 것에 좌절감을 느낀다고 토로했다.

과학에서는 반복 재현을 필요로 한다. 아프리카 회색앵무새 알렉스는 80퍼센트의 성공률로 정답을 맞혔지만, 통계적으로 유의미한 결과를 얻기 위해서는 정답을 맞힌 후에도 같은 질문을 반복적으로 던져야 했다. 회색앵무새는 이에 지쳐서 더는 협조하지 않고 "돌아가고 싶어"라고 꽥꽥거렸다. 더는 시달리지 않고 편안하게 쉴 수 있는 조용한 둥지로 돌아가고 싶다는 의미로 해석할 수 있다.

관련 연구를 파고들면 파고들수록 여러 방향으로 끌려가는 느낌을 받았다. 발견한 사실들은 매우 설득력 있고 매혹적이었으며, 동물들과 함께 수십 년 동안 동고동락해온 실험자들의 헌신은 매우 인상적이었다. 하지만 몇몇 연구자들이 지나친 해석을 경계하는 이유도 납득이 갔다. 온라인을 보면 직접 보고 살펴볼 수 있는 수백 개의 실험이 있다. 고릴라 코코가 조련사에게 애완용 새끼고양이에 관한 신호를 보내는 모습을 볼 수 있다. 누군가 영어로 새끼고양이가 죽었다고 말하면 코코는 수어로 "나쁘다, 슬프다, 나쁘다, 찌푸리다, 울다-찌푸

| 고릴라 | 미안하다 | 코코 | 사랑 | 묻다 | 배고프다 |
| 먹다 | 방문하다 | 마시다 | 꽃 | 간지럽다 | 좋다 |

이 사진에서 코코가 1,100개의 수어 레퍼토리 중 12개의 수어를 미국 수어로 시연하는 모습을 볼 수 있다.

리다, 슬프다"는 신호를 보냈다.

내가 지금 코코를 보고 생각하는 것을 아무 편견 없이 있는 그대로 받아들이고 싶다. 다시 말해 코코가 나처럼 느끼고 생각하고 소통하며 트레이너와 교감하고 있다고 믿고 싶다. 하지만 내가 보고 싶은 것만 보고 있는 걸까? 코코의 입장에서 이는 자기가 생각하는 것을 투사한 것일까? 영상이 정말 의미 있는 소통을 보여주고 있을까? 개코원숭이 잭은 점퍼가 신호를 조작하는 것을 정말로 이해하고 있었을까? 범고래 올드 톰은 정말 '인간을 깨워 고래를 사냥해야겠다'라고 생각했을까, 아니면 꼬리를 내리치면 죽은 고래를 잡아먹을 수 있다는 사실을 알았을까?

파면 팔수록 동물에게 정말로 인간과 같은 언어—그것이 어떻게 정의되든 간에—가 있는지 알아내는 것이 더 심오한 것을 발견하는 데 방해가 되는 것은 아닌가 하는 의문이 들었다. 동물도 인간과 같은 방식으로 생각하고 느낀다면, 또 동물의 소통을 통해 그들의 마음을 들여다볼 수 있다면, 인간과 같은 언어의 증거를 찾기 위해 실험을 하기보다는 이를 이해하고 동물과 더 의미 있게 상호작용하는 방법을 모색하는 것이 더 가치 있지 않을까?

우리가 포획동물을 연구해 자연어의 속성에 대해 얼마나 '많은 것'을 발견했는지를 보면 놀랍다는 생각이 든다. 거기에는 연구자들의 헌신과 독창성이 고스란히 담겨 있다. 동물원 동물에게 인간이 고안한 소통 시스템을 가르쳐 연구자의 테스트를 통과하도록 하는 방식으로 동물의 타고난 인지 능력을 밝혀낼 수 있다. 조건을 제어하고 복제해 동물의 전 생애에 걸쳐 동물을 연구할 수 있는 것이다.

하지만 커다란 단점도 있다. 이들 연구는 동물의 소통 시스템이 진화한 실제 야생에서 동물이 어떻게 소통하는지를 알 수 없다. 인간이 사육하는 개별 동물에 관한 연구로는 해당 종의 개체와 집단 사이에 가능한 다양한 소통을 알 수 없는 것이다. 아울러 동물의 소통 시스템이 문화 안에서 가르치고 배우는 것이라면, 동물을 그들의 문화 밖으로 데리고 나와서 소통 시스템을 찾는 것은 말이 되지 않는다. 동물에게서 인간의 자연어에 대한 증거를 찾기 위해 우리는 동물을 매우 구조화되고 부자연스러운 상황에 놓았다. 따라서 많은 생물학자들은 비인간 동물에게도 언어가 있는지 또는 이와 유사한 것이 있는지를 알아내는 데 더 좋은 방법이 있을지도 모른다는 생각을 하게 되었다. 포획 동물에게 인간의 언어를 사용하도록 가르치는 대신 야생의 소통을 해독하는 방법을 시도한 것이다.

～～～～

노던애리조나 대학교 생물학 교수인 콘스탄틴 '콘' 슬로보드치코프는 동물이 복잡한 소통을 한다는 증거가 필요하다는 사실에 좌절감을 느꼈다. 저서 『두리틀 박사를 쫓다: 동물 언어 배우기』에서 그는 반려동물과 매일 상호작용하는 과학자들은 "말 그대로 개나 고양이가 각자 개성이 있는 존재라는 증거는 차고 넘치며, 이들 동물 대부분은 자기 자신과 자신의 필요를 충분히 인식하고 있고, 이러한 필요와 욕구를 주인에게 전달하기 위해 많은 시간을 보낸다"고 지적한다. 그러나 이와 관련한 증거는 과학적으로 재현 가능한 방식으로 기록되지 않았기 때문에 인정되지 않는다.

다른 종의 신호가 무엇을 의미하는지 직감으로 안다면, 그 직감이 맞는지 어떻게 알 수 있을까? 과학자들이 개발한 한 가지 검사 방법은 경고음(alarm)을 듣는 것이다.

경고음은 동물계에서 매우 흔한 발성이다. 아마 여러분도 많이 들어보았을 것이다. 특히 번식기에 숲을 걸으며 새소리를 들어보면 새들이 빠른 소리를 반복하는 경우가 많다. 당신이 듣고 있는 소리가 새의 노래라고 생각할 수도 있지만, 사실은 새가 '당신'이 오고 있음을 알리는 소리이다. 버빗원숭이는 표범, 뱀, 독수리 등 무서워하는 동물에 따라 다른 경고음을 내며, 이를 듣는 다른 원숭이들도 그에 따라 행동한다. 다른 원숭이가 표범과 관련된 경고음을 들으면 표범이 쉽게 따라올 수 없는 나뭇가지 가장자리로 달려가고, '뱀 경고음'를 들으면 높이 서서 뱀이 있는지 살피고, '독수리 경고음'를 들으면 나무줄기 근처에 노출이 적은 위치로 도망친다. 과학자들은 이른바 재현 실험 덕분에 이 사실을 알게 되었다. 이들은 다양한 경고음을 녹음한 다음 스피커를 통해 원숭이에게 재생하고 반응을 관찰했다.

대부분의 인간 의사소통은—이를테면, 대화—너무 복잡해서 재현을 통해 알아낼 수 없다. 또한 대부분의 사람은 실험자가 잠재적인 경고 신호를 보내면 대화를 중단하고 테스트하는 것에 잘 반응하지 않는다. 동물 소통에서도 마찬가지이다. 하지만 경고음은 테스트할 수 있다. 몇몇 생물학자들은 동물의 경고음이 단순한 감정적 외침을 넘어 '의미'를 담고 있는지, 즉 청자가 해독할 수 있는 의미적 내용이 있는지를 알아내는 로제타석이라고 본다. 현재 수많은 재현 실험을 통해 경고음에 정보가 포함되어 있다는 것이 밝혀졌다.

불현듯 여러 가지 무서운 소품—가짜 표범이나 독수리 등—으로 겁을 준 다음 강렬한 신호를 수없이 재생해 고통을 당한 수많은 동물들에게 조금 미안한 마음이 든다. 길을 걷고 있는데 누군가 '물난리가 났다!' 또는 '불이야!'라고 외치거나 거대한 곰 인형이 눈앞에 나타난다고 상상해보라. 아마 겁에 질려 가로등 기둥에 올라가거나 물 양동이를 찾거나 덤불 뒤에 숨을 것이다. 그럼에도 불구하고 경고음 연구를 통해 밝혀진 사실은 매우 흥미롭다.

야계(野鷄)는 최소 20가지 이상의 다양한 경고음을 내는 것으로 보인다. 우리에 갇힌 닭은 여우원숭이처럼 땅이나 공중의 위험에 대해 서로 다른 경고음을 낸다. 그리고 원숭이는 속임수에 민감하다. 버빗원숭이는 ('양치기 소년'처럼) 같은 개체의 경고음을 여러 번 반복해서 들려주면 그 소리를 무시하지만, 다른 소리를 들려주면 여전히 도망친다. 임팔라는 다른 동물에게 포식자의 존재를 알리기 위해 코를 킁킁거린다. 다른 임팔라가 이 소리를 들으면 소리를 피해 도망친다. 수컷 임팔라 또한 끙끙거리는 소리를 내는데, 이 소리는 다른 수컷 임팔라와 경쟁할 때 내는 소리로 보이며, 수컷 임팔라는 이 소리를 듣고 달려들어 상대와 겨룬다. 흥미로운 것은 수컷 임팔라는 끙끙거리는 소리와 킁킁거리는 소리가 섞인 소리를 들으면 소리가 나는 쪽으로 훨씬 더 빨리 달려가는데, 포식자와 경쟁자의 소리가 합쳐져 다른, 아마도 더 긴급한 신호를 만들어내기 때문으로 보인다.

이와 같은 발견을 한 과학자들은 비인간 소통 체계의 의미 생성 구성 요소를 세분화함으로써 동물의 '언어'는 인간의 언어가 하는 일을 할 수 없다는 오랜 견해를 반박했다고 믿었다. 몇몇 놀라운 증거들이 복잡하게 연결된 땅굴에서 서식하는 사회성 높은 설치류인 프레리도그를 대상으로 한 연구에서 확인되었다. 프레리도그는 키스로 서로 인사를 하는 매력적인 동물이다. 어휘력 면에서 녀석들은 평판이 그리 좋지는 않다. 녀석들은 위협을 감지하면 뒷다리를 들고 앉아 짧고 큰 소리를 내는데, 보통 사람에게는 모두 똑같이 들린다. 영국의 한 코미디 야생동물 프로그램에서는 프레리도그와 가까운 친척인 그라운드호그가 경고음을 내는 영상을 더빙하여 마치 프레리도그가 '앨런, 앨런, 앨런, 앨런, 앨런'이라고 외치는 것처럼 보이게 만들기도 했다. 영상을 보면 단순한 소리가 무의미할 정도로 반복되어 동물이 바보 같고 덜떨어져 보인다. 하지만 문제는 프레리도그의 '언어'가 아니라 모자란 인간의 귀에 있다.

재생 실험과 컴퓨터 분석 결과 매, 사람, 개, 코요테에 관한 프레리도그의 소리가 각기 다른 것으로 나타났다. 사람이 다르면 짖는 소리도 그에 따라 달라졌다. 사람이 셔츠를 바꿔 입으면 프레리도그는 크기와 모양에 대한 주파수는 같게 유지했지만, 색깔에 대한 주파수는 변경했다. 또한 실험자가 산탄총을 쏘거나 맛있는 씨앗을 던지면 다음에 나타날 때 프레리도그가 내는 소리가 달라졌다. 본능에 의해 나오는 소리가 아니라는 이야기였다. 심지어 실험자의 옷 색깔, 몸집, 형태 및 다가오는 속도까지 생각해서 소리를 고치는 것으로 나타났다.

프레리도그 서식지에 다양한 집개들을 풀어 뛰어다니게 하는 실험을 했다. 몸집과 형태가 다양한 집개가 나타나자 프레리도그는 사람의 크기와 형태와 관련된 것으로 보이는 소리를 냈고, 소리의 속도에도 변화를 주었다. 집개가 빨리 뛰어다니면 짖는 소리가 더 빨라지는 식이었다. 이러한 연구 결과를 종합한 콘은 프레리도그가 명사(사람, 개), 형용사(크다, 파랗다), 동사·부사 수식어(빨리 뛰다, 천천히 걷다)를 가지

흰꼬리프레리도그가 영역 소리로 '웃음 내지르기'를 하고 있다. 이렇게 불리는 이유는 이 소리가 사람이 웃는 소리와 비슷하게 들리기 때문이다.

고 있다고 설명했다.

프레리도그는 새로운 사물을 묘사하는 것으로 보인다. 콘이 코요테의 실루엣을 오려서 보여줬더니 프레리도그가 코요테 경고음을 정확하게 울렸다. 그런 다음 스컹크의 실루엣이나 큰 삼각형, 사각형, 타원을 제시하자 완전히 새로운 소리를 냈다. 콘은 이렇게 썼다. "프레리도그는 뇌에 저장된 어휘집을 이용해 한 번도 본 적 없는 완전히 새로운 사물에 대해 설명하는 것 같았다."

재생 실험을 볼 때마다 이 실험이 몇몇 동물에게 얼마나 기괴하게 느껴질까 하는 생각을 한다. 누군가 나와는 전혀 다른 상황에 있는 사람의 소리, 이를테면 다카르 시장의 소음 10초, 요크셔 사람들이 벌이는 섹스 소리 5분, 화가 난 애기 비명 소리 등을 틀고는 당신의 반응에 따라 그 의미를 측정한다고 상상해보라.

하지만 경고음 연구와 마찬가지로 재생 실험은 몇 가지 놀라운 사실을 깨닫게 했다. 프레리도그는 말하기 전에 생각하는 것일까, 아니면 순전히 발성 본능에 따라 행동하는 것일까? 생물학자로서 나는 어떤 해석이나 비교를 할 때 신중하게 접근하는 것이 얼마나 중요한지 잘 알고 있다. 하지만 슬로보드치코프가 옳다면, 그 의미는 엄청나다고 생각한다.

2019년 취리히대학교 비교언어학과의 사브리나 엥게세르 박사는 엑서터대학교의 동료들과 함께 새의 울음소리에 의미가 어떻게 부호화되는지를 암시하는 몇 가지 결과를 발표했다. 연구진은 인간 아기가 서로 다른 말소리를 어떻게 구별하는지 알아보기 위해 개발된 재생 실험을 호주 아웃백에 서식하는 오스트레일리아꼬리치레에 적용하여 실험했다. 박사는 먼저 새들이 적어도 두 개의 개별 소리를 구별할 수 있다는 것을 보여주었는데, 이를 A와 B 소리라고 불렀다. 이 두 소리를 단독으로 들려주었을 때는 아무런 반응이 없었지만, AB와 BAB라는 다른 소리로 재배열했을 때 새들은 각 조합에 따라 일관되게 다른 행동을 보였다. 무의미한 소리를 다른 조합으로 만들었을 때 새들에게 의미 있는 소리가 된 것이다. 무의미한 소리 단위를 의미 있는 '단어'로 조합하는 것은 인간이 하는 일이며, 지금까지는 유일하게 인간만이 할 수 있다고 생각했다.

박사와 함께 연구한 사이먼 타운센드는 "인간이 아닌 다른 동물의 소통 시스템에서 의미를 생성하는 구성 요소가 실험적으로 밝혀진 것은 이번이 처음"이라고 말했다. 사브리나 박사가 또 다른 새인 얼룩무늬꼬리치레를 연구한 결과 "내게로 와(come to me)"와 같은 소리 단위로 구성된 부름 소리와 "나랑 같이 가자(come with me)"와 같은 소리 단위로 변경된 부름 소리도 내는 것으로 나타났다. 게다가 사브리나는 이러한 호출이 다른 위협 호출과 결합해 "이 위험 신호가 나는 곳으로 나와 함께 가자"와 같은 문구로 만들어질 수도 있다고 말했다. 한 달이 채 지나지 않아 다른 연구자가 박새에서도 비슷한 결과를 확인했다.

　새의 울음소리에 대한 이러한 통찰은 심지어 유아가 처음 배우는 무의미한 모음 소리로 처음 단어를 구성하는 것과 비교해도 너무 단순하지만, 나에게는 무척 흥미롭다. 이와 같은 실험 결과는 동물 소통에 대해 우리가 생각했던 금기를 깨뜨린다. 우리는 새, 원숭이, 프레리도그를 연구했다. 지금까지 복잡성 때문에 더 이상의 연구를 미뤄왔던 더 복잡한 발성에는 어떤 것이 더 있을까? 링컨대학교의 생물음향학자인 홀리 루트 거트리지는 "동물 소리에 얼마나 많은 정보가 담겨 있는지 점점 더 분명해지고 있다"라고 말한다. "이제 증거가 넘쳐나고 있다."

　연구가 시작되고 수십 년이 지난 오늘날, 동물이 우리가 말하는 자연어를 가지고 있는지 여부는 아무도 확실하게 알지 못한다. 뭐가 됐든 간에 강한 확신을 가진 사람들에 대해서는 회의적인 태도를 취하는 것이 현명할 것이다. 지구 밖에는 생명체가 존재하지 않을 가능성이 높은 것처럼 동물에게도 자연어가 존재하지 않을 가능성이 높기 때문이다. 언어를 두고 다투는 인간의 행동을 죽 봐온 입장에서 보면 화성에서 생명체를 발견하더라도 생명체로 인정할지 말지를 놓고 비슷한 줄다리기를 하느라 생명체를 발견했다는 가슴 설렘을 놓칠 것 같았다.

아이린 페퍼버그 박사는 지난 50년간의 동물 소통 연구를 되돌아보며 언어와 방법론에 대한 논쟁으로 인해 이 분야의 주요 성과에 집중할 수 없었다고 한탄했다. 새와 유인원은 실험에서 인간이 발명한 기호와 사용 규칙을 습득하는 놀라운 능력을 보여 주었기 때문에, 이들의 타고난 소통 시스템도 유사하게 정교할 것이라는 게 박사의 생각이었다.

박사는 이제 언어라는 용어보다 '양방향 소통 체계'라는 용어를 더 선호한다. 그 이유를 알 것 같았다. 오늘날 가장 많이 사용하는 일반적인 용어는 동물 소통 체계이다. 또한 "말하다(speak)"라는 단어도 문제가 있다. 말하는 것에 대한 생물학적 정의 중 하나는 "인간 언어가 선호하는 출력 양식"으로, 이 정의를 고수한다면 다른 동물은 인간이 아니기 때문에 말을 할 수 없다. 하지만 "언어적 단위를 사용하여 자신의 생각과 감정을 음성으로 전달하는 것"처럼 조금 더 느슨한 정의를 사용한다면 어떨까? 고래가 언어적 단위를 사용하여 자신의 생각을 나에게 음성으로 전달할 수 있다면 나는 분명히 말을 하고 있다고 느낄 것이다!

하지만 "언어적 단위를 사용하여 고래와 양방향 소통을 하는 방법"은 어색하기 때문에 줄여서 "고래와 대화하기(speak whale)"라고 하고자 한다.

컨퍼런스에 앉아 강연을 듣자니 한 가지 지적해야 할 것이 떠올랐다. 과학자들이 "물론 다른 동물은 언어를 가지고 있지 않다"고 말했을 때, 어떤 과학자들은 "고래는 예외일 수 있다"는 매력적인 추가 단서를 덧붙였다. 몇몇 사람들은 동물이 언어를 가질 수 있는지에 대해 여전히 의구심을 가졌다.

그렇다면 고래가 말을 하려면 어떻게 해야 할까?

나는 머릿속에서 고래와의 종간(種間) 대화에 도움이 될 만한 재료들을 목록으로 만들어 보았다. 지금까지 고래는 미세하게 조정된 귀, 놀랍도록 정교한 목소리, 인상적이고 신비로운 두뇌, 복잡하게 변화하는 노래 레퍼토리, 정교한 발성을 기반으로 한 사회생활(고래와 대화하고 싶은 인간에게는 고무적인 일이다), 다른 종의 소리를 모방하기 위해 발성을 바꾸는 능력을 가지고 있음을 알게 되었다. 지금까지는 아주 좋다.

"고래에 대해 더 많은 것을 알 수 있는 뭔가를 발견한 게 있나요?" 밍크고래의 두개골에서 뇌를 꺼내는 동안 조이에게 이런 질문을 했다. "오, 다이애나를 꼭 만나봐야 해요." 조이가 말했다. "다이애나는 수년간 연구실과 야생에서 돌고래의 소통을 연구해왔고, 맨해튼에서도 가까운 곳에 있어요." 그렇게 단번에 조이의 추천을 받은 나는 다이애나 라이스를 만나러 갔다.

제7장

심연의 마음

항상 웃는 종은 절대 믿지 말라. 뭔가 숨기는 게 있을 것이다.

테리 프래쳇, 『피라미드』

나의 삶은 나를 덮친 고래 한 마리에 의해 바뀌었고, 그 짧은 만남은 더 심오하고 수수께끼 같은 종간 상호작용에 관한 이야기로 들어가는 문이었다. 고래의 발성 기관에 경외감을 느꼈고, 고래의 목소리가 나의 몸을 울리는 것이 느껴졌다. 동물 언어 연구의 복잡한 역사 속으로 뛰어들었고 수많은 질문이 솟아올랐다. 살아있는 고래와 돌고래를 연구함으로써 고래와 돌고래에 대해 무엇을 알 수 있을까? 고래를 가장 잘 아는 과학자들은 우리가 고래의 말을 배울 수 있다고 생각했을까?

　다이애나 라이스 박사는 고래의 행동에 관한 최고의 전문가이자 고래의 마음과 소통을 들여다보는 창을 가진 사람이었다. 박사는 자신이 인지 및 비교심리학 교수로 재직하고 있는 뉴욕시립대학교에서 점심시간에 만나자고 했다. 콘크리트와 유리로 된 동굴 같은 로비를 훑으며 학생들과 배낭을 멘 사람들 사이에서 사진 속 인물과 일치하는 사람을 찾았다. 다이애나가 먼저 알아보고 다가왔다. 내가 알아채기도 전에 다이애나가 자신을 소개했고, 우리는 밀링 작업을 하고 있는 학생들과 입구의 회전문에 비친 그들의 모습을 지나 시내로 길을 나섰다.

점심을 먹으러 유대인 식당으로 향했다. 하얀 앞치마를 두른 건장한 남성 웨이터들이 좁은 공간을 오가며 구석에 있는 손님들에게 접시를 내놓기 위해 우리 쪽으로 몸을 기울였다. 대화를 녹음하려고 휴대폰을 내려놓았지만, 시끌벅적하게 떠드는 소리와 접시와 수저가 부딪히는 소리 때문에 녹음이 잘 될지 의문스러웠다.

소란스러운 분위기 속에서도 다이애나는 자신이 진행하는 획기적인 돌고래 연구뿐만 아니라 작업 중인 영화 대본, 레너드 니모이(또는 〈스타트렉〉의 스팍)로부터 받은 전화, 음악가 및 배우 이사벨라 로셀리니(그녀의 제자 중 한 명이다)와의 협업, 우주 생명체 탐사 등에 대해 이야기해주었다. 매우 조심스럽고 차분했지만, 마치 발전기처럼 끊임없이 움직이고 있는 것처럼 보였다.

다이애나는 내가 만났던 여느 과학자들과는 달랐다. 하지만 그녀를 만나고 나서 고래 과학자들은 별난 사람들이라는 것을 깨닫기 시작했다. 다이애나는 처음에는 연극 무대에서 활동했으나, 로저 페인의 고래의 노래 연구와 켄 노리스의 돌고래 반향정위 연구와 같은 당시의 획기적인 연구 성과를 접한 후 연구실로 무대를 옮겼다.

다이애나는 사상 처음으로 고래의 행동을 연구한 사람이었다. 수십 년 동안 포획 돌고래와 야생 돌고래를 관찰하고 연구하면서 키보드를 사용해 소통을 하도록 훈련시키고, 다양한 물체를 제시하고 테스트했다. 돌고래가 태어나서 성체가 될 때까지 지켜보고 들었다. 그뿐만 아니라 갓 태어난 돌고래가 출생 직후 발성을 시도할 때 첫 소리로 어색하게 삑삑-꽥꽥 소리를 내는 것을 관찰했다. 이를 지켜보면서 다이애나는 돌고래가 반향정위 기관 사용법을 어떻게 배우는지를 보았다. 생후 첫 몇 주 동안 새끼들은 소리로 '볼' 수 없었기 때문에 다른 감각에 의존했다. 돌고래는 새로운 물체를 제시하면 개처럼 가까이 와서 자세히 살펴보고 씹는 등 다양한 방법으로 탐색했다.

돌고래는 오랫동안 인간만의 전유물이라고 생각했던 몇 가지 일을 한다. 미리 계획을 세우고 도구를 사용하며, 모래에 몸을 밀어 넣을 때 받침대로 쓸 스펀지를 스스로 선택한다. 마린랜드 온타리오의 한 범고래는 물고기 조각을 미끼로 사용하여 갈매기를 자기가 사는 풀로 유인했다. 돌고래는 놀이를 즐겨한다. 야생 돌고래는 해초와 물건을 주고받으며 수영하는 사람들을 놀리기 위해 해초 조각을 손이 닿지 않는 곳에 두는 것처럼 보인다. 이들은 대왕고래와 함께 뱃머리 파도타기를 하고, 파도를 타다 물살을 가르며 뛰어오르며, 순진한 펠리컨의 깃털을 뽑기도 한다. 야생 범고래는 수영하는 사람들과 함께 빙빙 돌며 장난을 치고 카약 타는 사람들과 놀기도 한다. 포획된 고래는 프리스비 원반에서 아이패드에 이르기까지 인간의 물건을 가지고 논다. 포획 뱀머리돌고래 두 마리는 교대로 훌라후프를 들고 수영장 주변을 돌며 서로를 끄는 게임을 개발하기도 했다. 가장 복잡한 사례로는 아마도 고래 특유의 공기방울 놀이일 것이다. 다이애나가 연구하는 돌고래와 다른 돌고래들은 마치 도공이 물레를 잣듯 울퉁불퉁한 고리를 섬세한 날숨으로 채워 완벽한 공기방울 고리를 만들어낸다. 그런 다음 몇몇 돌고래는 물속에서 옆으로 움직이면서 꼬리로 나선형 고리를 만든다.

　돌고래의 인지 능력 중 당혹스러운 것은 가리키기이다. 개 그리고 놀랍게도 큰돌고래를 제외하고 대부분의 동물은 가리키기를 이해하

돌고래가 물속에서 이중 도넛 링을 만든 다음 보고 있다.

지 못하는 것으로 보인다. 돌고래는 조련사가 손가락이나 팔로 사람이 바라보는 방향과 다른 방향을 가리켰을 때 가리키기 명령을 이해했고, 심지어 정확하게 한 가지 방식으로만 해석할 수 있는 명령 순서("이 공을 저 바구니로 가져가")로 서로 다른 물체를 가리키는 경우에도 가리키기 명령을 이해했다. 그 어떤 종도 이런 일을 하지는 못한다. 생물학자 저스틴 그레그의 말을 들어보자. "인간처럼 가리키는 몸짓과 유사한 동작을 할 수 있는 팔, 손, 손가락 등과 같은 부속기관이 전혀 없는 돌고래가 어떻게 이런 능력이 있는지는 아직 미스터리다." 돌고래는 몸을 움직이지 않고 특정 방향을 겨냥함으로써 자신을 가리킬 수 있다. 포획 돌고래가 조련사에게 무언가를 가리키는 모습 그리고 야생 돌고래가 서로 죽은 돌고래를 가리키는 모습이 관찰되었다.

다이애나는 야생 돌고래 '벨리즈'와 '비미니' 그리고 뉴욕수족관, 볼티모어 국립수족관의 포획 돌고래와 함께 일하고 있다. 다이애나는 포획 돌고래를 연구할 때는 거대한 유리벽을 사이에 두고 수족관에서 돌고래와 눈높이를 맞추고 서 있다. 돌고래가 무엇을 하는지, 어떤 소리를 내는지, 어떤 순서로 소리를 내는지 분석하기 위해 비디오카메라와 음향 녹음장치를 설치했다. 이야기를 듣고 보니 우주선을 타고 지구에 도착한 외계인 둘의 통신을 해독하기 위해 언어학자를 배치했지만 투명한 벽을 통해서만 신호를 보낼 수 있었던 SF영화 〈컨택트〉의 한 장면처럼 기이하게 느껴졌다.

다이애나는 돌고래가 우리와 다른 종류의 지능과 몸을 가지고 있지만, 어떤 면에서는 우리와 매우 비슷하다는 사실을 발견하고 놀랐다고 말했다. 무슨 뜻인지 물었다. 돌고래들이 거울과 특수 수중키보드를 이용한 실험에 반응하는 방식이나 감정적 반응을 보면 어떤 면에서 인간과 비슷하다는 이야기였다. 다이애나는 소통 방법을 배우는 어린 돌고래의 모습은 "키보드를 이용한 언어라고 부르지는 않지만" 초기에 언어 요소를 습득하는 어린이와 다소 비슷해 보인다고 말하면서, 조심스럽게 덧붙였다. "하지만 다른 것들은 … 그냥 당황스러울 뿐이죠."

앞서 언급했듯이 돌고래는 음성을 배울 뿐만 아니라 모방에도 뛰어나다. 각각의 돌고래는 완전히 독특한 "시그니처 휘파람 소리"를 낸다. 이 휘파람 소리는 학습된 음성인데, 돌고래들이 만날 때 서로를 지칭하고 부르는 방법으로 이름과 같은 기능을 하는 것으로 보인다. 돌고래는 종종 서로의 휘파람 소리를 흉내 내는데, 연구실과 야생 모두에서 20년 이상 친구의 시그니처 휘파람 소리를 기억할 수 있다고 한다. 돌고래가 혹등고래의 노래를 흉내 내는 소리가 들리기도 하고, 이유는 알 수 없지만 기아나돌고래와 큰돌고래는 다툴 때 서로의 소리를 모방하기도 한다. 이러한 모방은 이빨고래에게 널리 퍼진 특성으로 보인다. 범고래는 다른 고래 심지어 고래가 아닌 다른 종을 모방하는 것이 관찰되었다. 일부 범고래가 바다사자처럼 짖는 소리를 내는 법을 배운 것이다. 다이애나가 돌고래들이 지금까지 들어본 적 없는 컴퓨터로 만든 소리를 흉내 내는 것을 보고도 크게 놀라지 않은 것은 이 때문이었다.

돌고래를 대상으로 다이애나가 진행한 실험 중 하나는 검은색 키패드 위에 흰색 시각 기호가 있는 대화형 수중키보드를 설계한 것이었다. 돌고래가 기호 중 하나를 누르면 수중 스피커에서 돌고래가 직접 내는 휘파람과는 다른 새로운 전자 휘파람이 재생되고 그에 맞는 특정 상황이 벌어졌다. 이를테면, 돌고래가 '링'을 의미하는 기호를 누르면 특정 휘파람 소리가 들리고 링을 받거나, '공'을 의미하는 기호를 누르면 다른 휘파람 소리가 들리고 공을 받는 식이었다. 놀랄 것도 없이 자연의 위대한 흉내쟁이 돌고래는 금방 소리를 따라하기 시작했다.

어느 날 수영장에서 다른 실험을 하고 있었다. 키보드는 없었다. 그런데 돌고래들이 공을 가지고 놀면서 공 소리를 내고, 링을 가지고 놀면서 링 소리를 낸 것이다. 다이애나는 이것이 "아이들이 장난감을 가지고 놀 때 하는 행동"과 비슷하다고 설명했다. 그렇게 한다고 해서 보상으로 물고기를 주는 사람은 없었다. 돌고래들이 다이애나가 만든 컴퓨터 기호 소리를 자기들의 소통에 결합한 것이다.

상황은 더욱 흥미로웠다. 두 장난감을 함께 가지고 놀고 싶었던 돌고래는 링과 공을 가리키는 버튼을 동시에 눌렀다. 이 무렵 돌고래는 새로운 휘파람 소리를 내기 시작했는데, 과학자들은 이를 알아채지 못했다. 컴퓨터 화면의 파형(소리를 그래픽으로 표현한 것)을 살펴본 후에야 새로운 휘파람 소리가 링과 공 소리의 파형을 합친 것처럼 보인다는 사실을 알게 되었다. "링-공." 돌고래들은 소리가 합쳐진 것을 들어

본 적이 없었다(컴퓨터가 간격을 두고 재생했기 때문이다). 이는 다이애나에게 엄청난 의미가 있었다. 다이애나는 돌고래가 자신의 신호를 받아들이고, 그 의미를 배우고, 말하는 법을 배운 다음, 누가 시키지 않았는데도 스스로 새로운 신호로 결합하는 것을 보았던 것이다. 다이애나에게 그 순간 기분이 어땠는지 물었다. "정말 좋았어요!" 그녀가 말했다. "하지만 매우 조심스러웠어요."

과학자가 엄밀함을 추구하는 것은 당연한 이야기겠지만, 고래를 연구하는 과학자들이 특히 더 조심스럽다는 느낌을 받기 시작했다. 이는 전설적인 뉴에이지 인물인 존 릴리 박사의 복잡한 유산 때문이었다.

논란의 여지가 많고 매혹적인 인물인 릴리는 신경과의사로 경력을 시작했다. 릴리는 전통과학에서부터 생리학, 정신분석학, LSD와 케타민을 이용한 인지 실험, 감각박탈실의 발명과 사용, 돌고래와 돌고래의 '언어'에 대한 연구에 이르기까지 폭넓은 관심을 가지고 있었다. 비트(Beat) 시인 앨런 긴즈버그 그리고 사이키델릭의 저명한 옹호자인 티모시 리어리와 친구였던 릴리는 20세기 중반 돌고래의 생리와 해부학적 발견을 통해 1960년대까지 연구자들이 오랫동안 무시해 왔던 고래에 대한 과학적 관심을 불러일으켰다.

하지만 릴리는 LSD 실험과 더불어 비교적 고전적인 과학 연구에서 점차 돌고래의 고등의식과 텔레파시 이론, 그리고 (오늘날에는 다소 터무니없어 보이지만) 인간이 결국에는 생각하는 기계로 대체될 것이라는 이론으로 나아갔다.

한때 돌고래의 언어와 종간 소통을 연구하기 위해 플로리다에 인간과 돌고래가 함께 살 수 있는 반잠수식 수중 실험실을 설치하기도 했다. 하지만 릴리가 연구소 돌고래 한 마리에게 LSD를 주사하고, 조교 중 한 명이 연구용 돌고래 피터가 성적으로 문란해지자 자위행위를 시킨 사실이 드러나면서 난관에 봉착하고 만다. 연구진은 피터가 인간의 말과 소리를 모방하는 데 진전을 보였다고 생각했지만, 연구자금이 고갈되어 9개월 만에 프로그램은 중단되고 말았다.

어떤 사람들은 릴리가 "흰 가운을 입은 과학자에서 완전한 히피로 변했다"고 말했다. 다이애나 라이스 박사는 이렇게 보았다. "시간이 지나자 몇몇 연구는 논란이 많았고 사이비 과학에 가까웠으며 매

연구원 마가렛 호위와 돌고래 피터가 반잠수식 실험실에서 함께 있는 모습. 실험이 끝날 무렵 둘이 헤어지고 피터가 실험실 밖으로 옮겨지자 피터는 스스로 목숨을 끊은 것으로 알려졌다.

우 사변적이었어요." 이런 탓에 많은 사람들이 릴리의 후기 돌고래 연구뿐만 아니라 이전에 발표한 과학적 연구조차 불신을 갖게 되었고, 돌고래 연구자들은 이후 수십 년 동안 회의적인 태도를 취해야 했다. 또한 여러 연구자들은 여전히 돌고래를 '이해'하려는 노력이 진지하지 않은 것으로 비쳐지지나 않을까 하는 두려움 때문에 스스로 거리를 두느라 어려움을 겪고 있다. 저스틴 그레그는 릴리 때문에 요즘에는 "바다에서 헤엄치는 돌고래보다 가상공간에서 헤엄치는 돌고래에 관한 기괴한 견해들 더 많이 떠돌고 있을 것"이라고 지적한다. 하지만 릴리가 있었기에 다이애나 라이스 같은 과학자들이 후기 연구를 조심스럽게 따져 보고도 이 분야에 뛰어들 수 있었던 것이다.

돌고래가 '링과 공'을 합친 새로운 휘파람을 만든 것처럼 보이자 다이애나가 몇 시간 동안 녹음한 내용을 면밀히 검토한 것도 바로 이러한 배경 때문이었다. 우연은 아니었다. 돌고래들은 28번의 세션에서 두 가지 신호를 결합했고, 모든 세션에서 두 가지 장난감을 함께 가지고 놀았다. 라이스 박사가 말했다. "우리가 행동 일치라고 부르는 것이에요." 소리와 행동을 연결했던 것이다. 우리는 또한 소리와 행동을 연결할 때 사물에 단어를 결합한다. '발-공. 슛-넣다.'

아이린 페퍼버그는 전설적인 아프리카 회색앵무새 알렉스에서도 비슷한 현상을 관찰한 적이 있다. 알렉스는 옥수수를 좋아하고 옥수수에 대한 단어를 알고 있었기 때문에 옥수수를 달라고 할 때 '옥수수'라고 말했다. 아이린은 어느 날 노란 옥수수가 다 떨어져서 알렉스에게 더 단단한 인디언 옥수수를 주었다. 이 옥수수를 한입 먹은 알렉스는 자신이 알고 있던 '돌'이라는 단어를 결합해 '돌-옥수수'라고 말했다. 이 말은 처음 본 끔찍한 옥수수를 의미했다.

수어 훈련을 받은 침팬지 워쇼는 자기를 연구한 과학자 로저 파우츠와 함께 호수에 나갔다. 한 번도 본 적이 없는 새인 백조를 본 워쇼는 '물-새'라는 사인을 보냈다. 만약 이 보고가 정확하다면, 이는 동물이 배운 것을 단순히 반복하는 것이 아니라 단어를 사용하고 새로운 표현을 위해 단어를 재구성하는 소통 혁신이라 할 수 있다.

물론 과학자들이 강화라는 과정을 통해 동물에게 '무의식적으로' 이런 행동을 하도록 훈련시켰을 위험은 항상 존재한다. 이는 동물 소통 실험에 종사하는 사람들이라면 항상 경계해야 한다. 알렉스와 워쇼가 우연히 이 두 단어를 조합해낸 것이 아니며, 자기를 지켜보는 인간들이 흥분한 모습을 보고 무슨 뜻인지도 모른 채 다시 이 소리를 내는 법을 배웠다고 이야기할 수도 있다. 하지만 다이애나가 연구하는 돌고래의 경우, 과학자들이 반응할 수 없었기 때문에 그와 같은 이유는 아니라고 설명했다. 과학자들은 당시에는 돌고래들이 소리를 조합해서 냈다는 사실을 알아차리지 못했고, 나중에 녹음을 분석할 때 비로소 깨달았다고 한다.

이를 통해 무엇을 유추할 수 있을까? 이 돌고래들이 다이애나가 가르쳐준 신호를 조합한다는 것은 돌고래들의 소통 신호가 본질적으로 조합에 의한 것임을 의미할까? 다이애나는 "우리는 아직 초기 단계에 있다"고 말했다. 하지만 지난 수십 년 동안 훈련된 돌고래를 대상으로 한 실험을 통해 인간 이외의 동물에게는 없다고 생각했던 인지 능력을 엿볼 수 있었던 것은 분명한 사실이다. 어미 돌고래와 두 살 배기 새끼 돌고래를 별도의 수족관에 넣고 수중 전화기를 연결해 소통하게 한 결과, 어미 돌고래와 새끼 돌고래가 차례로 오가며 즐겁게 수다를 떨며 소리를 냈다는 보고도 있다.

~~~~~

돌고래 연구에서 가장 많은 업적을 남긴 과학자 중 한 명은 하와이 대학교에서 근무했던 루이스 허먼 박사이다. 박사는 하와이에서 아케아카마이(아케)와 피닉스, 이 두 마리 돌고래에게 복잡한 소통 체계를 사용하도록 훈련시켰다. 돌고래 한 마리에게는 조련사가 사용하는 다양한 몸짓을 가르친 반면, 다른 돌고래에게는 다양한 소리를 가르쳤다. 아케는 이렇게 배운 것을 능숙하게 사용했고, 조련사는 수영장 안팎의 다양한 물체, 위치, 방향, 관계 및 행위자에 해당하는 하나의 기호뿐만 아니라 전체 기호를 조합해 만든 명령을 따르도록 요청할 수 있었다.

'가져오기'와 같은 동작, '바구니'와 같은 물체, '왼쪽' 또는 '오른쪽'과 같은 수식어를 포함해 최대 '5개'의 기호로 구성된 명령은 완전히 전달된 후에야 이해할 수 있기 때문에 돌고래는 전체 문구를 듣거나 볼 때까지 기다려야 '문장'에 포함된 여러 물체 간의 관계를 이해하고 명령을 정확하게 수행할 수 있었다. 이를테면, "오른쪽 물, 왼쪽 바구니, 가져오기"는 왼쪽 바구니를 오른쪽 물줄기로 가져가는 것을 의미했다. 또한 돌고래에게 예 또는 아니오 기호를 사용해 대답해야 한다는 것을 나타내는 '질문' 기호도 가르쳤다. 돌고래는 패들을 눌러 조련사가 요청한 물체가 있는지 확인하고, 심지어 지시를 받은 후 없는 물체를 가지고 작업을 수행하는 것을 기억할 수 있었다. 저스틴 그레그는 이렇게 썼다. "돌고래들은 익숙한 단어를 사용해 만든, 하지만 완전히 새로워서 한 번도 본 적 없는 문구에도 정확하게 반응했다." 일부러 잘못된 기호 문구를 제시했을 때는 반응하지 않거나 "어순의 의미 관계를 유지하면서 특정 요소를 무시하고 의미 있는 문구를 추출"했다.

내가 알기로 구문을 사용하고 기호에서 의미를 유추할 수 있는 능력은 인간에게 고유한 자연어의 요소이다. 다른 테스트에서 돌고래는 더 나아가 사물의 모양, 수, 상대적 크기에 따라 사물을 분류하는 등 개념을 이해하는 것으로 나타났다. 돌고래는 '인간'이라는 개념을 분류했다. 돌고래가 사물을 정신적으로 표현할 수 있는 뇌를 가지고 있지 않다면 이러한 성과를 설명하기는 어렵다. 돌고래가 수족관에서 인간이 만든 기호와 기이하고 반복적인 작업을 통해 그처럼 행동할 수 있다면, 생존이 달려 있는 야생에서 대상, 관계, 그들의 진화 환경을 파악하고 그와 같이 행동하지 못할 이유는 없다.

플로리다주 올랜도 엡콧(EPCOT) 센터의 수중 키보드에 있는 다이버와 큰돌고래. 이 초기 인터페이스는 인간이나 고래가 조작할 수 있었다. 다이버가 적외선을 차단해 영어로 단어를 생성하고 돌고래가 이에 집중하는 모습을 볼 수 있다.

    일부 생물학자들이 비인간 동물의 언어를 연구할 때 잠시 멈칫하게 만드는 것은 바로 이러한 고래의 긴가민가한 통찰력 때문이기도 하다. 다이애나는 이뿐만 아니라 고래의 인지 능력에 대한 다른 발견도 있다고 설명했다. 이곳에서 몇 블록 떨어진 곳에서 보았던 크림색 조직 덩어리들은 어떤 종류의 내면세계를 만들 수 있는 것일까? 고래와 대화할 수 있다면 어떤 마음을 만나게 될까? 다이애나와 동료들도 이에 대해 연구해왔다. 시작은 거울이었다.

~~~~~

이 문장을 쓰려고 자리에 앉기 전에 나는 화장실에서 물 한 잔을 따르고 세면대 위의 거울을 올려다보았다. 정원에서 일하다 튄 검은 흙 자국이 이마에 묻어 있었다. 손을 뻗어 닦아냈다. 나는 방금 생물학에서 말하는 거울 마크(Mark) 테스트 또는 거울 자기 인식(Mirror Self Recognition) 테스트를 통과한 것이다. 이 테스트는 내가 나 자신의 정체성을 생각할 수 있고, 거울에 비친 내 모습이 나를 비춘 것임을 인식하며, '나'가 무엇인지 알고 있음을 나타내는 자기 인식의 표시이다. 최근까지 자아의 개념은 인간 종에게만 있는 것으로 여겨졌다.

다른 동물에게 거울을 보여주면 동물은 여러 가지 방식으로 행동한다. 이른바 시각 테스트이다. 어떤 동물은 감각이 너무 달라서 반사되는 거울에 비친 자신의 모습을 볼 수 없다. 벌레는 눈이 없기 때문에 반응하지 않는다. 아울러 동물에게 눈이 있더라도 깊이와 색을 우리만큼 감지하지 못해 잘 보지 못할 수도 있다. 일부 동물은 거울에 비친 자신의 모습을 인식하지만 마치 다른 종인 것처럼 반응한다. 물고기 베타는 거울을 위협으로 간주하고 공격한다. 영국의 오목눈이가 창문을 두드릴 때 비슷한 일이 벌어진다. 오목눈이는 우리의 관심을 끌려는 것이 아니라 거울에 비친 상대방을 쪼아댄다. 혹은 그렇다고 우리는 추측한다. 오목눈이가 자기 인식이 부족한 것이 아니라 거울을 혼란스럽게 여기는 것일 수도 있다.

하지만 다른 동물들은 자기가 보고 있는 것이 자신이라는 것을 이해하는 것 같다. 이들은 동료에게는 하지 않는 방식으로 몸을 기울이고, 눈을 앞뒤로 움직이며 자신의 모습을 주시한다. '자기 지향적' 행동이라 할 수 있다. 자연에는 거울이 거의 없으며, 그렇기 때문에 반사된 자기 이미지에 적절히 반응하도록 진화적으로 대비한 동물은 거의 없을 것이다. 거울에 비친 이미지가 무엇인지 아는지의 여부는 뇌가 할 수 있는 일을 진단하는 기준으로 여겨진다. 따라서 일부 사람들은 자신을 보는 것, 즉 '자기 인식'은 의식의 기준 중 하나라고 생각한다.

몇몇 동물이 실제로 거울에 비친 자기 모습을 볼 수 있는지 테스트하기 위해 과학자들은 영리한 테스트 방법을 고안했다. 동물이 알아채지 못하게 머리에 분필이나 염색약의 붉은 얼룩처럼 뭔가를 표시하는 것이다. 내 얼굴의 흙 자국처럼 말이다. 거울을 들여다본 돌고래가 거울에 비친 자신의 모습을 보고, 이 특이한 자국을 발견하고 탐색한다면, 이는 동물이 자기가 누구를 보는지 알고 있다는 증거가 될 것이다.

많은 과학자들은 유인원만이 이 테스트를 통과할 수 있다고 생각했다. 하지만 1987년 다이애나는 거울을 들고 큰돌고래에게 보여주었다. 돌고래는 목이 없고 눈이 머리 양옆에 있어 자기 몸의 대부분을 볼 수 없다. 두 마리의 어린 수컷 돌고래는 거울에 관심을 보였고 거울을 사용해 자신을 보는 것처럼 보였다. 나중에 이들은 거울 앞에서 "차례로 삽입 시도"를 했다. 즉, 성관계를 갖고 자기들 모습을 관찰했

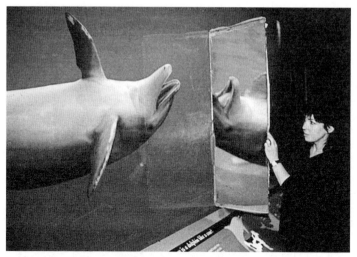

실험하는 상황은 아니지만, 다이애나와 돌고래의 모습을 잘 보여주는 사진이다.

던 것이다.

2001년 다이애나 연구팀은 실험을 한 단계 더 진전시켰다. 연구팀은 눈 위, 가슴지느러미 뒤, 배꼽 근처 등 다른 돌고래 한 쌍의 몸에 펜으로 자국을 그리고 어떤 일이 일어나는지 지켜보았다. 표시를 한 돌고래들은 거울로 향했고 물속에서 몸을 비틀고 뒤집으며 표시된 신체 부위가 비친 모습을 면밀히 살피는 것으로 나타났다. 다이애나 팀이 한 수컷 돌고래의 혀에 그림을 그리자 돌고래는 곧바로 거울로 가서 입을 벌렸다 오므리기를 반복했다. 그뿐만 아니라 거울 앞에 있는 동안 공기방울을 불고, 거꾸로 뒤집고, 혀를 흔드는 등 다른 '자기 지향적 행동'을 보였다. 이러한 행동은 얼룩을 알아채는 것보다 나의 인간적 감성에 더 공감을 자아낸다!

돌고래가 거울 감각을 보여주는 나이는 인상적이다. 큰돌고래는 암 컷이 60세까지 살며 14세 이전에 성적으로 성숙하는 등 어떤 면에서 인간과 크게 다르지 않다. 2018년의 또 다른 연구에서 다이애나는 베 일리라는 새끼 돌고래가 생후 7개월에 거울을 보고 자기 자신을 인식 할 수 있다는 사실을 발견했다! 이는 일반적으로 12개월 정도에 거울 을 보고 자신을 인식하기 시작하는 인간 아이들과 2~3세 정도에 이 런 행동을 하는 침팬지보다 빠른 나이이다.

다이애나의 연구 결과는 고래와 거울 테스트에 대해 폭발적 관심 을 불러일으켰고, 이전에는 통과할 가능성이 낮다고 여겨졌던 다른 많은 종들이 테스트를 통과했다. 지금까지 인간의 가까운 친척인 침 팬지, 오랑우탄, 보노보는 모두 통과했지만, 바바리마카크와 다른 원 숭이처럼 조금 더 먼 사촌은 실패했다. 코끼리는 통과. 개는 실패. 고 양이는 불합격. 바다사자, 판다, 긴팔원숭이, 아프리카회색앵무새, 까 마귀, 갈까마귀, 박새는 지금까지 모두 실패했다. 돌고래가 자기를 인 식한다는 다이애나의 가설은 돌고래의 더 큰 친척인 범고래와 흑범고 래에게 거울을 보여줬을 때 뒷받침되었는데, 이들은 앞서 내가 내 모습 을 볼 때처럼 거울에 비친 자신의 모습에 반응했다. 고래들은 고개를 흔들고 거울에 비친 자신의 모습을 보면서 혀와 평소에는 볼 수 없었 던 몸의 다른 부분들을 확인했다.

돌고래를 대상으로 한 거울 테스트 연구 결과는 지구상의 다양한 생명체에게 자의식이 무엇인지 정의하기는 어려웠지만, 돌고래가 자의식을 가지고 있다는 주장에 힘을 실어주었다. 그뿐만 아니라 거울 테스트 기반 연구는 흥미를 자아낸다. 연구는 까다로운 생물학 분야로 이어진다. 철학자들이 파고드는 의식 자체에 관한 이야기이다. '머릿속에서 밖을 바라보는 느낌'이 왜 생기는지 설명하는 것은 '의식이라는 어려운 문제'라고 불릴 정도로 매우 어렵다. '의식'은 '언어'처럼 실제로 정의하기가 너무 어렵고 문화적으로 논쟁의 여지가 많기 때문에, 더 간단하지만 그렇다고 또 모호하지도 않은 '인지 기능'과 같은 용어에 기대는 것이 더 수월하다. 다이애나와 같은 연구자들에게 거울 연구는 동물의 인지 능력을 반영할 수 있는 간단한 장치였다.

지금은 고래의 신비한 마음속을 밝히는 행동 실험 논문이 수백 편에 달한다. 돌고래가 자기 몸을 상상할 수 있고, 큰돌고래와 범고래가 다음에 하고 싶은 활동을 선택할 수 있으며(자유의지의 한 측면), 심지어는 지시를 받으면 새로운 과제를 만들어낼 수 있다는 증거가 있는데, 이는 동물이 반사적으로 움직이는 생물학적 기계라고 생각하면 설명하기가 어려운 것들이다. 그렇다면 이 모든 것은 고래의 지능에 어떤 의미가 있을까? 이러한 발견은 거의 모두 일부 연구자들이 몇몇 돌고래를 실험한 결과라는 사실을 기억할 필요가 있다. 대부분 큰돌고래로, 대부분 포획된 상태였다. 소수의 개체가 낯선 환경에서 몇 가지 테스트를 받는 90여 종의 고래에 속하는 수백만 마리의 다양한 개체의 능력을 대표한 것이다.

다이애나 라이스와 루이스 허먼은 어쩌다 보니 천재 수준의 돌고래와 함께 작업을 했을지도 모른다. 아마도 큰돌고래는 우리가 감탄해 마지않는 인지 및 소통 능력을 가진 종으로 이들의 재능을 파악하는 이상적인 테스트가 가능할 것이다. 하지만 그럴 가능성은 거의 없다. 열대의 강을 헤엄치고, 온대의 바다에서 뛰어오르고, 빙하 밑을 조용히 지나가는 고래의 지능은 수족관에 서식하는 고래의 몸만큼이나 다양할 가능성이 더 크다. 다이애나의 연구 그리고 허먼 같은 다른 연구자들의 연구를 통해 우리가 엿볼 수 있는 것은 일부 종의 일부 개체의 뇌가 하는 일 중 일부에 불과하다. 물론 이 엄청나게 다양한 동물들 중 한 종에서 어떤 발견을 하더라도 '몇몇 고래류는 할 수 있다'는 주장을 '고래류는 할 수 있다'로 확장하는 것을 경계해야 한다. 포획된 큰돌고래가 보여준 것이 대왕고래나 민부리고래 또는 강돌고래가 인지 능력이 있다거나 인지 능력이 없다는 것으로 해석할 수는 없다. 이제 시작에 불과하지만 흥미진진한 일이다.

다이애나와 이야기를 나누다 보니 얼마나 엄청난 일을 하고 있는지 또 그 일에 대해 얼마나 몰입하고 있는지 느껴져 큰 감명을 받았다. 고래의 마음을 알기 위해 고군분투하며 얻은 통찰은 고래와 돌고래의 몸 안에는 누군가의 고향이 있으며, 다른 사람들도 이 사실을 알아야 한다는 그녀의 신념을 더욱 굳건히 했다. "저에게 이것은 중개 과학이에요." 동물에 대한 앎을 (동물을 어떻게 대해야 하는지에 관한) 동물 윤리와 직접 연결하는 과학적 발견의 수단이라는 이야기였다.

점심 식사가 끝나가고 있었다. 처음에 옆자리에 앉았던 사람들은 떠나고 다른 사람들이 자리를 채웠으며, 웨이터는 빈 접시를 바라보며 서성거렸다. 다이애나의 전화벨이 울렸고 곧 일어서야 했다. 다이애나는 자기 삶에 가장 큰 영향을 준 이야기를 마지막으로 들려주고 싶다고 했다. 돌고래에 관한 이야기도 아니었고, 연구실에서 있었던 일도 아니었다. 언젠가 길을 잃고 헤매던 야생 고래와 소통했던 경험에 대한 이야기였다.

1985년, 샌프란시스코 주립대학교에서 돌고래 연구와 강의를 하고 있던 다이애나는 혹등고래 한 마리가 샌프란시스코 만에 떠밀려 왔다는 소식을 들었다. 선박항로였던 이곳은 고래가 살기에는 끔찍한 환경이다. 내륙으로 130킬로미터 정도 들어간 새크라멘토 강 상류로 헤엄쳐 올라온 혹등고래는 담수성서식지에 있었고, 과학자들은 혹등고래가 먹이를 찾지 못하고 부력과 피부가 손상될까 봐 노심초사했다. 언론에서 험프리라는 이름을 붙인 이 고래는 곧 전 세계적으로 화제가 되었다. 헬리콥터가 하늘에서 고래를 추적하고 뉴스 보도에 사람들의 이목이 쏠렸다. 하지만 험프리는 다시 바다로 돌아갈 방법을 찾지 못했다. 시간이 얼마 없었다.

인근 해양포유류센터에 자문역을 맡고 있었던 다이애나는 구조 활동에 동참했다. 구조팀은 일본 돌고래 어부들이 돌고래를 유인하기 위해 사용하는 방법인 물속에서 금속 파이프 두드리기, 심지어 범고래 소리를 틀어 겁을 주어 바다로 가게 하는 방법 등 갖은 방법을 동원했지만 별다른 성과가 없었다. 정부관계자 한 사람이 어부들이 그물에서 바다사자를 쫓아내기 위해 사용하는 수중 음향폭탄인 물개폭탄을 던졌고, 불쌍한 험프리는 제 발로 해변으로 가서 구조되었다. 다이애나는 험프리의 눈을 들여다보고 물을 부어주며 진정시키려고 애를 썼다. 험프리가 다시 물속으로 들어간 후, 다이애나 팀은 험프리를 올바른 방향으로 모는 대신 다른 혹등고래들이 알래스카에서 먹이를 먹으며 서로에게 내는 소리를 들려주어 유인하기로 했다. 다이애나 팀은 조디악 고무보트에 수중스피커를 장착하고 바다로 나섰다. 바다 위에서도 험프리는 보이지 않았다. 하지만 다이애나가 테이프를 켜고 재생하자 갑자기 나타나서는 8시간 동안 보트를 따라다녔다. 험프리는 다른 고래들이 먹이를 먹는 소리에 이끌린 것 같았다.

전날 밤 다이애나는 연구실에 가서 수족관에 있는 돌고래들을 관찰했는데, 돌고래들이 함께 있을 때는 조용히 있다가 헤어질 때 소통하는 경향이 있음을 깨달았다. 험프리에게도 같은 방법을 시도하기로 했다. "험프리가 가까이 있을 때는 소리를 껐어요. 하지만 멀어지기 시작하면 다시 소리를 켰죠. 마치 개를 부르는 것 같았어요. 그랬더니 바로 보트로 다가왔어요. 믿을 수 없었어요. 난생처음 성공한 재생 실험이었어요." 이튿날에도 다이애나 팀은 테이프를 계속 재생하여 험프리를 만 밖으로 점점 더 멀리 유인했고, 마침내 금문교 아래까지 왔다. 다리를 지나자마자 험프리는 완전히 시야에서 사라졌다.

다이애나는 12척의 보트로 구성된 구조 선단에 엔진을 끄라고 지시했다. 사람들은 이 광경을 묵묵히 지켜보면서 기다렸다. 그런데 갑자기 험프리가 다이애나 바로 옆에 나타났다. 험프리는 자기 배를 보트 옆에 대고 다이애나와 고래 구조대원들을 올려다보았다. 다이애나가 말했다. "제가 본 것 중에서 가장 놀라운 광경이었어요." 사람들은 험프리가 몸을 돌려 동료들이 있는 곳으로 향할 때까지 눈물을 흘리며 보트에 붙어 있었다. 거의 40년 전 일이었다.

다이애나는 험프리를 구했던 기억에 아련해진 듯했다. "그 순간 진정한 소통이 있었던 것 같아요. 인생에서 가장 빛나는 순간 중 하나였죠." 그러고는 잠시 멈추더니 이렇게 말했다. "그리고 이건 이 고래들에 대해 뭔가를 말해줍니다."

만약 재생 실험이 효과가 있었다면, 그리고 다이애나가 수중에서 틀어놓은 고래 소리가 고래에게 의미가 있어 험프리가 이해하고 반응했다면, 누군가가 역사상 처음으로 고래와 대화를 나눴다는 주장이 제기될 수 있을 것이다. 비록 다른 고래의 소리를 녹음한 기계로 하는 대화이고, 무슨 말을 하는 건지 전혀 모르는 상태이긴 하지만. 마찬가지로 험프리는 고래가 먹이를 먹을 때 내는 소리를 들었을 수도 있고, 굶주리고 외로운 상황에서 동료 고래 근처에 머물고 싶었을 수도 있다. 하지만 다이애나는 확실히 자신이 언어와 유사한 복잡한 소통 능력이 있는 동물을 상대하고 있다고 생각하는 듯했다. 그렇지 않고서야 험프리와의 교감에서 그렇게까지 감동하지는 않았을 것이다.

시간이 다 되어 다이애나는 메모지와 샌드위치 부스러기를 남긴 채 학생들에게 돌아갔다. 다이애나가 이야기하고 싶었던 연구 인생의 특별한 순간은 실험실이 아니라 바다에서 길을 잃은 고래와 그 고래가 그녀를 보러 온 순간이었을 거라고 생각했다. 마치 야생동물과 관련한 예측 불가능한 경험의 힘이 실험실 증거의 축적만큼이나 그녀에게 가치 있는 것 같았다.

지난 수십 년 동안 인간이 동물과 소통할 수 있는지에 관한 질문은 조롱의 대상이었다. 수 세기 동안 우리 문화에는 경계선이 있었다. 우리는 고래나 돌고래와 같은 다른 동물에 관심을 갖지 않았고, 그들의 내면세계를 알 만한 가치가 있다고 생각하지 않았다. 하지만 이제 우리는 관심을 가지게 되었고 매혹되고 있다. 이제 우리는 고래와 돌고래가 같은 종족뿐만 아니라 다른 종과도 소통한다는 사실을 안다. 우리는 그들이 소통을 위해 만들어진 몸과 똑똑한 뇌를 가지고 있음을 안다. 실험실에서 고래와 돌고래의 몸과 두뇌는 인상적인 인지 능력, 그리고 우리의 언어와 개념적 우주의 일부를 이해한다는 것을 암시하는 소통 방법을 학습했다. 고래와 돌고래는 저기 밖에 있으며, 소통하며, 어쩌면 의식을 가지고 있는지도 모른다. 다른 어떤 동물이 대화를 나눈다면, 고래와 돌고래가 유력해 보였다.

그렇다면 우리가 확실히 알 수 있는 방법은 뭘까? 다이애나가 나에게 문제의 규모를 대략 그려주었다.

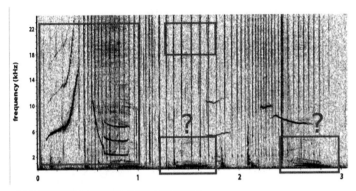

다이애나의 학생이 녹음한 돌고래 발성 스펙트로그램

　"우리는 그들의 발성이 어떻게 구성되고 어떻게 기능하는지 전혀 알지 못합니다." 다이애나는 메모장에 돌고래 휘파람의 윤곽을 그렸다. "이건 문장일까요, 아니면 단어일까요?" 그녀가 물었다. 도대체 어디가 시작이고, 끝은 어디일까?

　수십만 시간의 녹음 중에서 돌고래의 신호는 무엇이고 잡음은 무엇이었을까? 온종일 마이크를 착용하고 있다고 상상해보라. 다양한 소음이 발생할 것이다. 그중에는 소통하는 소음도 있겠지만, 끙 하는 소리, 배에서 나는 소리, 쿵쿵거리는 소리, 한숨 소리도 있을 것이다. 마이크로 녹음된 소리를 연구하는 돌고래 과학자가 콧노래, 얼버무리는 문장, 투덜거림, 트림 같은 것과 의미 있는 소리를 어떻게 구분할 수 있을까? 신호를 해독하는 것도 중요하지만, 먼저 소음 속에서 신호를 가려내야 한다.

　설령 신호를 알아냈다고 해도 녹음된 부분만 골라내서 조사하려면 일생을 다 바쳐도 모자랄 것이다. 수많은 사람들이 필요하다. 그뿐만 아니라 우리는 고래 무리는 고사하고 야생 돌고래나 고래 한 마리가 하루에 내는 소리의 극히 일부만을 녹음한 다음 이를 고래의 행동으로 보고 있다는 점도 생각해야 한다.

물속에 살면서 소리로 보는 존재의 마음속으로 들어가려는 시도가 얼마나 어려운 일인지 생각해보니 왜 우리가 고래와 대화할 수 없었는지, 왜 우리가 이미 이해할 수 있는 방식, 즉 그림 기호나 사람의 소리로 고래에게 말을 가르치려 했는지 이해할 수 있었다. 고래를 알고, 고래를 연구하고, 평생을 고래와 함께했던 많은 사람들과 이야기를 나누다 보니 고래를 이해하는 데 가장 큰 장애물은 우리의 제한된 감각, 신체, 수명, 마음이 아닐까 하는 생각이 들었다.

고래는 우리의 감각이 무력해지고 우리가 숨을 쉴 수 없는 바다에서 산다. 우리는 배를 타고 나가야만 그들의 삶을 엿볼 수 있다. 대부분의 시간 동안 우리는 그들을 인식하거나 기록할 수 없는데 어떻게 이해할 수 있을까? 야생의 삶에서 관련 정보를 충분히 수집한다고 해도 어떤 로제타석도 없이 어떻게 그들의 소통을 해독할 수 있을까?

처음에는 고래를 이해한다는 것에 대해 회의적이었다. 이 여정을 시작할 무렵 조이가 나에게 말했듯 "고래에게 물어볼 수는 없으니까." 이게 사실이고, 항상 그래왔다. 하지만 다이애나와 동료들이 인간과 유사한 능력을 돌고래에게서 발견하고 있는 동안, 다른 과학자들은 자신들의 세계에서 자기들만의 방식으로 고래의 마음을 엿보는 방법을 개발하고 있었다. 21세기를 시작할 무렵, 이들 과학자들은 바다를 엿듣기 시작했다. 인간을 뛰어넘는 인공지능과 로봇을 만들어 생물학자들이 이전의 한계를 뛰어넘을 수 있게 했다.

지금까지의 모든 것이 과거에 관한 것이라면 앞으로는 미래에 관한 것이다.

제8장

바다에는 귀가 있다

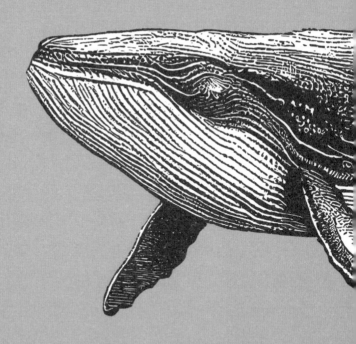

눈으로 관찰하고, 귀로 듣고, 입은 다물라.
이렇게 배우는 것이다.

하와이 속담

1967년 시인 리처드 브라우티건은 기계가 우리를 노동의 고통에서 해방하고, "사랑의 은총을 베푸는 기계의 보살핌"을 받으며 우리의 "포유류 형제자매"로 돌아가는 미래를 상상했다. 시간이 흐르면서 동물에 대한 개념이 단순한 생물학적 기계에서 지각이 있는 지적인 존재로 변화하면서, 기계는 동물을 '인식하는' 우리의 능력도 변화시켰다. 이러한 변화는 지난 수십 년 동안 가속화했는데, 이는 도시에 살면서 자연과 단절된 인간도 다른 동물의 삶을 관찰할 수 있는 전례 없는 기술 덕분이었다. 브라우티건의 선견지명이 상상했던 대로 완전히 실현되지는 않았지만, 기계는 분명히 여기 있으며, 지켜보고 있다. 그리고 듣고 있다.

하와이 섬 혹은 빅아일랜드는 태평양 한가운데 2,400여 킬로미터에 걸쳐 북서쪽에서 남동쪽으로 흩어져 있는 137개의 섬, 환초, 무인도, 해저산(海底山)으로 이루어진 하와이 군도 중에서 가장 큰 섬이다. 젊은 땅으로, 지구의 내장에서 마그마가 분출되어 지각을 뚫고 솟아오르면서 형성된 거대한 화산이다.

혹등고래가 물 위로 올라와 스파이호핑을 하고 있다.

지각을 뚫고 분출된 마그마는 심해로 흘러들어가 표면 위에 150킬로미터 너비의 사화산, 휴화산, 활화산 덩어리로 쌓였다. 섬은 살아 있고 자라고 있다. 밤이면 절벽에서 바다로 쏟아져 내리는 용암, 섬의 벽을 비추는 뜨거운 붉은 바위와 하얀 수증기가 보였다. 뜨겁고 울퉁불퉁한 바위 더미에 의해 저택과 도로가 잘려나간 교외를 지나다 보니 몇 달 전 있던 집들이 사라진 자리에는 우체통만 남아 있었다. 갓 굳은 용암 위에 새로 건설된 도로는 끊임없이 김을 뿜어냈고, 커다란 틈에서는 고약한 유황가스를 새어나와 주변에 남은 집의 금속 대문과 양철 지붕을 서서히 녹였다. 마치 다른 세상 같았다.

　가장 높은 산은 마우나케아의 신성한 봉우리이다. 하와이의 창조 설화에 따르면 빅아일랜드에서 시작해 대지의 여신 파파(파파하나우모쿠의 줄임말)와 하늘의 아버지 와케아에 의해 섬들이 만들어졌다고 한다. 이 산은 그들의 맏아들이자 정상—피코, 혹은 배꼽—이며, 하와이의 중심이자 시작과 끝이다. 산이 시작되는 심해저부터 정상인 4,027미터까지를 측정하면 에베레스트보다 더 높은 지구상에서 가장 높은 산이다.

　산 둘레를 감싸는 따뜻한 바다에서 수영을 하고, 정상까지 차를 몰고 올라가면서 높은 고도가 주는 황홀하고 아찔한 기분을 만끽하다 산 정상에 올라 눈 뒤덮인 꼭대기를 뽀드득뽀드득 밟으며 걸을 수 있다. 열대 석양을 바라보고, 지구상에서 가장 강력한 망원경의 황금빛 구가 만들어낸 풍경을 감상할 수 있다. 땅거미가 지면 섬의 산 정상에

후추알처럼 박힌 과학 관측소의 덮개가 열린다. 공기는 희박하고 빛 공해가 거의 없다. 이 관측소에서는 1958년부터 대기 중에 축적되는 이산화탄소를 추적해 왔으며, 망원경 렌즈를 통해 머나먼 행성의 대기 속 우주의 심연을 들여다보고 있었다.

아래 경사면에는 사막과 용암평원, 울창한 정글과 눈, 검은 모래 해변과 늪이 펼쳐져 있다. 하와이의 지질학적 기이함과 다양성은 다양한 인간 정착지와 조화를 이룬다. 재벌들의 바닷가 부동산, 과학 연구 전초기지, 이런 것들의 확산을 반대하는 하와이 원주민 시위캠프, 커피 농장, 리조트, 명상 휴양지, 목장, 관리가 잘 되고 엄청나게 조용한 골프 코스, 미군 시설 등이 있다.

하와이는 낙원처럼 보이지만 지구상에서 가장 교란된 생태계의 본거지 중 하나이다. 1,500년 전 처음으로 폴리네시안 정착민들이 등장한 이후 지난 몇 세기 동안 유럽인들이 유입되면서 생태계에 소용돌이를 일으켰고, 하와이 고유의 동식물이 파괴되었다. 동물들은 사냥되었고 숲이 벌목되었으며, 의도적으로 혹은 우연히 들어온 새로운 동식물이 그 자리를 차지해 열도를 식민지화했다.

이 섬은 '세계의 멸종 수도'라고 불릴 정도로 많은 종들이 사라졌다. 내가 이곳을 방문했던 2019년에는 조지(George)라는 작은 멸종위기종이 막 사라진 상태였다. 조지는 하와이 나무달팽이로, 마지막 남은 종인 아카티넬라 아펙스풀바(Achatinella apexfulva)였다. 19세기에는 하와이 숲에서 하루에 10,000개의 달팽이 껍질을 채집했다는 기록이 있으며, 그 수가 750종 이상이었다고 한다. 오늘날에는 그중 3분의 1도 살아남지 못했다. 하와이의 전설에 따르면 달팽이는 숭배를 받았고 아름다운 노래를 한다고 여겨졌으나 노래하는 종은 살아남지 못했다. 멸종된 다른 동물로는 코나 자이언트 루퍼 나방, 실트 올빼미, 레이산 꿀먹이새, 용암굴에서 작은 뼈가 발견되어서야 그 존재를 알게 된 작은 박쥐 등이 있다. 이 책을 쓰는 동안 11종의 새가 멸종위기에 처했다. 카우아이의 숲에서는 더 이상 오오('o'o)의 잊을 수 없는 울음소리가 들리지 않을 것이며, 마우이아케파(Maui akepa)나 몰로카이 크리퍼 (Molokai creeper)의 화려한 색채를 볼 수 없게 될 것이다.

분류학에 심취한 유럽인들이 멸종된 동물을 발견하고 라틴어 이름을 부여하기 전에 대부분의 종이 사라졌다. 조류만 해도 140종에서 70종 미만으로 급감했고, 살아남은 동물들은 작은 숲 뙈기에 갇혀 살아야 했다. 빅아일랜드의 생존 동물 중 상당수는 이제 골프장과 호텔 위, 심지어 방목지 위, 한때 울창하고 빽빽한 숲이었으나 이제는 늪처럼 수풀이 우거진 녹색 사막 위에 살고 있다. 벌목되지 않은 나무들은 노쇠해졌고, 소와 양들의 무자비한 입에 묘목이 싹둑 잘려나갔기 때문에 오래된 나무를 대체할 새로운 나무가 자라지 못하고 있다. 지금은 유럽인 들어오기 이전 숲의 기묘하고 오래된 모습만 남아 있다.

하지만 몇 남지 않은 숲의 피난처에서도 새들은 안전하지 않다. 생태교란 모기는 조류 말라리아를 가져왔고, 기후변화로 인해 매년 산이 따뜻해지면서 모기의 활동 범위가 넓어졌으며, 살아남은 새들의 먹이가 되면서 치명적인 기생충을 옮겼다. 이제 새들은 아래로는 전염병, 위로는 희박한 공기 사이에 끼어 더 이상 갈 곳이 없다.

놀랍게도 서핑의 발상지이자 미국 연방에 마지막으로 편입한 주인이 섬들은 동물로봇 첩보원과 청음기의 시험장이기도 하다. 이들 기기는 희귀동물, 찾기 어려운 동물, 인간의 손을 타서는 안 되는 동물, 멸종위기에 처한 동물, 작은 새, 거대한 고래 등을 연구하는 과학자들이 개발했다.

하와이 방문에서 멸종위기에 처한 동물들을 구하기 위한 기술을 개발하고 동물들의 소통 암호를 해독하는 데 열심인 특별한 인물들을 만날 수 있었다. 빅아일랜드 동쪽에 있는 힐로대학교에는 하와이 생태계를 위한 청취관측소(LOHE)라는 연구소가 있는데, 이 '로헤'라는 약어는 하와이 말로 "귀로 지각하다"라는 뜻도 가지고 있다. 이 연구소는 사람이 갈 수 없거나 오래 머무를 수 없는 곳의 동물 소리를 감지할 수 있는 청음기를 전문적으로 설치하는 생물음향학연구소이다.

눈 덮인 화산 아래 혹등고래와 이위('i'iwi)라는 새가 음향 파형과 함께 있는 모습이 이 연구소의 로고이다. 내가 가장 좋아하는 연구소 로고이기도 하다.

패트릭 팻 하트 교수를 만났을 때 힐로에는 비가 퍼붓고 있었다. 소금과 후추를 뿌린 듯 헝클어진 머리에 눈웃음상인 그는 반갑게 맞이하며 활짝 웃었다. 우리는 폭우를 뚫고 동네 슈퍼마켓에 들어가 긴 하

로헤 로고

루를 보낼 간식을 샀다. "샐러드는 먹지 마세요." 팻이 경고했다. "쥐폐선충이 발생했는데 민달팽이를 먹으면 감염될 수 있어요." 말을 들으니 입맛이 싹 가셨다.

팻은 볼티모어에서 온 안드레라는 앳된 얼굴의 남자 대학원생과 함께 세계에서 가장 희귀한 새들이 서식하는 하카라우 숲 국립야생동물보호구역에 있는 외딴 현장 연구소로 출발했다. 안드레는 베트남계 미국인으로 마케팅을 공부하다가 부모님 뜻을 거스르고 동물행동학으로 진로를 바꿨다고 했다. 안드레에게는 첫 산행이었다. 앞으로 몇 년간 연구 기지가 될 곳으로 차를 타고 가던 그는 풍경에 취해 있었다.

이 보호구역은 두 개의 주요 화산 중 하나의 측면 높이 자리하고 있어 가려면 나무가 우거진 열대 해안에서 풀이 우거진 평원을 지나 바위가 많은 화산 경사면을 가로질러 산비탈이 안개를 가두는 것처럼 보이는 더 습한 풀밭으로 다시 미끄러져 내려가야 했다. 풍경은 푸르렀지만 몽골 대초원처럼 나무 한 그루 없는 황량한 땅이었다. 두어 시간 동안 바위가 많은 길을 내려가자 여기저기서 거대하고, 짙고, 주름진 나무들이 보이기 시작했다. 이때까지 정말 오랫동안 나뭇잎을 보지 못했다는 사실을 깨달았다. 이 오히아('ohi'a) 나무는 유럽인들이 이곳에 오기 전부터 있었으며 대략 400년은 되어 보였다.

운전을 하던 팻은 하와이 새소리의 경이로움에 대해 이야기하면서, 새의 울음소리는 우스갯말로 "그냥 저주파의 웅얼거림일 뿐"인 우리 인간의 목소리보다 훨씬 더 복잡하다고 말했다. 팻에 따르면 새는 종마다 다른 음정과 시간대에 ─ 다른 음향 채널에서 ─ 노래하기 때문에 서로 겹쳐서 소리를 내지 않는다. 우리는 새소리가 단순하다고 생각했지만, 들여다보면 볼수록 새소리는 더 복잡하고 개성이 있으며 변화무쌍하다고 했다.

두어 시간 도로를 달리다 굽이굽이 돌아 토종나무 숲으로 들어섰다. 섬에 마지막 남은 원시림 지역이었다. 숲에는 어린 나무와 관목들이 새롭게 자라고 있었다. 팻이 이곳에서 일한 30년 동안 소와 양 같은 초식동물이 묘목을 뜯어먹지 못하게 하고, 또 몇몇 사람들의 노력 덕분에 숲이 돌아오기 시작했고, 새들도 돌아왔다.

팻이 수십 년 전에 건설을 도왔던 크고 낮은 건물인 하칼라우 기지에 물품을 내려놓았을 때는 이른 오후였다. 마치 목조 우주정거장처럼 고르지 않은 땅 위에 기둥을 세우고 중앙에 식사, 연구, 휴식 공간을 꾸며놓았으며 통로를 통해 이층 침대를 갖춘 작은 기숙사로 연결되어 있었다. 네네(하와이기러기)라고 불리는 검은 얼굴의 매력적인 줄무늬 새가 주변을 뒤뚱거리며 날아다녔다. 하와이에서만 발견되는 이 새는 세계에서 가장 희귀한 거위로 희망의 상징이다. 한때는 야생에 30마리밖에 남지 않았지만, 유명한 남극 탐험가 로버트 팰컨 스콧의 아들인 피터 스콧 경의 포획 번식 프로그램을 비롯한 영웅적인 보존 노력 덕분에 지금은 3천 마리가 넘는 개체수가 살아있다.

우리는 식기, 베개, 기타 건물에 필요한 물품들이 가득 실린 차에서 짐을 내린 후 장화를 신고 풀이 무성한 공터를 가로질러 숲으로 향하는 길을 따라 걸어갔다. 1분도 지나지 않아 온몸에 스며드는 이슬비에 완전히 흠뻑 젖었다. 멀리 날아가는 작은 새는 대략 알아볼 수 있었으나 쌍안경에 빗방울이 너무 많이 튀어서 렌즈를 닦아내야만 볼 수 있었다. 팻은 우리가 걷는 동안 멀리 떨어진 나뭇가지에서 날아다니는 매우 희귀한 새를 가리켰다.

"저건 아마키히('amakihi)예요." 그가 말했다. 멋쩍게 고개를 끄덕이긴 했지만, 내가 보기에는 그냥 마르스 초코바 같았다.

비를 맞으며 한 시간 정도 내리막길을 내려오면서 나무 사이를 날아다니는 작은 새들을 목을 빼고 바라보았다. 팻은 이 새들을 육안이 아닌 소리로 식별하고 있었다. 팻의 표정을 보니 마치 집에 온 듯 편안해 보였다. 팻이 미소를 지으며 숨을 깊게 들이마셨다. 이 동물들이

팻 하트가 나무를 껴안고 있다.

멸종할 가능성이 크다는 사실에 안타까워하면서도 이 섬이 세상에서 가장 마음에 드는 곳이라고 말했다. 숲은 아름답고 공기가 너무 신선해서 나무껍질 조각은 그 자체로 작은 숲처럼 보였고, 너무나 연약하고 초록초록한 이끼와 지의류는 빛이 나고 있었다. 팻은 수년 동안 이곳의 많은 나무를 측정하고 성장 과정을 기록했으며, 숲이 자라면서 노래하는 새들의 변화하는 모습을 기록했다. 수많은 나무를 속속들이 알고 있었고, 이들 나무 중 많은 나무의 일생을 지켜보았다.

마침내 새 한 마리가 자세히 눈에 들어왔다. 몸길이의 4분의 1에 달하는 두껍고 구부러진 부리를 가진 밝은 주홍색의 이위였다. 짝이

가까이 다가왔다. 이위가 고개를 들더니 노래를 불렀다. 숲속 어딘가에서 다른 새가 울었다. 팻의 얼굴이 더 행복해 보였다. "저게 뭔지는 모르겠어요." 하지만 팻은 아마도 내 뒤쪽 나무에 있는 상자에서 나는 소리일 것이라며 그곳을 가리켰다. 초록색 플라스틱 상자는 어린아이 도시락만 한 크기였다. 안에는 마이크와 작은 컴퓨터가 있었다. 팻은 숲에 이런 것이 가득한데, 모두 전자 귀로 밤낮으로 녹음하고 있다고 말했다.

새를 보기 위해 특정한 장소에 가더라도 주변에 어떤 새가 있는지 알아내기는 매우 어렵다. 하지만 팻은 기계를 통해 들음으로써 이 문제를 극복했다. 그는 오디오모스(AudioMoths)라는 가성비 신상 녹음기를 소개했는데, 이 녹음기는 사람의 귀보다 훨씬 낮은 수준부터 초음파 범위까지 들을 수 있을 정도로 감도가 매우 뛰어나다. 더블에이 건전지 세 개로 작동하는 이 녹음기는 상자 안에 들어 있는 장치가 약 2센티미터 두께의 신용카드 크기 정도로 작고 튼튼하다.

더욱 인상적인 점은 학습이 가능하다는 것이다. 오디오센서는 컴퓨터 알고리즘을 사용해 숲을 녹음할 뿐만 아니라 다양한 새소리를 식별하고 주변에 어떤 새가 있는지 파악하도록 학습할 수 있었다. 팻이 설치하고자 했던 다른 장치들은 말라리아모기의 소리를 식별하도록 훈련할 수도 있었다. 오디오모스가 학습된 소리를 감지하면 자동차로 몇 시간 거리에 있는 연구소에 메시지를 전송하여 어떤 종이 어디에 있는지 지도를 즉시 업데이트했다. 환경보호론자들은 말라리아에 걸려 죽은 새가 아니라 센서 박스가 보내는 문자 메시지를 통해 희귀 조류의 서식지에 치명적인 모기가 침입한 것을 알 수 있었다. 이 귀는 동물의 소리를 듣고 발견한 정보를 전달하고 기록하도록 훈련된 영구적인 원격 전자 귀였다.

격세지감이 느껴졌다. 대학을 졸업하고 모리셔스의 유사한 숲에서 멸종위기에 처한 새를 찾는 조류보호 활동가로 일한 적이 있다. 숲의 한 지역을 골라서는 새벽 5시 30분에 일어나 들어갔다. 그곳에서 몇 시간 동안 가만히 앉아 희귀종인 분홍비둘기가 내는 독특한 소리—내려앉는 소리, 서로를 유혹하기 위해 고개 숙이며 구구하는 소리, 새 끼가 먹이를 달라고 보채는 소리 등—를 유심히 들었다. 모리셔스목 도리앵무의 지저귐, 모리셔스황조롱이의 비명 소리도 들었다.

이 새들은 모두 멸종 직전까지 갔고 인공번식을 해야 할 정도로 희 귀한 새들이었다. 분홍비둘기는 9마리, 모리셔스황조롱이는 번식 암 컷이 한 마리밖에 남지 않은 상황이었다. 내가 찾을 수 있는 모든 개 체가 종의 생존에 중요한 역할을 했다. 가끔 운이 좋으면 한 마리를 보 았고, 다리에 달린 색깔 고리로 어떤 개체인지 식별할 수도 있었다. 하 지만 대개는 멀리 떨어진 곳에서 소리만 들렸다. 이런 소리는 정말 듣 기가 쉽지 않기 때문에 4시간 동안 아무것도 듣지 못하고 아침을 보 내기도 했다. 어떤 때는 새가 분명 그곳에 있을 텐데도 며칠 동안 새소 리를 듣지 못하기도 했다. 이렇게 뾰족한 수 없이 비효율적인 방식으 로 숲 한 떼기 나무 밑에 앉아 멸종위기종 전체 개체군의 삶을 기록하려고 했다. 새소리를 듣고 구별하는 훈련을 받았지만 가끔은 흐트러지거나 몸이 아플 때도 있었다. 한 번에 모든 곳에 있을 수도 없었다. 하지만 팻의 숲에는 자신만의 귀가 있었다.

인간은 천부적으로 패턴 인식에 능숙하다. 세상의 패턴을 찾아내고 이를 활용하는 능력 덕분에 인간은 진화적으로 성공할 수 있었다. 베리는 뭘 먹어야 하고, 일 년 중 언제 자라는지 알아야 하며, 무서운 소리가 들리면 다른 동굴을 찾아야 하고, 식물 잎이 떨어지면 동물의 가죽을 벗기고 더 따뜻하게 옷을 입을 준비를 해야 했다. 우리는 주변 세계의 신호를 해석하고, 동향을 확인하고 공유하며, 이를 제대로 파악할 때 생존할 수 있다.

오늘날 우리는 이러한 패턴 인식 도구를 일상생활에 활용하고 있다. 심야버스에서 다른 승객들을 향해 화를 내는 술 취한 남성의 술주정을 들으면 한 정거장 일찍 하차한다. 내가 농담을 던졌을 때 좋아하는 사람의 얼굴이 빨개지는 것을 보고는 '저 사람도 나를 좋아하나 보다'라고 생각한다. 우리의 눈은 사람으로 인식하는 피겨러티브패턴(이를테면 졸라맨)을 그리고, 우리의 뇌는 밤의 음침한 숲속 나뭇가지 패턴에서 있지도 않은 사람을 만들어낸다. 우리의 코는 토스트가 곧 타들어가는 것을 알려주는 향기 패턴을 감지한다.

생물학자는 어떻게 보면 생물 세계에서 반복되는 형태와 행동을 발견하는 데 힘을 쏟는 패턴 인식자라 할 수 있다. 모리셔스에서 나는 곤충과 바람 소리와 내가 내는 숨소리의 정글에서 희귀한 새소리의 패턴을 찾아내는 일을 했다. 팻의 상자는 나보다 더 뛰어난 숲새 패턴 인식기였다. 아울러 나와 달리 상자는 한 번에 모든 곳에 영구적으로 설치가 가능했다.

그렇다면 이 상자는 어떤 소리가 '이위'이고 어떤 소리가 다른 새소리인지 어떻게 구분하는 것일까? 팻은 데이터에서 패턴을 찾도록 소프트웨어를 훈련하는 컴퓨팅 분야인 머신러닝 기술을 사용했다. 아직 초기 단계지만 머신러닝으로 할 수 있는 일은 놀라울 정도로 많고, 앞으로 어떤 일이 가능할지 상상도 할 수 없다고 말했다.

나는 팻에게 초록색 도시락이 '졸라' 멋지다고 말했다. 그러다가 초록색 도시락이 내 말을 들었을 것이고, 도시락의 데이터 어딘가에 우리의 대화가 녹음되었을 것이라는 사실을 깨달았다. 아마도 미래에 어떤 연구자가 지난 수십 년 동안의 모든 숲 오디오에서 사람의 음성을 찾도록 알고리즘을 훈련시키면 머신러닝 알고리즘이 이 오디오 장면에 표시한 다음 팻과의 대화를 찾아낼 것이다. 그리고 몇 년 후 나는 이 기기에 욕설을 한 것 때문에 곤경에 처하게 될지도 모른다.

옆에 있던 안드레가 요즘 뽑는 대부분의 박사후 연구원 채용을 보면 머신러닝 연구 경험이 있는 사람을 요구한다고 말했다. 나는 안드레에게 이것이 미래일 거라고, 기계가 생물학을 연구하는 데 투입될 거라고 이야기했다. 안드레의 얼굴에 그늘이 드리웠다. "우리가 앞으로도 필드에 나가 과학을 할 수 있을까요?" 그가 담담하게 물었다. "물론 그래야죠. 그게 우리 생물학자들이 하고 싶은 일이니까요." 매력 넘치는 작은 이위가 보슬보슬 내리는 비를 맞으며 빨간 병솔나무에서 다른 병솔나무로 옮겨 다니고 있었다. 안드레의 말에 일리가 있었다. 컴퓨터는 이 모습을 관찰할 수는 있지만, (아직까지는) 감상할 수 없었다.

팻이 끼어들며 에스더라는 제자가 컴퓨터로 숲의 다양한 소리에서 아마키히 새 노래를 골라내도록 훈련시킨 적이 있는데, 이 기술은 인간이 배우는 데 며칠이 걸린다고 했다. 이 기술로 시간을 절약할 수 있었다. 보통 몇 주가 걸리던 새의 존재 여부를 컴퓨터를 이용해 하루만에 확인할 수 있게 된 것이다. 멸종이 얼마 남지 않은 급박한 상황에서 이들 기계는 생물종을 구할 수 있다.

'종을 구하라!'

에스더는 하와이대학교 뉴스와의 인터뷰에서 알고리즘에 대한 정보와 코드가 온라인에 공개되어 있기 때문에 "누구나 사용할 수 있다"고 말했다. 누구나 이 알고리즘을 조정해 '어떤' 종이든 감지할 수 있었다.

습하고 미끄러운 숲속에서 하루 종일 목을 빼고 있으면서 자신이 들은 것이 생각한 것과 맞는지 확인할 수도 없고, 잘못 들은 것은 아닌지, 시간을 낭비한 것은 아닌지, 끔찍한 데이터를 수집한 것은 아닌지 안절부절못해본 사람이라면, 또 멸종위기에 처한 종을 구할 수 있는 기회가 얼마 남지 않았다는 사실을 인지하지 못한다면, 이것이 얼마나 엄청난 일인지 깨닫지 못할 수도 있다. 나에게는 매우 중요한 일이었다. 종을 구하는 것뿐만 아니라 종의 소통을 이해하는 것도 큰 의미가 있었다. 팻은 다양한 종을 식별하도록 훈련된 이 기계가 개별 새들의 미묘한 차이점을 찾아낸다고 설명했다. 오디오모스를 통해 관찰해보니 새들이 지역마다 억양이 다르고 사투리를 쓰며, 새마다 목소리가 다르고, 상황에 따라 노래하는 방식과 내용이 달랐다고 했다. 이전에는 생물학자가 기껏해야 '이 새가 여기 있다'라고 말할 수 있었지만, 기계는 새마다 소리가 다르다는 것, 새의 울음소리가 일생 동안 변화하고 주변 환경에 따라 진화한다는 것을 알 수 있었다. 새들의 노래는 녹음되었기 때문에 비교하고 분석할 수 있었다. 장소와 시간에 따라 변화하는 생물학적 소리의 패턴을.

나는 팻에게 우리가 보았던 코아 나무가 묘목이었고, 숲이 벌목되기 전, 쿡 선장이 도착했을 무렵, 섬 전체에 새들이 번성했을 때 이곳에 있었을 모든 새소리 문화가 사라졌을 것이라 생각하느냐고 물었다. 팻이 고개를 숙이더니 말했다. "네, 너무 많은 것을 잃었죠." 우리는 작은 상자를 나무 위에 올려놓고 기지로 돌아와 귀 기울여 듣고, 기다리고 샅샅이 살폈다.

〰〰〰

하와이에서 처음 수영을 했던 순간이 생생하게 기억난다. 모래사장에 있던 나는 파도 속으로 걸어 들어갔다. 다음 파도가 밀려와 부

병솔나무 꽃 위에 앉은 이위

서질 때 파도 아래로 잠수해 물속에서 헤엄을 쳤다. 그러자 고래 소리가 들렸다. 너무 놀라서 헛것을 들은 건 아닐까 싶었다. 그간 물속에서 들었던 익숙한 소리라고는 파도가 부서지는 소리, 보트가 지나가는 소리, 스노클을 끼고 있는 나의 숨소리 등 시끄럽고 불분명하며 어수선한 소리였기 때문이다. 이번 소리는 뭔가 달랐다. 수많은 고래들의 노래가 서로 겹쳐서 들리는 것 같았다. 어떤 소리는 시끄러웠고 어떤 소리는 나지막했다. 끙끙거리는 소리, 삑삑 하는 소리, 신음 소리, 풀무질하는 듯한 소리, 그리고 길고 애절한 울음소리. 고개를 수면 위로 들어 올렸을 때 고래들은 사라지고 없었고, 해변에 있는 사람들이 비명을 지르며 노는 소리가 다시 들렸다. 마치 바다 속 비밀 공연에 온 것 같았다.

로헤(LOHE)를 소개한 사람은 마크 라머스라는 고래 생물학자였다.

그는 고래의 노래를 듣고, 하와이 섬을 돌아다니는 혹등고래의 이동을 추적하기 위해 해저에 EAR(생태음향녹음기)이라 불리는 오디오모스 같은 고정식 청음기를 사용했다. 몇 년 전까지만 해도 혹등고래의 개체수는 언덕 위 데크 의자에 앉아 쌍안경과 메모장을 들고 있는 사람이 세었다. 물론 이 방법은 여전히 유용하고 실제로도 계속 사용되고 있지만, 마크의 청음기는 매년 도착하는 고래를 정확하게 셀 수 있게 해준 획기적인 기술이었다. 그는 이러한 신기술로 인한 업무의 변화를 "열쇠 구멍으로 보다가 현창을 통해 보는 것"에 비유했다.

섬에 사는 많은 주민들도 이 애절하고 신비로운 소리에 빠져들었다. 2003년에는 기술에 좀 더 관심이 있는 사람들이 전 세계 어디에서나 누구나 고래 소리를 들을 수 있도록 지속적으로 고래 소리를 수집하고 중계하는 방법을 찾으려고 노력했다. 이들은 주피터연구재단이라는 비영리 단체를 설립하고는 이 기술을 '웨일로폰(whale-o-phone)'이라고 불렀다. 하지만 하와이 해안은 수중 음향환경이기 시끄럽기 때문에 부서지는 파도소리와 집게발을 딱딱거리는 새우 소리에서 벗어나기 위해 멀리 떨어진 바다에 수중음향기를 걸 수 있는 견본 기지를 만들었다. 아이디어는 꼬리에 꼬리를 물었고 어느새 태양열로 작동하고 파도로 움직이는 고래 소리 청음 바다로봇인 웨이브 글라이더(Wave Glider)를 설계하게 되었다.

새소리를 엿듣는 것과 고래 소리를 듣는 것은 어떤 면에서는 비슷한 일이다. 바다처럼 울창한 숲에서는 시야가 그다지 중요하지 않다.

고래와 새 모두 주로 소리로 소통을 하기 때문에 듣는 것이 유일한 방법인 경우가 많다. 하지만 하와이 섬의 숲새와 달리 고래는 수천 킬로미터를 이동해 기록 장치가 따라갈 수 없는 곳으로 간다. 웨이브 글라이더를 통해 생물학자들은 한 걸음 더 나아가 인간이 쉽게 갈 수 없는 곳에 로봇 귀를 보낼 수 있었다. 최근 고래의 비밀을 풀기 위해 급하게 웨이브 글라이더가 투입되면서 웨이브 글라이더의 개발이 한 단계 더 발전했다고 한다. 혹등고래의 개체수를 세기 위해 하와이 주요 섬 해안가에 심어 놓았던 마크의 생태음향녹음기에 충격적인 침묵이 흐르고 있었다. 대부분의 고래가 사라진 것이다. 그렇게 나는 주피터 연구재단에 초대되어 유로파라는 로봇을 만나게 되었다.

유로파는 자율주행선으로 알려져 있다. 유로파는 두 부분으로 구성되었는데, 바다에서 정보와 전력을 모두 끌어올 수 있도록 설계되었다. 표면에는 태양전지판, 명령 및 제어장치, 오디오 탑재물, 송신기가 장착된 '부낭(浮囊)'이 있으며, 깃발이 달려 있어 다가오는 선박이 알아볼 수 있다. 부낭에서 8미터 정도 아래에 매달려 있는 잠수정에는 파도 에너지를 모으고 계속해서 소리를 녹음하는 수중음향기가 장착되어 있다. 이들 연구 도구를 자유자재로 가용하는 유로파는 프로펠러를 통해 1.5노트(약 시속 2.8킬로미터)의 속도로 바다 위를 유영한다. 유로파는 하루 24시간, 한 번에 몇 달 동안 파도, 바람, 비, 기타 수면 소음을 뚫고 녹음할 수 있다. 또한 유로파는 부낭에 앉은 바닷새, 카메라에 몸을 노출하는 노출증 어부 등 선상 생활의 사진과 함께 자신의 위치를 전송할 수 있으며, 몇 달 동안 배가 다니지 않는 곳에서도 혹등고래의 노래를 녹음할 수 있다.

유로파 같은 웨이브 글라이더 개발에 참여한 베스 굿윈은 주피터연구재단의 혹등고래 프로젝트를 이끌고 있다. 어깨까지 늘어진 적갈색 머리에 데님 반바지를 입고 '고래 탐정'이라고 적힌 파란색 티셔츠를 입은 60대 초반의 건장한 여성 베스는 평생 고래에 빠져 살아왔다. 어렸을 적 처음 말한 단어가 '돌고래'였고, 첫 직장이 텍사스의 테마 파크 식스 플래그(Six Flag)에서 돌고래를 훈련시키는 일이었으며, 학부 논문도 스타인하트 돌고래 수족관에서 근무한 경험을 바탕으로 썼다고 했다.

수영을 좋아했던 베스는 밤이 되면 잠수복을 입고 돌고래 수영장에서 한 바퀴를 돌곤 했다. 그녀는 돌고래들이 자기를 보고 배우는 모습에 깊은 인상을 받았다. 돌고래들이 자기를 흉내 내면서 수영장 끝에서 공중제비를 돌고, 그녀가 수영장에 뛰어들 때 몸을 뒤집는 모습을 보고 똑같이 따라했던 것이다. 몇 년 후 베스가 수족관으로 돌아왔을 때 돌고래들은 베스를 보자마자 공중제비를 돌기 시작했다. 깜짝 놀란 큐레이터는 돌고래들이 한 번도 한 적 없는 행동이라고 말했지만, 베스는 돌고래들이 공중제비를 한 적이 있고 자신을 기억한다는 것을 알았다.

해양 생물학자로 훈련받은 베스는 한때 하와이에서 고래 관찰 회사를 운영했으며, 현재는 하와이에서 주피터연구재단의 운영과 함께 연구선인 메이 마루 호의 선장을 맡고 있다. 베스는 새로 탐사에 나서는 웨이브 글라이더의 진수 장면을 보라며 나를 초대했다. 하지만 서부 해안의 커다란 시설 부지에 있는 단체 사무실 밖에 차를 세웠을 때는 시속 100킬로미터의 바람이 불고 있었다. 엄청난 폭풍이 빅아일랜드를 강타할 것이라는 신호였다. 가는 길에 강력한 돌풍이 몰아쳐 트럭의 금속 통이 바닥에서 구르는 것을 보았다. 사람들이 바다에서 구조되고 있었고, 폭풍이 하얗게 휘몰아치고 있었다.

주변의 야자수와 코코넛을 물끄러미 바라보았다. 유로파는 메이 마루와 함께 커다란 주차장 앞에 세워져 있었다. 위에는 태양전지판

주피터연구재단에서 유로파와 베스

으로 덮인 구리가 있었고, 아래쪽으로는 카트 같은 것이 있었는데, 그 안에는 바다에서 유로파의 밑에 매달릴 각종 케이블과 방향타가 들어 있었다. 마치 플라스틱으로 된 둥근 뚜껑이 달린 문을 뉘어 놓은 것처럼 보였다. (나중에 해안 근처에서 테스트하는 동안 이 케이블 중 하나를 상어가 뜯어먹었다.) 위에는 카메라와 커다란 빨간 깃발이 고정된 90센티미터 길이의 고무 덮개 안테나 축이 달려 있었다.

웨이브 글라이더를 보고 있자니 폭풍우가 몰아치는 바다를 견뎌낼 수 있을지 걱정이 되었지만, 베스는 유인선이라면 견딜 수 없는 폭풍우를 버틸 수 있도록 제작되었다고 장담했다. 베스는 유로파의 이전 항해 지도를 보여주었다. 유로파는 태평양의 절반을 가로질러 동쪽으로 1,800해리 떨어진 바하칼리포르니아(Baja California)까지 항해하면서 그 어떤 배도 기록하지 못한 고래의 노래를 녹음한 적이 있었다.

서쪽 마샬군도로 향하는 또 다른 항해에서는 유로파의 일부가 고장이 났다. 베스는 배를 빌려 공해상을 샅샅이 뒤지며 길을 잃은 자식들을 찾아 헤매다가 마침내 무사히 집으로 가져올 수 있었다. 베스가 이 수색 및 구조 작전을 이야기할 때는 마치 도구가 아니라 하나의 생명체를 구하는 것처럼 느껴졌다. 이 기계를 얼마나 애지중지하는지 알 수 있었다.

유로파의 다음 임무 지역은 하와이 북서부 섬으로, 사람의 발길이 닿지 않아 토착 야생동물에 대한 정보가 거의 없는 무인도와 해산으로 이루어진 먼 섬이었다. 이 섬은 매우 중요한 곳이었다. 지난 몇 년 동안 하와이에는 보통 회유를 위해 찾아오는 8천에서 1만 2천 마리의 혹등고래 중 40~60퍼센트가 완전히 사라졌고, 찾아오는 시기도 점점 더 늦어지고 있었다. 혹등고래가 죽는다면 이는 엄청난 손실이 될 것이다. 하와이는 북반구 태평양 혹등고래의 상당수가 번식하는 곳으로, 서쪽의 러시아에서 동쪽의 알래스카와 캐나다까지 먹이를 찾는 소규모 무리의 고래들이 모두 겨울마다 이곳으로 헤엄쳐왔다. 고래들은 어디로 갔을까? 유로파의 임무는 고래의 노래를 이용해 고래를 추적할 수 있는지 알아보기 위해 이동식 수동 청음 플랫폼 역할을 하는 것이었다.

내가 떠난 다음날, 폭풍이 지나가고 유로파는 곧바로 인근 항구로 출발했다. 일주일 만에 유로파는 청음기가 멀리서 녹음한 심해의 목소리인 혹등고래와 밍크고래 노래의 단편을 전송하며 하와이 북서부 섬까지 느리지만 거침없이 나아갔다. 수많은 고래의 노래를 발견한 웨이브 글라이더는 고래가 죽은 것이 아니라 이동 패턴이 바뀌었을 가능성을 암시했다. 이러한 변화에 대한 한 가지 이론은 바다의 온난화로 북극 먹이 섭이장이 급격하게 온도가 높아져 고래가 이동했다는 것이다. 매우 더운 물로 이루어진 이 지역은 산소가 아주 적어서 '블롭(the Blob)'이라고 불렀다. 블롭 안에서 먹이사슬 밑바닥에 있는 많은 동식물이 죽었고, 그 결과 수백만 마리의 바닷새와 물개, 해양동물이 죽었다. 수천 마리의 고래가 죽었을 것이라는 우려는 이후 혹등고래가 주요 섬으로 대거 돌아오면서 조금이나마 사그라졌다. 하지만 블롭은 고래의 이동을 방해하는 것으로 보였고, 기후 위기가 악화됨에 따라 더 많은 블롭이 발생할 것으로 예상되면서 고래들이 반복되는 교란을 견디지 못할 수도 있다는 우려가 제기되고 있다.

베스에게 데이터를 어떻게 분석했는지 물었다. 하와이에서 태평양의 절반을 가로질러 동쪽으로 바하칼리포르니아에 이르는 또 다른 항해에서 유로파는 수면과 수중에서 수백 개의 이미지와 함께 약 5,000시간의 오디오 데이터를 보내왔다. 놀랍게도 베스는 컴퓨터가 아니라 자신과 연구팀이 직접 육안과 청각으로 세 차례에 걸쳐 뒤졌다고 말했다. 그중 4명이 6주 동안 하루 8시간씩 일하며 기타 소음으로부터 혹등고래와 다른 고래가 내는 5,000번에 이르는 노래 소리를 찾았다고 한다. 이 작업 때문에 돌아버릴 지경은 아니었는지 물었다.

"그랬죠. 헛소리가 들리고 헛것이 보이기 시작했어요." 베스는 이제 머신러닝 알고리즘을 사용해 오디오파일에서 고래 소리를 자동으로 감지할 수 있기를 희망한다.

〰〰〰〰

베스의 집에서 돌아오는 길, 머릿속은 온통 낮에 본 것들로 가득 찼다. 깊은 바다와 숲 속 전체에 설치된 마이크가 소리를 듣고 있었다. 파도와 태양의 힘으로 온 대양을 홀로 항해하며 배를 피하고, 폭풍우를 견디고, 물을 채취하고, 발견한 것을 끊임없이 전송하는 로봇. 몇

종위기에 처한 새와 고래, 그리고 사랑과 은총의 청음기계만큼 브라우티건의 시적 꿈에 잘 어울리는 것이 또 있을까 싶었다.

호텔로 돌아왔고 그날 밤 폭풍은 잠잠해졌다. 이튿날 아내 애니와 나는 일몰을 보았다. 관광객들이 셀카를 찍기 위해 줄을 섰는데, 아무도 눈치 채지 못했지만 바다에서 고래 두 마리가 주둥이를 내미는 것이 보였다. 고래들은 800여 미터 떨어진 북쪽으로 이동하여 가와이해(Kawaihae) 항구를 지나 200년 전 카메하메하 왕이 나머지 섬들을 장악하기 전에 학살당한 적들의 시신을 신에게 바친 하와이의 신전 푸우코홀라 헤이아우('고래의 언덕에 있는 신전') 밑으로 향하고 있었다. 동물의 숨결처럼 내밀한 것을 이렇게 멀리서 볼 수 있다는 것이 얼마나 신비한 일인지 몰랐다.

이렇게 강력하고 새로운 도구들은 모두 지난 10년 사이에 발명된 것이다. 이 도구들은 방대한 기록으로 인간을 따라잡으려 하고 있다. 베스는 기계가 항해하면서 쏟아내는 내용을 모두 들으려고 할 때 얼마나 압도당했는지 설명했다. 데이터가 너무 많았기 때문이다. 전 세계의 바다와 숲 곳곳에 더 많은 기계가 발사되고 설치되고 있으며, 청음 방법도 점점 더 다양해지고 있다. 이렇게 눈덩이처럼 불어나는 정보를 인간이 분류한다는 것은 불가능해 보였지만, 기계가 데이터를 검색할 수 있도록 훈련시킬 수 있다는 팻의 지적은 나에게 흥미로운 질문을 제기했고, 나는 그 질문에 답하고 싶었다. 고래의 소리를 녹음하고 식별하는 기계를 만드는 것은 별개의 문제였다. 고래의 소리에서 어떤 의미를 찾도록 훈련시키는 것은 완전히 다른 문제였다. 이것도 해낼 수 있을까?

이 패턴 찾기 기계가 동물 소통의 신비를 푸는 데 필요한 열쇠가 될 수 있을까?

제 9 장

동물 알고리즘

기계는 매우 자주 나를 놀라게 한다.

앨런 튜링

빅뱅이 있고 나서 1877년이 되기 전까지만 해도 무언가 소리를 내면 들었거나 듣지 못했거나였다. 하지만 토머스 에디슨은 주석 호일 위에 일련의 홈을 새겨 공기 중의 진동으로 이루어진 소리를 붙잡을 수 있다는 사실을 알아냈다. 소리를 영속적으로 새길 수 있었던 것이다. 그런 다음 이 홈을 따라 바늘을 움직여 진동에 다시 생명을 불어 넣을 수 있었다.

처음에는 단순히 다른 사람의 소리를 녹음하는 데 그쳤지만, 이내 자연의 소리를 녹음한 사람이 등장했다. 1929년 5월 18일, 코넬대학교의 조류학자 아서 앨런은 뉴욕주 이타카의 카유가 호수 가장자리에 있는 렌윅 공원으로 갔다. 폭스-케이스 무비톤사의 기술자들과 함께였다. 이들은 앨런이 참새가 날아와 노래하는 곳으로 알고 있는 나뭇가지 옆에 원격 마이크를 설치하고 기다렸다. 참새가 와 노래를 불

1935년 루이지애나주 싱어 트랙(Singer Tract)에서 현지 가이드 J. J. 쿤과 코넬대학교의 피터 폴 켈로그가 흰부리딱따구리의 소리를 녹음하고 있다.

렀고 이로써 유일무이한 녹음을 하게 되었다. 이 녹음은 비인간 동물의 소리를 녹음한 최초의 사례 중 하나였다. 몇 년 후 앨런은 흰부리딱따구리를 찾기 위해 루이지애나로 탐험대를 이끌고 가 흰부리딱따구리의 울음소리를 녹음하는 데 성공했다. 이후 흰부리딱따구리는 멸종되어 사라졌지만 소리는 남았다.

처음에는 녹음 장치가 발명된 후에도 녹음된 소리를 듣는 것 외에는 별다른 비교가 불가능했다. 하지만 1950년대에 사람들은 진동을 그림으로 나타낼 수 있는 방법을 고안했다. 이를 사운드 스펙트로그램이라고 한다. 스펙트로그램은 악보처럼 왼쪽에서 오른쪽으로 흐르는 시간과 주파수(또는 음높이)를 수직으로 표시하고 선의 색상이나 밝기를 사용하여 신호 강도를 나타낸다. 눈으로 보는 소리인 것이다. 시간을 멈춘 상태에서 녹음한 내용을 원하는 만큼 반복해서 들을 수 있을 뿐만 아니라 둘 이상의 소리가 어떻게 변했는지 살펴보고 이를 측정할 수도 있었다. 인간은 한 번에 두 가지를 듣는 데 능숙하지 않지만, 우리의 눈은 차이를 찾아내고 비교하고 측정하는 데 매우 능하다. 소리를 그림으로 바꿈으로써 그 안에서 패턴을 찾는 과학이 갑자기 훨씬 수월해졌다. 범고래 무리가 동시에 울부짖는 스펙트로그램은 아래 그림과 같다. 꽤나 정신 사납게 보인다. 이 모든 선들은 고래들이 서로 대화하면서 내는 서로 다른 휘파람 소리와 윙윙거리는 소리이다.

녹음 장치가 휴대가 가능해지면서 자연학자들은 긴팔원숭이, 극락조, 매미, 고래의 소리 등 전 세계 곳곳에서 들리는 소리를 녹음했다. 이제 살아있는 소리를 보관하고, 분석하고, 비교할 수 있게 되었다. 소리를 증폭하여 동물에게 들려주면 동물이 어떤 반응을 보이는지 확인할 수 있었다. 신시사이저를 사용해 새로운 소리를 생성하고 코끼

생물학자 요르그 라이첸이 진행한 이 녹음은 2019년 국제생물음향학회가 주는 "가장 미친 스펙트로그램" 상을 수상했다.

리의 낮은 저주파 소음, 박쥐의 고음 소리 등 우리가 듣지 못하는 소리를 녹음할 수 있는 마이크를 만들었다. 변화무쌍한 소리로 인해 청음이 어려운 물속에서 쓸 수 있는 수중청음기도 개발했다. 이들 발명은 새로운 과학 분야인 생물음향학으로 이어져 생명의 소리를 연구하는 데 이바지했다.

로저 페인이 노래하는 혹등고래의 소리를 처음 감지한 버뮤다의 바다에, 다이애나의 돌고래 수족관에, 베스의 자율주행선 아래에 매달려 있거나 팻의 숲 보호구역의 나무에 설치되는 등 사람이 가지 못하는 곳까지 음향 녹음장치를 보낼 수 있게 된 것이다. 동물의 소통을 이해하고자 하는 사람들에게 동물 소리의 녹음은 기념비적인 진전이었다. 하지만 좀 더 살펴보니 이는 판도라의 상자였다. 이 녹음 자료를 가지고 다음에는 무엇을 할 수 있을까? 팻은 컴퓨터를 훈련시켜 어떤 새가 언제, 어디서 노래하는지에 관한 필수 관리 정보를 얻는다고 이야기했다. 하지만 인공지능을 사용하여 음향 데이터에서 다른 패턴을 찾아내 누가 말하는지뿐만 아니라 무슨 말을 하는지 해독하는 연구자들도 있었다.

~~~~~

1969년 덴마크에서 설립된 국제생물음향학회(IBAC)는 아키비스트(archivist)부터 동물행동학자까지 다양한 사람들이 '격식 없는 자리'에

초창기의 청음기

서 모여 발견과 아이디어를 공유했다. 2019년 8월, 연례행사가 가까운 서식스대학교에서 열린다는 소식을 듣고 기쁜 마음으로 참가 신청서를 냈다. 나는 행사가 열린 강의실을 찾아 캠퍼스를 드라이브하며 찾아갔다. 늦여름이었는데도 캠퍼스는 한산했다. 갈매기들이 지저귀고, 유리와 벽돌로 된 건물, 콘크리트 통로, 잔디밭 사이로 새떼가 날아다녔다. 행사에 체크인을 하고 가방과 머그컵, 일정표를 받았다. '격식 없는 자리'는 펍 순례, 고풍스러운 저택과 사슴 공원 방문, 동물 소리를 녹음한 시청각 DJ 콘서트, 갈라 디너쇼, 모리스 댄스 시연 이 다섯 가지 주제로 진행되었다. 포스터상, 프레젠테이션상, '가장 멋진 동물 소리 흉내'에 대한 시상도 있었다(이 사람들은 동물 소리를 정말 잘 냈다). 와인과 맥주, 치즈와 커피가 돌아가면서 나왔다. 하지만 무엇보다도 엿

새 동안 매일 오전 9시부터 오후 6시까지 20분 간격으로 동물이 내는 소리를 녹음하고 분석하는 사람들이 원형극장 앞에 서서 동물 소리를 들려주고 그 소리의 의미를 이야기하는 시간이 가장 인상적이었다.

이후 며칠 동안 나는 전 세계의 실험실과 농장, 먼지투성이 평원과 열대 늪지대에서 사람들이 음향 녹음 및 조작 장치를 사용하여 개에게는 고통스러운 아기의 울음소리를, 사람에게는 고통스러운 개의 울음소리를 들려주었다는 사실을 알고는 아연실색했다. 엑스터시라고도 알려진 향정신성 화학물질인 MDMA를 투여한 쥐가 '행복'에 겨워 찍찍거리는 소리를 녹음하고, 친구들과 재회를 기다리는 새끼 돼지의 꿀꿀거리는 소리를 녹음하고, 코끼리의 울부짖는 소리를 거대한 서브우퍼를 통해 다른 코끼리에게 들려주어 다른 커다란 코끼리가 있다고 착각하게 만들기도 했다. 작은 거미들이 춤을 추고, 몸을 진동시키며 소리를 내는 현란한 시청각 짝짓기 디스플레이를 선보이기도 했다. 스웨덴의 한 과학자 그룹은 고양이에게 마이크를 부착한 다음 자기 머리에 카메라를 달고 고양이들을 따라다니며 먹이를 원하는 고양이, 문을 통과하는 고양이, 안겨서 화난 고양이, 쓰다듬어줄 때 행복해하는 고양이 등을 촬영하여 고양이의 다양한 야옹소리, 가르랑거리는 소리, 울음소리가 어떻게 감정과 의도를 나타내는지 알아냈다.

나는 울음소리와 음성에 대해 배웠고, 후두의 독특한 모양이 모든 포유류에게 지문과 같은 고유하고 식별 가능한 음성 지문을 부여한다는 사실도 알게 되었다. 청각적 지문이 있기에 우리는 자기 이름을 말하지 않아도 다른 사람이 우리임을 알 수 있다. 음성 지문은 목소리를 사용하는 즉시 생성된다. 생후 이틀이 지나면 물개나 사람 등 많은 어미 동물이 목소리만으로 새끼를 알아볼 수 있다. 이제 컴퓨터도 이를 인식하도록 학습되고 있다.

국제생물음향학회가 훌륭했던 만큼 참으로 난처한 순간도 있었다. 휴식 시간에 화장실에 갔는데 지구상에서 가장 세심하고 분석적인 청취자들로 가득한 옆방과 칸막이를 사이에 두고 앉았을 때는 온몸이 마비되는 듯했다. 그 사람들이 나의 화장실 선율을 듣고 무엇을 생각했을까? 이렇게 음향적으로 까발려진 적은 처음이었다.

행사를 통해 가장 먼저 깨달은 것은 동물 소리의 세계가 엄청나게 광대하고 복잡하다는 것, 그리고 많은 것에서 우리의 가정이 매우 잘못되었다는 점이었다. 로봇 귀를 설치한 곳이라면 어디서든 새로운 동물 소통 행동이 발견되었다. 한 여성은 프랑스의 호수와 강 속에서 소리를 내는 271종의 동물을 발견했는데, 이제껏 인간이 들어본 적이 없는 소리였다. 이 여성은 하나의 동물 소리가 아니라 앵무새부터 개구리, 딱정벌레에 이르기까지 살아있는 생태계 전체가 상호작용하고 중첩되는 소리를 듣는 '생태음향학'이라는 새로운 분야의 탄생을 이야기했다. 동물 소리는 사람들을 놀라게 할 정도로 복잡한 수준이었다. 이를테면, 앵무새는 '모음'과 '자음'을 사용했다. 고양이는 다양한 소리로 구성된 커다란 '어휘집'이 있었다. 돼지가 내는 소리를 통해 돼지의 기분을 알 수 있었고, 기계를 사용해 돼지의 목소리를 듣고 자동으로 행복도를 알아낼 수 있었다.

기존의 가정을 뒤집는 놀라운 사례는 바로 새소리였다. 많은 새들이 환상적인 노래를 부른다. 나나 여러분들과 마찬가지로 다윈과 박물학자 대부분은 주로 수컷이 노래를 부른다고 생각했다. 하지만 다양한 새들의 노래를 들어보니 이는 잘못된 생각이었다. 이번 행사에서 라이덴대학교의 카타리나 리벨이 이끄는 연구팀은 노래하는 새 모두를 분석한 결과, 71퍼센트의 종에서 암컷이 노래를 부르며 모든 새 그룹에서 암컷이 노래를 부른다는 놀라운 결과를 발표했다. 카타리나는 이 발견에 "말문이 막혔다"고 했다. 확실한 것은 오늘날의 암컷 새와 그 이전의 조상들이 노래를 불렀다는 점이다. 그렇다면 왜 우리는 수컷이 노래를 부른다고 생각했을까?

다윈과 초기 조류학자들의 고향인 온대 북반구에서는 수컷이 노래를 부르는 반면 암컷은 일반적으로 조용하고 밋밋한 소리를 내는 것으로 보았다. 이를 토대로 전 세계 모든 새가 마찬가지라고 생각했으며, 노래는 주로 수컷이 하는 것으로 간주되었다. 서양의 조류학자들이 전 세계로 퍼져나가면서 이와 같은 편견을 그대로 옮겼고, 열대지방에서 암컷 새가 노래하는 모습이 가끔 보고되면, 이 새는 이상한 특이 종으로 여겼다. 이제 (주로 여성) 과학자들이 암컷 새소리를 제대로 조사하기 시작하면서, 북반구에서도 암컷 새가 노래한다는 사실이 드러났다. 수컷보다는 좀 더 조용하고 더 간헐적으로 부르기는 했다. 특히 새소리에 귀를 기울이지 않는다면 놓치기 쉬웠다. 메릴랜드 대학교의 생물학자이자 암컷 새의 노래를 연구하는 에반젤린 로즈 박사는 《사이콜로지 투데이》와의 인터뷰에서 "수컷 새의 노래에 대한 연구는 거의 1세기 반 동안 진행된 반면 암컷의 노래에 대한 연구는 1980년대에 들어서야 본격적으로 시작됐다"고 말했다. 박사는 더 다양한 기능을 가진 암컷의 노래를 간과하면서, 수컷의 노래보다 더 복잡한 이야기를 놓쳤다고 생각한다.

놀라운 사실이었다. 우리가 면밀하게 연구한 종에서 동물 소리의 가장 기본적인 것조차 오해하고 있는데, 더 말할 것이 뭐가 있을까? 혹등고래의 노래는 무엇을 의미할까? 동물 소리의 기능에 관한 주요 가정은 새소리에 대한 가정에서 가져온 것이다. 말하자면 수컷 혹등고래가 자신을 과시하고 암컷과 교미하기 위한 수단이라 생각한 것이다. 하지만 이는 새 발의 피에 불과하다. 어떤 고래가 노래를 부르는지 아는 것은 고사하고 성별을 구분하는 것도 어렵다(궁금하다면 고래의 생식기 틈새를 살펴봐야 한다). 혹등고래의 노래를 들으면 수컷이 부른다고 생각하지만, 어디서나 또 언제나 그런 건 아니라면 어떨까? 그렇다면 혹등고래의 노래는 무엇을 의미할까?

나는 고래의 노래에서 가장 커다란 소리는 수컷이 주로 내지만, 가장 협력적이고, 오래 지속되는 사회적 무리의 노래는 암컷이 내는 경향이 있다는 것을 생각했다. 우리는 커다란 소리에서 시작한 나머지 더 흥미로운 대화를 놓치고 있는 건 아닐까? 균류생물학자 멀린 셀드레이크는 정체성 문제를 다루면서 비이분법적 방식으로 탐구하는 퀴어 이론이 생물학자에게 얼마나 유용한지에 대해 이야기한다. "연구를 시작하기 전에 이 유기체가 무엇인지 안다고 가정하지 않으면, 다시 말해 그 존재의 본질 자체에 물음표를 놓으면 흥미로운 곳에 도달할 수 있다."

행사를 통해 두 번째로 알게 된 것은 하와이에서 궁금했던 점, 즉 무제한으로 소리를 녹음할 수 있는 능력과 인간의 제한된 시간이 만나 문제가 생긴다는 것이다. 행사 기간 동안 나는 과학자들이 녹음한 소리를 재생한 다음 스펙트로그램과 통계 분석을 보여주는 것을 지켜보았다. 이들 분석을 수행하기 위해 과학자들은 투박한 컴퓨터 프로그램을 사용하여 소리를 살펴보고 시작과 끝 부분에 라벨을 붙여야 했다. 소리를 낱낱이 유형별로 분류하여 저장한 이후 이를 다듬기 위해 가공하고, 다시 데이터베이스에 넣은 다음 라벨을 붙이고 정리했다. 이들이 사용한 프로그램은 직관적이지 않고 군더더기가 많았다. 작업은 지루했다.

빅 데이터는 많은 컴퓨터 과학자들의 꿈이다. 데이터가 많을수록 그 안에서 더 많은 패턴을 찾을 수 있고, 알고리즘을 더 강력하게 훈련시켜 데이터를 찾고, 분류하고, 복제하고, 마이닝할 수 있기 때문이다. 하지만 가난한 생물학자들이 감당하기에는 데이터의 양이 너무 방대했고, 생물학자들 대부분은 녹음된 소리를 세그먼테이션(소리가 시작되거나 끝나는 지점을 표시)하고, 분류하고, 정리하고, 다듬고, 표현하고, 분석하는 과정에 거의 갇혀 있는 것처럼 보였다. 로저가 그랬던 것처럼 그냥 누워서 눈을 감고 귀를 기울일 시간도 없는 것 같았다.

하지만 다행히도 이들 생물학자의 수많은 디지털 자손들을 정리하는 데 컴퓨터가 쓰이고 있었다. 불꽃 머리에 염소수염을 기른 거침없는 뉴질랜드 청년 웨슬리 웹은 수천 개가 넘는 뉴질랜드방울새 녹음 파일을 처리하는 지루한 작업에 지쳐서 후쿠자와 유키오라는 데이터 과학자와 팀을 이루어 이 작업을 대신할 수 있는 프로그램을 만들었다. '코에(Koe)'는 모든 소리를 음향 특성에 따라 자동으로 일괄 분류하고 개별 소리를 모은 거대한 비주얼 클라우드 안에 배열했다. 귀로 소리를 테스트하고, 전체 덩어리를 선택하여 라벨을 붙이고, 클라우드에 재배열을 요청하고, 전체 그룹에 색깔 코드를 지정한 다음 분류하고, 다시 재분류할 수 있다. 클라우드가 분석도 해줄 수 있다.

보통 이 작업은 사운드 파일 하나하나를 일일이 입력해야 하지만, 코에는 직관적인 웹 기반 프로그램이었기 때문에 교육을 받지 않은 많은 사람이 전 세계의 동일한 데이터베이스에서 동시에 작업할 수 있었다. 웨슬리는 회의실에서 누구나 무료로 사용할 수 있는 이 프로그램을 소개한 후 뉴질랜드방울새 노래 문화에 대한 자신의 박사학위 연구를 발표하고, 코에가 녹음한 21,500개의 노래 단위를 분류·측정하는 속도를 대폭 높여 몇 개월의 시간을 절약할 수 있었다고 설명했다. 점심시간에 진행된 코에 시연에는 박쥐, 개구리, 개에게도 효과가 있는지 묻는 과학자들로 강당이 가득했다(예, 효과가 있습니다, 예, 그럼요).

웨슬리는 최고의 프레젠테이션으로 상을 받았다.

나는 커다란 장애물이 사라지고 엄청난 시간이 절약되고 있다는 인상을 받았지만, 그 이상의 무언가가 진행되고 있다는 느낌도 받았다. 수많은 녹음이 있고 그중 많은 녹음이 분류되고 정리되어 있다면, 우리가 녹음하는 동물에 대해 학습할 수 있을 뿐만 아니라 분류 및 처리를 진행하도록 훈련시키는 기계도 학습할 수 있다. 이것이 내가 행사에 온 이유였다. 인공지능은 이미 나의 여정에서 한 축을 담당했고, 앞으로의 여정에서도 혁신을 가져올 것이라고 생각했다.

~~~~~

이야기의 원점으로 돌아가 보자. 나의 삶과 극적으로 교차했던 혹등고래가 바다에서 자신을 밀어올리고, 수많은 조상 고래들이 그랬던 것처럼 햇빛 속으로 뛰어올랐던 순간, 그 고래는 어느 고래도 하지 못했던 불멸의 존재가 되었다. 비행의 순간은 래리 플랜츠라는 남성이 휴대폰으로 촬영했고, 해안에서는 여성과 배의 선장이 사진을 찍어 기록했다. 모두 아마추어 고래 사진작가들이었다. 이들은 촬영한 영상을 인터넷에 올렸고, 나는 그 영상을 찾을 수 있었다. 촬영자의 GPS 위치와 고래의 위치가 자동으로 기록되었으며, 나를 덮친 시간이 동영상과 사진에 자동으로 찍혔다. 고래는 다시 물속으로 떨어지면서 지울 수 없는 디지털 발자국을 남겼다. 해저 깊은 곳에서는 몇 주 전에 설치한 수중 마이크가 떨어질 때 내는 충돌 소리를 녹음했다. 상공에서는 인공위성이 무수히 많은 사진을 찍어 날씨, 해수면 온도 및 기타 수치를 도표로 만들었다.

그날도 여느 날과 마찬가지로 몬터레이만에는 고래 관찰자들과 선원들이 휴가를 즐기며 물 위에서 수천 장의 사진을 찍었다. 이 사진은 대개 개인 앨범에 보관되어 다시는 볼 수 없을 것이다. 하지만 운 좋게도 그 격동의 아침이 오기 불과 2주 전에 테드 치즈먼이라는 고래 연구원이 해피웨일(Happywhale)이라는 웹사이트를 개설했다. 검은 머리카락을 바짝 자르고 호리호리한 체격에 활기 넘치는 강아지를 키우는 테드는 고래 관찰자들이 거대한 무료 글로벌 고래 관찰 네트워크라는 사실을 깨달았다. 테드는 고래 관찰자들이 자신의 사진, 특히 고래의 꼬리 사진을 업로드할 수 있는 플랫폼을 만들었다. 고래에 대해 알고 싶다면 꼬리 사진이 필수적이기 때문이다.

맞다, 여기서 말하는 꼬리는 엄밀히 말하면 '꼬리'가 아니다. 혹등고래를 앞으로 추진하는 긴 근육질의 뒤쪽 줄기는 사실 꼬리자루라고 불린다. 고래의 골반을 내려가는 부분은 오래된 참나무만큼 넓었다가 가늘어지면서 거대한 양면 패들, 즉 꼬리지느러미(fluke)로 이어진다. 고래의 꼬리지느러미는 각양각색이다. 남극에서 북극, 태즈먼에서 뉴펀들랜드에 이르기까지 고래의 종족에 따라 밝은 색소와 어두운 색소의 얼룩덜룩한 무늬가 다르다. 칼과 오븐 때문에 요리사의 손에 생긴 상처처럼 고래의 살갗에는 고래의 삶의 이야기가 새겨져 있다. 범고래는 새끼 혹등고래를 지느러미로 익사시키려 하기 때문에 많은 혹등고래의 몸에는 범고래의 이빨이 물어뜯은 자국이 남아 있으며, 이 상처는 고래가 성체로 자라면서 점점 커진다. 따개비는 고리 모양의 상처를 남기고, 검목상어는 살점을 씹어 먹고, 보트 프로펠러는 낫 자국을 남기며, 낚싯줄에 걸린 고래는 치즈 와이어 흔적이 새겨진다. 꼬리는 지문이면서 깃발이기도 하다. 혹등고래는 잠수할 때 종종 꼬리지느러미를 물 밖으로 들어 올려 사람들의 탄성을 자아내고 디지털 카메라 셔터 소리를 이끌어낸다.

수십 년 동안 과학자들은 꼬리지느러미로 고래를 식별해 왔으며, 연구자들은 한 시즌의 고래 탐사가 끝나면 수만 시간 동안 사진 더미를 들여다보며 비슷한 지느러미를 찾아내 고래가 누구인지 추론했다. 이를 통해 사진에 찍힌 고래가 어디를 여행했는지, 누구와 함께 있었는지, 무엇을 하고 있었는지, 누구를 낳았는지, 몇 살인지 등을 파악할 수 있다. 이 작업은 세밀하게 살펴야 하는 고된 작업이며 실수도 빈번하게 발생한다.

테드는 15만 장 이상의 혹등고래 꼬리지느러미 사진을 받았으며 현재 50만 장 이상의 사진을 보유하고 있다. 이렇게 사람들에게서 받은 사진을 기존의 혹등고래 꼬리지느러미 사진 라이브러리와 결합해 마치 인터폴이 전 세계 범죄현장의 지문을 수집하는 것처럼 과학자들의 데이터베이스를 대폭 강화했다.

해피웨일에서 테드 팀은 사람이 꼬리지느러미를 대조해서 찾는 시스템에서 컴퓨터로 시스템을 업그레이드했다. 이들은 미확인 고래 사진 5,000장을 게시하고 구글에서 25,000달러의 포상금을 받은 다음 고래의 신원 확인 프로그램 제작을 공모했다. 이들에게 도움을 줄 수 있는 것은 신원이 확인된 고래 사진 28,000장뿐이었다. 2,100개 팀이 참가했으며, 참가 팀 대다수가 어떤 형태로든 인공지능을 사용했다.

"일반적으로 인간의 지능을 필요로 하는 작업을 컴퓨터가 수행"하도록 하는 '인공지능' 분야는 여러 가지로 나뉜다. 그중 하나는 컴퓨터가 경험을 통해 자동으로 학습하고 적응하는 '머신러닝'이다. 머신러닝은 알고리즘(컴퓨터 코드 명령어 집합)을 동물의 뇌 신경망에서 영감을 얻은 '인공신경망(ANN)'으로 배열한다. 때로 이러한 인공신경망은 두껍게 쌓이고 상호 연결되어 하나의 계산이 다른 많은 계산으로 연쇄적으로 이어진다. 이를 '딥러닝'이라고 한다.

기본 인간신경망만 갖춘 우리에게는 이 모든 용어가 다소 당황스러울 수 있다! 중요한 것은 딥러닝 신경망, 즉 인간의 두뇌에서 영감을 받은 일련의 연산 작업을 기반으로 학습할 수 있는 기계가 데이터에서 패턴을 찾는 데 능숙하다는 점이다. 사실, 이들은 초인적인 능력을 발휘한다.

테드 대회 우승자 중 한 명은 고래를 직접 본 적이 없는 한국의 컴퓨터과학자 박진모였다. 박진모가 사용한 딥러닝 신경망은 미지의 고래 사진 5,000장을 처리하여 90퍼센트의 정확도로 식별했다. 테드와 해피웨일의 프로그래머인 켄 소더랜드는 박진모가 프로그래밍한 알고리즘에 자신이나 다른 고래 식별 전문가들이 알아볼 수 없는 다른 고래의 이미지를 입력했다. 꼬리가 온통 검은색이거나 흰색인 고래, 흐릿한 사진 속 고래 등 식별하기 까다로운 사진들이었다. 테드는 대수롭지 않은 일이라 생각했지만, 당시가 삶에서 가장 중요한 순간 중 하나가 되었다고 말했다. 컴퓨터가 아무도 찾지 못했던 고래를 찾아냈기 때문이다. 믿을 수 없는 광경이었다. 테드는 사진의 유사성에 주목하기 전에는 일치점을 찾지 못했을 사진을 직접 눈으로 확인했다. 알고리즘이 옳았다.

매주 전 세계의 데이터가 "완전 자동화된 고성능 사진식별 매칭 시스템"에 쏟아져 들어오면서 테드는 수천 장의 이미지를 해피웨일의 메모리에 추가했다. 알고리즘은 초인적인 집중력으로 테라바이트에 달하는 혹등고래 데이터에 접근해 비교하고 학습하여 새로운 패턴, 특히 사람들이 놓쳤던 패턴을 발견했다. 수십 년 전의 흑백 사진을 디지털화한 새로운 아카이브는 새끼 고래의 오래된 흑백 사진을 오늘날의 살아있는 중년 고래와 연결하여 그들의 배경 이야기를 채웠다. 고래들 간의 친연성도 분명히 드러났다. 알고리즘은 일부 고래가 다른 개체 고래와 함께 해마다 이곳저곳의 바다를 오가며 계속해서 함께한다는 것을 발견했다. 이들은 수천 킬로미터를 여행하며 서로에게 먹이를 주고 노래하는 고래 친구들이었다. 알고리즘은 전 세계의 대양에서 이전에는 서로 관련이 없다고 생각했던 고래의 가족을 찾아내고 이동 경로를 추적하여 일본의 고래를 러시아, 하와이, 알래스카,

남극, 호주에서 목격된 고래와 연결했다.

사진을 업로드하고 목격한 동물의 신원을 확인할 수 있게 된 사람들은 이제 고래를 익명의 바다 속 짐승이 아닌 성향, 역사, 우정 관계가 있는 개체로 인식했으며, 알고리즘을 통해 고래의 삶의 이야기를 연결할 수 있게 되었다. 고래에 대해 더 많이 알수록 고래 관찰자들은 고래에 유대감을 느끼고 번식지에서 좋아하는 고래가 돌아오기를 손꼽아 기다렸다.

아내와 사별한 한 남자를 만났다. 같이 고래를 관찰하는 사람들은 고래 중 한 마리에게 그의 아내의 이름을 붙여주었고, 남자는 아내가 돌아오는지 보기 위해 일주일에 수차례, 일 년에 수백 일씩 고래를 보러 나갔다. 남자은 해피웨일에서 그 고래가 어떻게 움직이는지 확인했다. 어느 날 고래가 번식지에서 새끼를 낳고 무사히 함께 돌아왔다고 했다. 그녀가 물을 가르며 다가왔고 그녀의 눈을 보았다고 했다. 말하는 동안 남자의 눈시울이 붉어졌다.

우리가 거의 죽을 뻔한 지 3년이 지난 후, 나는 테드에게 그날 몬터레이만에서 활동하던 고래 관찰자들이 촬영한 영상과 사진을 이용해 우리에게 달려든 고래의 신원을 알아낼 수 있는지 물었다. 그리고 그가 해냈다. 아니, 테드와 그의 알고리즘이 찾아낸 것이다.

고래의 번호는 CRC-12564였다. 테드는 기록을 찾아보고 다른 곳에서 목격된 것과 대조했다. 나는 이 고래가 우리를 덮치기 7년 전 중앙아메리카 해역에서 태어났다는 것과 어미가 누구인지를 알게 되었

이 고래가 바로 그 고래이다.

그리고 이것은 고래의 꼬리이다(고래가 덮치기 몇 분 전에 찍은 사진으로 카약을 타고 관찰하는 모습이 보인다!).

다. 테드의 데이터베이스에 있는 사진을 통해 캘리포니아 및 멕시코 바다에서 먹이를 먹고, 사회적 활동을 하고, 수면 위로 뛰어오르는 모습을 볼 수 있었다. 몸의 상세한 사진을 통해 고래가 어망에 걸렸다가

탈출한 흔적을 확인할 수 있었고, 다른 종류의 상처는 수컷일 수 있음을 암시했다. 이 고래는 우리를 덮친 후 매년 여름 몬터레이만으로 돌아왔지만 1년 동안 보이지 않았다. 나는 (테드가 유력 용의자라고 이름 붙인) 이 고래를 '팔로우'하겠다고 신청했고, 몇 달 후 (인간 사진작가와 기계 패턴 인식기에 의해) 고래가 다시 무사히 발견되었다는 자동 이메일을 받았다. 이 고래에 대해 더 많이 알아갈수록 단순한 '고래'가 아니라 개성을 가진 존재라는 생각이 들었다. 뭔가 고래와 연결되어 있다는 느낌이 들었다. 눈에 밟혔다. 무사하기를 바랐다.

정말 놀라운 일이었다. 고래가 당신을 덮치고는 사라진다. 그렇게 이야기는 끝난다. 하지만 고래를 보고 싶어 하고 또 지능적 기계를 원하는 많은 사람들 덕분에 이야기는 다시 시작된다. 머신러닝과 다른 인공지능 분야는 무수히 많은 방식으로 우리 일상에 영향을 미치고 있다. 이 책이 나오기까지 내가 수백 시간 동안 진행한 인터뷰를 알고리즘이 글로 옮겨주었다. 다른 알고리즘은 글을 타이핑하는 동안 맞춤법을 확인하고 문장을 완성해 주었다. 구글 이메일의 자동 문장완성 기능은 내 글의 상당 부분이 얼마나 예측 가능한지(죄송합니다, 독자 여러분), 더 나아가서는 대부분의 인간 언어가 얼마나 예측 가능한지 깨닫게 해주었다. 덕분에 엄청난 시간을 절약할 수 있었고, 이렇게 절약한 시간을 휴대폰, 뉴스 앱, 쇼핑 사이트, 소셜 미디어 등 나의 시간과 돈, 데이터를 빨아들이기 위해 멋지게 만들어지고 인공지능으로 가득한 곳에서 빈둥빈둥하며 소비했다.

인공지능 알고리즘은 MRI를 보고 종양을 찾는 데 쓰이며, 엔지니어가 국가 전력망을 살펴보고 전국에 전력을 공급하는 데 사용되며, 체스, 바둑, 비디오게임에서 인간을 이기고 인간 창의력의 한계를 시험하고, 열악한 환경에서 촬영한 동물의 동영상을 검토해 더 선명하게 개선하는 데 사용된다. 우리의 디지털 자산과 은행 명세서를 검토하여 신용등급을 결정하고 중국어와 영어로 된 문서를 스캔하여 번역을 한다. 이들 인공지능은 지금까지 만든 모든 인공지능과 마찬가지로 '좁은(약한)' 인공지능으로, 한 가지 또는 몇 가지 특정 작업만 수행할 수 있다. 물론 자신이 '무엇'을 하는지에 대한 개념도 없다. 유방암이 나쁘다는 것, 체스 게임에서 이기는 것이 승리라는 것, 이미지가 아름답다는 것, 정전이 끝나면 집에 불이 들어온다는 것, 이 집을 사면 정원에서 채소를 키울 수 있다는 것, 이 문장의 끝이 나에게 중요하다는 것 등은 모른다. 하지만 인공지능은 이미 이 모든 일을 우리보다 더 빠르고 더 잘할 수 있다.

생물학에서는 인공지능을 이용해 수컷 쥐가 구애할 때 부르는 노래와 맛있는 음식을 기대하거나 화가 났을 때 부르는 노래가 다르다는 사실을 밝혀냈다. 또 다른 연구팀은 컴퓨터 비전(디지털 이미지와 동영상에서 시각 정보를 추출하는 것_옮긴이) 모델을 사용해 생쥐의 얼굴에 나타나는 순간적인 표정을 분석하고 이를 생쥐의 감정과 연결하여 생쥐가 최소 '6가지 기본 감정'이 있다는 사실을 발견했다.

북극을 비행하는 비행기에는 눈 더미 아래에서 잠자는 북극곰을

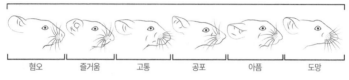
혐오　　　　즐거움　　　　고통　　　　공포　　　　아픔　　　　도망

AI가 식별한 6가지 '쥐의 기본 감정'

찾기 위해 인공지능 카메라 시스템이 장착되어 있다. 인공지능을 사용하는 일부 과학자들은 이집트과일박쥐가 먹이나 휴식 장소를 놓고 서로 '논쟁'을 벌이는 것을 발견했으며, 알고리즘은 위성사진을 샅샅이 뒤져 사하라사막에서 이전에는 존재하지 않는 것으로 생각했던 수억 그루의 나무를 발견하고, 화산 폭발을 며칠 전에 예측했다. 내가 테드를 만난 이후 해피웨일은 혹등고래만을 식별하는 데서 한 걸음 더 나아가 이제는 20여 종의 고래와 꼬리지느러미뿐 아니라 몸의 다른 부위 사진으로도 개체를 식별할 수 있게 되었다.

　머신 비전(machine vision)은 현재 전 세계 생물학자들이 사용하고 있다. 예를 들어, 인공지능 비영리단체인 와일드미(WILDME)는 쥐가오리, 대왕농어, 스컹크, 실고기 등 53종에 대한 오픈 소스 플랫폼을 개발했으며, 그 수는 계속 늘어나고 있다. 패덤넷(FathomNet)이라는 몬터레이만 아쿠아리움 연구소의 심해 데이터베이스는 2만 6천 시간의 심해 비디오, 100만 장의 이미지, 사람이 달아놓은 650만 개의 주석을 공개하고 있는데, 데이터는 계속해서 쏟아지고 있다. 다른 과학자들의 연구에서도 패턴을 찾도록 기계를 훈련할 수 있다. 2021년에는 인공지능이 10만 건의 기후변화 연구에 대한 메타 분석을 진행했는데 인간의 능력 범위를 넘어선 중요한 작업을 수행했다.

2020년 11월, 생화학계는 알파폴드(AlphaFold)라는 프로젝트에 의해 지각변동이 일어났다. 알파폴드는 "지능을 해결하고 이를 통해 다른 모든 문제를 해결하는 것"을 사명으로 삼고 있는 구글·알파벳 소유의 인공지능 회사인 딥마인드(DeepMind)에서 개발한 딥러닝 소프트웨어의 프로젝트명이었다. 알파폴드는 생화학의 오랜 난제인 단백질이 어떻게 접히는지 알아내는 데서 "엄청난 도약"을 이뤄냈다고 《네이처》는 평가했다. 알파폴드는 2년마다 열리는 대회에서 약 100개의 경쟁 팀을 물리치고 2014년 우승팀보다 3배 더 정확하게, 그리고 훨씬 더 빠르게 단백질 구조 문제를 해결했다. 이 프로그램의 성능이 얼마나 뛰어난지 컬럼비아대학의 모하메드 알쿠리아시 연구원은 "핵심 문제가 해결된 것이 틀림없기 때문에 많은 화학자가 단백질 구조 예측 분야를 떠날 것"이라고 예견했다. 이 문제를 해결하는 것은 세포가 어떻게 작동하는지를 밝히는 데 필수적이며, 의약품 개발, 노화문제 이해, 생명공학 등 우리 삶에 영향을 미칠 수 있어 매우 중요하다. 막스 플랑크 발달생물학 연구소의 단백질 진화 부문 책임자인 안드레이 루파스 박사는 "머신러닝은 게임체인저"라고 말한다. 머신러닝은 범용성이 높기 때문에 한 분야에서 개발된 많은 도구를 다른 분야에도 쉽게 적용할 수 있다.

'어떻게' 이런 일이 가능한지 궁금하다면 인공지능 알고리즘을 어린아이와 같다고 생각하면 쉽다. 인공지능 알고리즘은 정보에 굶주려 있다. 어린아이에게 말하는 법을 가르칠 때 구문과 문법책을 앞에 놓고 가르치지는 않는다. 아이에게 말을 많이 걸어야 한다. 유아는 부모가 제공한 데이터를 모방하여 부모를 따라한다. 아이는 부모에게 대답하지만, 아이가 틀렸거나 부적절한 말을 할 경우 대개 말하기 원칙을 알려주기보다는 해당 상황에 맞는 올바른 문장을 알려주고 아이가 올바른 맥락에서 부모가 말한 내용을 올바르게 따라할 수 있는지 기다린다. 이를 강화라고 한다. 나머지는 아이의 뇌가 알아서 하는 것이다. 상황을 기억하고 다음에 새로운 변수를 사용해 문장이 올바르게 출력될 때까지 다시 시도한다.

물론 이는 지나치게 단순화한 것이며, 위의 사례에서 사용된 인공지능 기법에는 다양한 종류가 있다. 하지만 어떤 유형이 사용되든, 어떤 방식으로 훈련되든, 한 가지 작업에 집중하는 컴퓨터 두뇌는 인간의 두뇌보다 훨씬 더 빠르게 밤낮을 가리지 않고 이 작업을 반복해서 수행할 수 있다. 인간의 뇌와 마찬가지로, 유아에게 올바른 단어를 어떻게 사용하는지 물어보면 설명하기 어려울 것이다. 마찬가지로 인공지능의 정확한 작동원리는 알 수 없지만, 어떻게든 학습을 해왔기 때문에 잘 훈련하고 많은 데이터를 제공하면 제대로 작동할 것이다.

인공지능이 제대로 작동하면 한 사람이 처리할 수 있는 범위를 넘어서는 방대한 데이터 세트도 처리하도록 설정할 수 있다. 친구이자 인공지능 전문가인 이언 호가스의 말을 빌리자면, 이 기술은 "힘 증배

프로젝트 타이달(Tidal)의 인공지능 물고기 행동 인식시스템(질병 및 물고기 먹이 패턴 식별에 사용한다).

기"라고 할 수 있다.

그렇다면 고래의 발화에서 머신러닝과 다른 형태의 인공지능이 발견할 수 있는 것은 무엇일까?

행사 마지막 날, 오전 내내 고래와 돌고래에 대한 토론이 이어졌다. 내가 알고 있듯 고래는 이름 비슷한 것을 사용했으며, 향유고래와 범고래를 분석한 결과 이들 역시 사회적 무리에서 쓰는 소리가 있음이 드러났다. 시그니처 휘파람을 연구하는 과학자들은 돌고래의 소통 녹음 파일을 샅샅이 뒤져 휘파람의 모양을 찾아 스펙트로그램을 살펴봐야 한다. 하지만 휘파람 소리를 찾는 것은 정말 어렵다. 수다쟁이인 돌고래는 한꺼번에 엄청나게 많은 휘파람과 소리를 동시에 낼 수 있기 때문이다.

　과학자 잭 피어리는 남아프리카 연안의 야생 돌고래 수천 마리가 무리를 지어 소리를 내는 녹음 파일을 재생했다. 이렇게 거대한 돌고래 무리가 빠른 속도로 이동하면서 우르르 몰리는 것을 스탬피드(stampede)라고 한다. 수중에서 들리는 소리는 쉿쉿 소리와 휘파람 소리, 윙윙거리는 소리가 뒤섞여 만들어낸 믿기 힘든 성벽이었는데, 잭은 이를 "돌고래들의 칵테일파티"라고 묘사했다. 이렇게 거대한 무리의 녹음에서 자신과 서로의 '이름'을 부르는 돌고래를 찾아내는 것은 매우 힘들고 노동집약적인 일이다. 하지만 그는 모든 스펙트로그램을 육안으로 살펴서 특징적인 휘파람을 가진 돌고래를 찾아냈다. 잭은 녹음에서 497개의 휘파람을 발견했고, 이 중 시그니처 휘파람으로 보이는 29개의 휘파람을 추려냈다.

　컴퓨터 분석을 통해 같은 결론에 도달한 것도 고무적이었다. 이제 컴퓨터 분석이 유용하다는 것을 알게 된 잭은 더 야심차게 사람의 눈으로는 불가능한 방대한 데이터 세트 녹음에서 시그니처 휘파람을 찾아낼 수 있었다. 잭은 다음 계획으로 나미비아 해저에 장비를 설치해 수년간 지속적으로 소리를 녹음하고 칵테일파티에 참석한 모든 돌고래의 이름을 낱낱이 찾아내겠다고 발표했다. 하지만 돌고래 떼(또는 인간의 칵테일파티)와 같이 '어수선한 음향 환경'에서는 동물들이 서로 떠들어대는 소리로 인해 수많은 특유의 휘파람 소리와 다른 소리들이 묻히는 문제가 발생해 인간과 컴퓨터 분석 모두 어려움을 겪었다.

강의를 꼭 들어보고 싶었던 사람은 세인트앤드루스대학교에서 근무하는 짧은 갈색 머리의 40대 캐나다인 줄리 오스왈드였다. '돌고래와는 거리가 먼' 토론토 인근 키치너에서 자란 줄리는 처음에는 간호사로 출발했지만 돌고래에 끌렸다. 하지만 행동과학에서 뭔가를 측정하는 것에 좌절하고 진절머리가 난 그녀는 생물음향학으로 옮겨갔다. 그러고는 마침내 그래프에 표시하고 비교할 수 있는 정량적인 무언가를 발견하게 되었다! 첫 번째 논리적 발견이었던 시그니처 휘파람은 각각의 돌고래가 항상 같은 소리를 내는 '단어'였다. (우리가 '인간'을 가리키는 돌고래의 휘파람을 알아내고 이것을 가리키기와 결합한다면, 작지만 의미 있는 최초의 종간 대화를 할 수 있지 않을까 하고 생각했다. '나는 인간, 너는 돌고래'?)

줄리의 발표는 행사 마지막을 장식했는데, 기다린 보람이 있었다. 그녀는 돌고래가 반향정위와 쉽게 알아볼 수 있는 특유의 휘파람 소리 외에도 많은 소리를 낸다고 설명했다. 돌고래는 다른 종류의 휘파람과 빠르게 연속적으로 끽끽 하는 소리인 '버스트 펄스'(burst pulse)를 내기도 한다. 이 중 대부분은 사람이 들을 수 없기 때문에 돌고래의 소통 중 일부는 최근에야 감지할 수 있었다.

우리는 돌고래가 내는 소리의 종류가 얼마나 다양한지, 일생에 걸쳐 소리가 얼마나 변화하는지, 같은 종의 돌고래 개체 간에 혹은 종별로 발성법이 얼마나 다른지 알지 못한다. 그리하여 줄리는 패턴을 파악하기 위해 이 새로운 소리의 세계를 탐구하기 시작했다. 먼저 스페인의 한 해양 수족관에 있는 13마리의 포획 돌고래 무리를 대상으로 두 달 동안 하루 24시간씩 녹음했다. 그런 다음 1,500시간이 넘는 데이터를 가지고 프로그램을 사용해 다른 소리에서 휘파람 소리를 추출했다. 이렇게 추출한 자료는 비교하기 쉽도록 휘파람 소리의 지속 시간을 같게 만드는 동적 시간 와핑(dynamic time-warping) 기법을 사용해 정리했다. 마지막으로 '비지도 신경망(unsupervised neural network)'을 통해 이 모든 것을 실행하여 녹음에 얼마나 많은 휘파람이 들어 있는지 알아냈다. 일종의 머신러닝 도구였는데, 다른 많은 도구와 마찬가지로 인공신경망을 기반으로 했다.

이를테면 테드는 해피웨일에서 혹등고래 꼬리를 매칭하기 위해 신경망을 사용했다. 하지만 줄리의 신경망은 컴퓨터가 주어진 데이터를 분류하고 평가하는 데 사람의 도움을 받지 않는 방식(즉, '비지도')이었다. 이는 최근까지 동물 음향분석이 수행되던 방식과는 매우 달랐다. 돌고래의 소리를 녹음하고, 소리의 스펙트로그램을 출력한 다음, 이를 육안으로 살펴보고 다르게 보이는 부분을 수동으로 표시하던 시대는 지났다.

줄리의 인공지능은 342개의 일관된 소리 유형에서 2,662개의 개별 휘파람 소리를 추출했다. 엄청나게 다양한 종류의 소리였다. 더 오랫동안 녹음했다면 얼마나 많은 신호를 더 발견할 수 있었을까 궁금했다. 사람들이 말하는 것을 듣고, 사용하는 단어의 수를 세어보면 처음에 들리는 단어는 완전히 새로운 단어일 것이다. 만약 여러분이 그래프에 일정 기간 나오는 새로운 단어의 총 수를 표시하면, 가장 자주 사용하는 단어, 이를테면 당신의 이름, '그리고'와 같은 접속사, '좀', '고마워요'와 같은 단어에서 꺾은선이 높게 치솟을 것이다. 그런 다음 '나무'나 '아침 식사'처럼 자주 사용하지 않는 단어에서 서서히 평평해지다가 '장례식'이나 '비키니'처럼 거의 사용하지 않는 단어에 가서는 거의 평평해질 것이다. 돌고래 소리 연구를 했던 2개월의 기간이 끝날 무렵에도 하루에 1개꼴로 새로운 휘파람이 발견되었다. 줄리는 돌고래가 약 565가지의 휘파람 소리를 내는 것으로 추산했다.

믿을 수 없는 수치였다. 돌고래는 500가지가 넘는 휘파람 목록이 있었던 것이다! 줄리는 야생 돌고래 녹음에서도 비슷한 인상적인 결과를 발견했다. 사람의 말처럼 음향 신호가 의미를 가지려면 안정적으로 유지되어야 한다. 우리가 사용하는 말이 계속 바뀌면 소통은 불가능하다. 따라서 다음으로 줄리는 시간이 지남에 따라 다양한 휘파람이 어떻게 사용되는지, 돌고래의 휘파람 목록이 사람의 말처럼 안정적인지 확인하려고 했다. 돌고래에게 말이 있다는 이야기는 아니다. 오히려 발견한 이 음향 단위가 무엇을 의미하는지 하나도 모른다는 뜻이다.

하지만 인간의 의사소통을 녹음하고 음향 단위를 유형별로 분류하면 줄리의 그래프와 매우 유사한 그래프를 얻을 수 있다. 줄리 혼자서는 아무것도 할 수 없었을 것이다. 컴퓨터는 사람이 들을 수 없는 돌고래의 휘파람 소리를 감지하고, 기록하고, 표현하고, 처리하고, 정리하고, 명령어를 번역하고, 분석했으며, 그 안에서 사람이 인식할 수

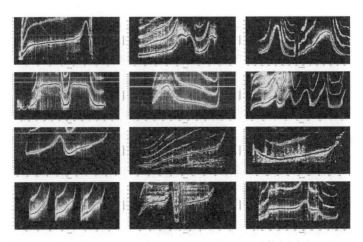

돌고래가 내는 수백 가지의 다양한 휘파람 소리 중 일부 샘플. 큰돌고래 휘파람의 일부(세인트앤드루스 대학교 빈센트 야닉 제공).

없는 패턴을 발견했다. 나중에 나는 줄리에게 이 발견을 돌고래 어휘라고 할 수 있는지 물었다. 그녀는 '목록' 대신 '어휘'라는 말을 사용하면 휘파람에 의미와 구문이 있는 것처럼 생각할 수 있다며 안 된다고 말했다. 하지만 처음으로 해독된 휘파람에 의미가 있었다면 언젠가는 그렇게 부르게 될 것이라고 말했다.

그날이 하루빨리 오기를 기대한다.

~~~~~

국제생물음향학회 행사 일정 중 펫워스 하우스라는 인근의 고풍스러운 저택을 방문하는 프로그램이 있었다. 100명의 생물음향학 연구자들과 함께 유서 깊은 집안과 경내를 돌아다녔다. 나무 패널로 만든 대기실을 지나가던 과학자 둘은 서로 다른 음을 내며 홀의 지배 주파수를 찾기 위해 노래를 불렀다. 벽에 걸린 헨리 8세와 다른 튜더 왕족들은 튜더가 들어본 적도 없는 땅에서 온 사람들을 내려다보았다. 저 멀리 있는 방에서 가장 초기에 만들어진 고대 지구본 중 하나를 보았다. 1592년 에머리 몰리뉴가 만든 이 지구본은 수백 년 동안 얼마나 손가락 탐사를 했는지 영국이 거의 완전히 닳아 없어진 상태였다. 알려진 대륙과 새로 발견된 대륙을 가로지르고, 프랜시스 드레이크의 여정을 따라 캘리포니아라고 불렸던 곳의 윤곽을 수학적으로 섬세하게 새겨놓았다. 지도를 그릴 당시 유럽인들은 오스트랄라시아 대륙에 가본 적이 없었지만, 지구 표면적을 추정하기 시작했고 그곳에 무언가가 있음을 예감했다. 몰리뉴는 지도의 공백을 메우기 위해 무시무시한 고래 괴물을 그렸다.

드레이크와 모험심 많은 동료들은 이 공백에 대륙이 있고, 그 대륙에는 영국에서 인간이 살아온 시간보다 훨씬 더 오래전부터 다양하고 다채로운 문화를 가진 사람들이 살고 있다는 사실을 전혀 몰랐다. 나는 특정 돌고래 종이 내는 소리를 단편적으로 보여주는 것이 얼마나 믿을 수 없을 정도로 미숙한지, 줄리의 알고리즘이 새로 발견한 수백 개의 휘파람 소리가 얼마나 많은지, 발견을 기다리는 소통의 신대륙이 얼마나 큰 것인지를 생각했다.

이제 고래 지도의 일부가 채워졌다. 대부분의 사람들과 마찬가지로 나도 더는 고래를 산업적 도살에만 적합한 크고 바보 같은 물고기라고 생각하지 않는다. 고래도 우리와 같은 포유류였다. 고래는 복잡한 사회를 꾸리고 건강한 소통으로 서로 협력하며 오랫동안 삶을 누린다. 고래는 말하는 방식에 따라 종족과 문화가 구분된다. 나는 소리를 내고, 형성하고, 전달하고, 듣는 그들의 탁월한 능력을 이해하게 되었다. 아울러 우리와 같은 '고등' 능력이 있음을 암시하는 돌고래의 뇌를 보았으며, 돌고래가 뭍에 사는 우리의 가까운 친척인 유인원의 인지 능력을 능가하는 등 포획 실험으로 이미 몇 가지가 밝혀졌음을 알게 되었다. 돌고래는 사람과 마찬가지로 행동을 따라하고 소리를 흉내 내고, 시선을 따라가고, 놀고, 거울에 비친 자신의 모습을 알아보았다. 돌고래는 우리가 손을 잡는 것처럼 지느러미를 서로 만지며 친구들과 유대감을 형성했다. 노래하고, 배우고, 상황에 따라 변화했다. 어려움에 처한 사람을 돕는 것처럼 우리가 이타적이라고 생각하는 일뿐만 아니라 강간이나 영아살해처럼 우리가 악하다고 생각하는 일들도 했다. 새로운 것들에 흥미를 보였고, 우리에게 관심이 있었다. 고래는 복잡미묘한 짐승이었다. 생각도 없고 소통이 불가능할 거라 생각했던 우리는 이제 무엇을 알게 되었을까? 우리는 얼마나 더 배울 수 있을까?

자신의 감각, 신체, 두뇌에 갇혀 있던 우리는 이제 우리를 위해 항해하고, 듣고, 동물의 삶을 해독할 수 있는 기계의 도움을 받고 있다. 하지만 나는 다른 것을 깨달았다. 나처럼 많은 사람들이 다른 종의 소통으로 얻게 될 것에 대한 기대감에 부풀어 있었지만, 그게 최우선순위는 아니었다는 사실이다. 과학자들은 자기가 속한 기관에는 신비한 질문을 탐구하는 순수 연구를 수행할 수 있는 인력, 의지, 자금이 없다고 말했다. 연구 자금은 명백한 보존 목표나 어업 관리, 해군이 고래를 죽이지 않는 방법을 찾는 데 지원했다. 해피웨일의 테드 치즈먼은 생물학자들은 항상 "한발 늦는" 존재라고 표현했다. 많은 사람들이 어리석은 사람으로 비쳐질까 봐, 자기들의 연구 경력에 누가 되고 기타 연구 자금을 받지 못할까 봐 이 분야의 연구를 제안하고 싶지 않아 했다. 다른 과학자들은 얻을 게 별로 없다고 믿었다.

하지만 지구상의 많은 생명체에게 시간이 얼마 남지 않은 상황에서 고래에 관한 우리의 기록이 이 독특한 동물의 문화를 담은 디지털 유령 더미로 전락하지나 않을까 걱정되었다. 고래의 소통을 연구하는 것은 매우 복잡하고, 돈이 많이 들며 연구자들의 삶에 큰 부담을 주는 일이다. 우리가 새로운 것을 알게 되기까지 그 배후에서 지난한 연구를 해온 사람들에 대한 깊은 존경심과 함께 고래의 말을 배울 수 있는 기회가 과연 있을까 하는 의문이 함께 들었다.

그렇다면 어떻게 하면 더 멀리, 더 빨리 갈 수 있을까? 훨씬 더 큰 무언가가 필요할 것 같았다. 기어를 변경할 때였다.

제10장

기계의 은총

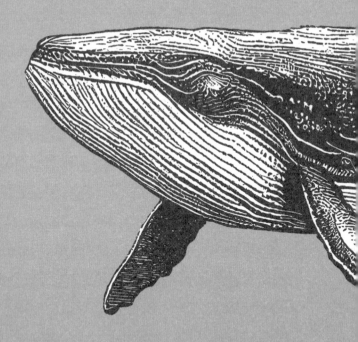

앞으로 나아간다는 것은 새로운 사고 패턴을 만들어내는 것이다.

에드워드 O. 윌슨

반 레벤후크는 연못 물 한 방울을 들여다보다가 윤형동물, 히드라, 원생동물, 박테리아 등 '극미동물'이 사는 마이크로코스모스를 발견했다. 이 미시 세계를 관찰하기 위해 찾아온 사람들 중에는 망원경 렌즈를 하늘을 향해 토성의 고리와 위성 타이탄의 모습을 발견한 천문학자 크리스티안 하위헌스도 있었다. 레벤후크가 살았던 네덜란드 제국은 오래전에 끝이 났지만, 그가 발견한 보이지 않는 세계는 더욱 매혹적이고 복잡해져만 갔다.

3세기 후인 1995년, 봅 윌리엄스는 머나먼 타국 미국 메릴랜드주 볼티모어에 있는 우주망원경 과학연구소장으로 일하고 있었다. 소장직을 맡은 봅은 허블 우주망원경 운영 시간의 10분의 1을 재량껏 쓸 수 있는 권한이 있었다. 이 강력한 망원경을 제작하고 궤도에 쏘아 올리는 데 20억 달러가 들었다. 기계가 스스로 회전하여 무언가를 관찰한 다음 데이터를 지구로 전송하는 데는 시간이 엄청나게 소요되었다. 허블을 사용하는 시간은 지구상에서 가장 값비싼 것 중 하나였다. 윌리엄스는 위험을 무릅쓰기로 했다. 망원경을 특별할 것 없는 우주의 한 부분으로 향한 것이다. 동료들은 아무것도 없는 곳에 망원경을 들이대는 것은 시간 낭비이자 돈 낭비라며 봅을 말렸다. 사람들의 비웃음을 사고, 직장을 잃을 수도 있었다. "과학적 발견에는 위험이 따릅니다." 윌리엄스가 말했다. "저는 당시 '그렇게 문제가 된다면 내가 사직하겠다. 내가 책임지겠다'고 말했습니다."

대기권 위 궤도를 돌던 망원경은 거대한 거울을 봅이 선택한 우주의 보잘것없는 영역으로 향했다. 망원경은 스캔을 시작하여 가장 희미한 광원을 수집하고 100시간 동안 342장의 사진을 촬영하여 천천히 지구로 전송했다. 그렇게 오랜 시간이 걸려 완성된 하나의 이미지를 이제 허블 딥 필드라고 부른다. 알고 보니 그 영역은 비어 있지 않았다. 3,000개의 은하로 가득 차 있었다. 그중에는 120억 년이 넘은 오래된 은하도 있었고, 이전에 본 적 없는 낯선 은하도 있었다. 타원형 은하, 나선형 은하, "나선팔, 흐릿한 광륜(光輪), 밝은 중앙 돌출부"를 가진 은하 등 "우주의 동물원"과 같았다. 이 발견은 우주의 추정 은하 수를 5배나 증가시켰고, 우주에 특별할 것 없는 공간이 존재한다는 생각을 쏙 들어가게 만들었다.

봅은 그곳에 무언가가 있다는 것은 알지 못했지만 꼭 봐야 한다고 생각했다. 관측할 수 있는 도구가 있었고, 새로운 곳을 향하기로 결심

은하로 가득 찬 허블 딥 필드

한 것이다. 반 레벤후크의 '극미동물'처럼, 뵙이 발견한 은하들은 항상 존재했지만 바로 그 순간까지 우리에게 존재하지 않았던 것이다.

나는 이 이야기를 좋아한다. 우리가 가장 값비싸고 소중한 도구로 아직 탐사하지 않았고 거들떠보지 않던 생명 세계를 바라본다면 동물 행동에서 어떤 은하계를 발견할 수 있을까? 때로는 다른 사람들의 말에 신경 쓰지 않고 '에라 모르겠다, 한번 해보지 뭐'라고 생각하는 배짱과 의지를 가진 사람이 필요하다.

～～～～

이 여정을 시작한 지 3년이 지난 어느 날, 생물학에 처음 입문한 대담하고 범상치 않은 두 남자를 만났다. 둘 다 30대에 불과했다. 짙은 수염을 기른 아자 라스킨은 표정에서 경이와 우려가 교차했고, 갈색 곱슬머리의 브릿 셸비텔은 실리콘밸리 거대 기업의 창립자였는데, 행색은 유기농 농장의 친절한 자원봉사자에 더 가까웠다. 아자의 아버지인 제프는 애플 매킨토시를 개발한 두뇌 중 한 명이었다. 아자는 오픈소스 웹 브라우저인 파이어폭스의 설계자 중 한 명으로, 특히 뉴스와 소셜 미디어 피드를 끝없이 탐색할 수 있는 무한 스크롤 기능을 추가해 인간-컴퓨터 인터페이스에 대한 가문의 열정을 이어갔다. 브릿은 트위터 창립 멤버로 컴퓨터과학자이자 엔지니어였다.

두 사람은 각자의 커리어에서 상당한 성공을 거두었지만, 자신들이 속해 있던 '주목 추출 경제(attention extraction economy)'가 사회에 끼치는 해악에 점점 더 신물을 느꼈다. 아자는 돌파구를 찾기 위해 "삶의 에너지 상당 부분"을 쏟아부으면서, 인도적 기술센터라는 비영리단체를 공동 설립하고, 정부와 협력하여 정책 개혁을 위해 노력하고, 에미상 수상작인 다큐멘터리 〈사회적 딜레마〉를 통해 이 문제에 대한 관심을 불러일으켰다고 말했다. 그도 알고 있듯이 이들 노력의 대부분은 피해를 막는 데 있었다.

기술자이자 자연을 사랑하는 사람들인 브릿과 아자는 인공지능을 선한 쪽으로 사용할 수 있는 방법을 고민했다. 동물의 소통을 연구하는 데 머신러닝을 활용하면 어떨까 하는 생각이었다. 동물 소통을 해독할 수 있다면 우리가 빠르게 멸종시키고 있는 동물들과 더 가까워질 수 있을까? 파괴와 혁신을 중시하고 실패하더라도 다시 시작해 더 큰 목표를 세우는 문화에서 놀던 젊은이들이답게 이들은 이 문제를 풀기 위해 생물학과 학생이 되는 대신 비영리 스타트업을 설립해 연구를 시작했다.

이들은 동물 소통의 첨단에 있는 과학자와 언어학자 그리고 최신 패턴 인식 기술을 연구하는 엔지니어를 인터뷰하며 연구에 몰두했다. 또한 야생 코끼리들이 어떻게 상호작용하는지 알아보기 위해 중앙아프리카 밀림으로 여행을 떠났고, 그 과정에서 현장 생물학자들이 직면한 어려움을 직접 경험했다. 내가 그들을 처음 만난 것도 그때였다. 나는 이들의 구상이 마음에 들었지만, 몇 달 후 계획이 있다며 나에게 연락을 하기 전까지만 하더라도, 컴퓨터 앞에 앉아 몇 년을 보낸 다음 자기들만의 흥미진진한 모험을 찾아 떠나는 것은 아닌지 의구심을 가졌다.

~~~~~

고래 관찰의 세계적인 메카인 몬터레이만은 정보화 시대의 진원지인 샌프란시스코와 실리콘밸리에서 차로 가까운 거리에 있다. 운명적인 첫 만남이 있은 지 3년 후인 2018년 여름이었다. 나는 브릿과 아자가 일하는 곳 도로 아래쪽에서 일하고 있었다. 둘은 나와 스태프들이 촬영을 위해 머물고 있던 우리 집으로 차를 몰고 왔다. 스케이트보드와 롤러코스터를 좋아하고 몬터레이만 아쿠아리움 연구소에서 일하는 온화한 말투의 50대 과학자 존 라이언 박사도 초대했다. 존은 이미 고래 소리를 탐구하는 데 인공지능을 활용하고 있었다.

몬터레이만은 먹이 섭이장으로는 추운 곳이다. 혹등고래의 노래는 대부분 멀리 떨어진 열대 번식지에서 들리는 것으로 생각했다. 하지만 존은 사무실과 심해 청음기지를 연결하고 녹음된 소리를 낱낱이 조사했다. 수백 시간이 걸렸다. 놀랍게도 존은 수백 마리 고래들이 부르는 노래를 확인했다.

이후 존과 동료들은 알고리즘을 사용해 6년 동안 녹음한 내용을 빠르게 정리했고, 대왕고래와 긴수염고래를 청음기기에 추가했다. 이들은 몬터레이에서 혹등고래가 1년 중 9개월 동안 노래한다는 것을 발견했다. 또한 때로 차가운 바닷물이 하루 20시간 이상 고래의 노래로 울려 퍼진다는 사실을 알게 되었다. 존의 녹음에는 '유력 용의자'가 몬터레이에 머물렀던 시간도 포함되어 있었다. 그는 테이프 어딘가에 우리 고래의 소리가 담겨 있을 거라고 장담했다.

구명조끼, 카메라 자이로스코프, 충전 중인 배터리, 윙윙거리는 하드 드라이브가 쌓여 있는 책상에 앉아 파히타를 먹으며 아자와 브릿이 구상한 계획에 대해 이야기하는 것을 귀담아 들었다. 이들은 구글 번역의 기반이 되는 기술의 놀라운 연산능력을 동물의 소통을 해독하는 데 적용하려고 했다.

이것이 도대체 어떤 의미인지 말하기 위해 브릿과 아자는 인공지능이 어떻게 번역에 혁명을 일으켰는지부터 설명하기 시작했다. 사람들은 수십 년 동안 컴퓨터를 사용해 언어를 번역하고 분석했다. 이 분야를 자연어 처리라고 한다. 하지만 최근까지만 해도 인간의 언어를 다른 언어로 변환하는 방법을 기계에 힘들게 가르쳐야 했다. 어떤 언어로 텍스트가 주어졌을 때 컴퓨터 프로그램에는 의사결정 트리(decision tree)가 주어지는데, 모든 상황에서 무엇을 해야 하는지 지시해야 했다. 또한 이중 언어 사전이 필요하고 문법 규칙 등을 알려주어야 한다. 이러한 프로그램을 작성하는 데는 시간이 많이 걸리고 결과물도 신통치 않았다. 컴퓨터가 맞춤법 오류를 극복하지 못하는 등 프로그래머가 예상하지 못한 상황이 발생해 프로그램이 중단되기도 했다.

하지만 두 가지 발전이 있었다. 첫 번째는 인공신경망 같은 새로운 인공지능 도구가 꽃을 피운 것이다. 줄리가 돌고래의 시그니처 휘파람을 발견하는 데 사용한 것과 같은 인간 뇌 구조 기반의 컴퓨터 프로그램이다.

두 번째는 인터넷이 위키피디아, 영화 자막, 유럽연합과 유엔의 회의록, 여러 언어로 세심하게 번역된 수백만 개의 문서 등 방대한 양의 번역 텍스트 데이터를 무료로 이용할 수 있게 되었다는 점이다.

이들 텍스트는 심층신경망(deep neural networks)에 이상적인 먹이였다. 엔지니어는 알고리즘에 번역의 양쪽 절반을 모두 집어넣고 심층신경망에 번역을 요청할 수 있지만, '기존 언어 규칙을 사용하지 않아도 된다.' 대신 심층신경망이 직접 규칙을 만들 수 있다. 한 언어에서 다른 언어로 올바르게 번역하면서 다양한 방법을 시도할 수 있으며, 확률적 도박을 하듯 몇 번이고 시도할 수도 있다. 이를 통해 정확한 번역을 위한 패턴을 학습할 수 있다. 심층신경망은 효과가 있으면 이를 기억하고 다른 상황에서도 효과가 있는지 테스트했다. 박진모의 컴퓨터 비전 알고리즘이 해피웨일에서 고래 꼬리를 매칭하는 방법을 학습한 것과 거의 동일한 방식으로 기계가 학습하고 있었다. 박진모는 고래가 무엇인지, 인간이 고래 꼬리지느러미를 다른 고래 지느러미와 어떻게 일치시키는지 프로그램을 학습할 필요가 없었다.

알고리즘이 패턴을 일치시키는 방법을 찾을 때까지 반복해서 실행할 수 있도록 이미 분류한 많은 예시와 분류하지 않은 충분한 데이터만 있으면 되었다. 심층신경망을 사용한 최초의 언어 번역 기계는 꽤 괜찮은 수준이었지만, 여전히 인간의 능력에는 미치지 못했다. 가장 중요한 것은 여전히 사람의 손길이 필요하다는 점이었다. 기계가 작동하려면 번역 예제를 넣어야 했던 것이다. 그러던 중 아주 뜻밖의 발전이 일어났다. 2013년 구글의 컴퓨터 과학자인 토머스 미콜로프와 동료들은 다양한 종류의 신경망에 많은 텍스트를 입력하면 언어 내 단어 간의 관계에서 패턴을 찾을 수 있음을 보여주었다. 유사하거나 연관성이 높은 단어는 서로 가깝게 배치하고, 유사하지 않거나 연관성이 낮은 단어는 멀리 배치했다. 아자는 언어학자 J. R. 퍼스의 말을 인용해 이렇게 말했다. "옆에 함께 있는 단어를 보면 그 단어를 알 수 있다!"

아자의 말은 이렇다. '얼음'은 '추위' 옆에 자주 나오지만 '의자' 옆

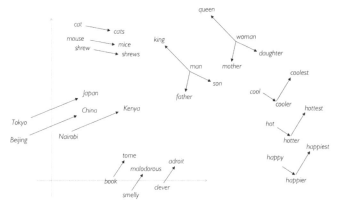

영어에서 단어 관계의 예

에 '얼음'이 나오는 경우는 거의 없다. 이는 컴퓨터에게 '얼음'과 '추위'가 '얼음'과 '의자'와는 다른 방식으로 의미상 관련이 있음을 보여준다. 신경망은 이러한 연관 패턴을 찾기 위해 글로 쓰인 언어를 사용하여 각 단어를 한 언어의 모든 단어 관계 지도에 포함시킬 수 있다. 나는 이것을 각각의 별이 단어이고 언어라는 은하계 내의 별자리는 단어가 서로 어떻게 사용되는지를 나타내는 일종의 별자리 지도로 상상했다. 단어의 수와 무수한 기하학적 관계로 인해 이 '은하계'를 시각화한다는 것은 사실 불가능하다. 하지만 브릿과 아자는 영어에서 가장 많이 사용되는 상위 1만 개의 단어를 다음과 같이 3D 그림으로 압축했다.

미콜로프와 동료들이 다음으로 발견한 것은 놀랍게도 언어에 대수학을 적용할 수 있다는 것이었다! 브릿과 아자가 이를 분석했다. '왕'

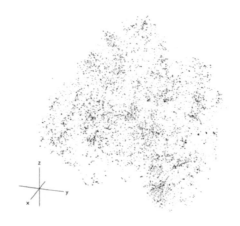

각 점은 가장 많이 쓰는 영어 단어 1만 개이고, 이 단어를 관계의
은하계로 배열했다.

에서 '남자'를 빼고 은하계에서 가장 가까운 단어인 '여자'를 더하라고
프로그램에 명령하면 대답으로 '여왕'이 나왔다. 왕이나 여왕이 무엇
인지 배운 적이 없었지만, 여성 왕이 여왕이라는 것을 '알고' 있었다.
언어의 의미를 몰라도 그 언어의 지도를 만들어 수학적으로 탐구할
수 있었던 것이다.

정말 놀라웠다. 나는 항상 단어와 언어를 감정적이고 모호하며 변
화무쌍한 것으로 생각했다. 하지만 여기에는 우리가 무의식적으로 머
릿속에 담고 있는 단어들 사이의 관계 패턴, 즉 책, 대화, 영화, 그리고
우리 뇌가 무의식적으로 저장해 둔 기타 정보 등 우리 삶의 빅 데이터
에서 우리 자신의 신경망이 뽑아낸 수확물을 기계가 수십억 개의 사
례를 주어 자동으로 조합한 영어가 투영되어 있었다.

언어 '안에서의' 관계를 찾는 데 유용한 이 발견은 번역과 어떤 관련이 있을까? 바로 이 점이 정말 훌륭한 부분이다. 2017년, 브릿과 아자는 이 기술이 동물의 소통을 이해하는 데 유용하겠다는 확신을 갖게 된 획기적인 깨달음을 얻었다. 바스크대학교의 미켈 아르테체라는 젊은 연구원이 인공지능에게 다른 두 언어의 단어 은하계를 서로 겹쳐서 돌릴 수 있다는 사실을 발견한 것이다. 결국 터무니없이 복잡한 테트리스 게임을 하는 것처럼 단어 은하계의 모양이 일치했고, 단어의 별자리가 정렬되었다. 그렇게 영어 단어 은하계에서 '왕'이 있는 곳과 같은 위치의 독일어 단어 은하계를 보면 왕을 뜻하는 '쾨니히'(koenig)를 찾을 수 있었다.

이 기능이 작동하기 위해 번역 예시나 두 언어에 대한 다른 지식이 필요하지 않았다. 사전이나 사람의 입력 없이도 자동 번역이 가능했기 때문이다. 브릿과 아자는 이렇게 말했다. "전혀 모르는 두 개의 언어가 주어졌을 때, 두 언어를 충분히 분석하기만 하면 두 언어를 번역하는 방법을 알아낼 수 있다고 상상해 보세요." 이것은 자연어 처리의 혁명이었다.

그뿐만 아니라 다른 새로운 도구도 등장했다. 오디오에서 작동하는 비지도 학습 기법은 '생생한 인간의 대화'를 녹음한 것에서 어떤 소리가 의미를 가진 단위, 즉 단어인지를 자동으로 식별했다. 다른 도구들은 단어 단위를 살펴보고 그 관계로부터 구문과 문장이 어떻게 구성되는지, 즉 구문을 유추할 수 있었다. 이러한 도구는 우리 뇌의 회로에서 영감을 받아 언어의 패턴을 찾아 연결한 컴퓨터 프로그램으로, 오늘날 구글 번역과 같은 최신 번역 기계가 작동하는 방식이다. 이들 번역 기계는 놀라울 정도로 잘 작동하여 영어에서 만다린어 또는 우르두어로 문장을 빠르고 정확하게 번역할 수 있다. 그렇다면 다른 동물의 소통에서는 어떻게 패턴을 발견할 수 있을까?

수십 년 동안 인간은 동물의 소통 시스템을 해독할 수 있는 일종의 열쇠, 다시 말해 미지의 세계로 들어가는 로제타석을 찾기 위해 노력했다. 가장 작은 단위, 가장 단순하거나 가장 분명한 발성, 즉 경고음이나 시그니처 휘파람과 같은 발성을 통해 동물에게 의미 있는 신호를 파악하려고 했지만, 동물이 내는 다른 소리는 어떤 의미인지, 또는 의미가 있는지 전혀 알 수 없었다.

하지만 새로운 컴퓨터 도구인 '비지도 기계 번역'은 번역하려는 인간의 언어가 무엇을 의미하는지 전혀 알려주지 않았음에도 불구하고 성공적으로 번역을 수행했다. 브렛과 아자가 나에게 '이런 젠장'이라고 말할 때, 그들은 나의 표정을 해석하는 데 자동 번역 기계가 필요하지 않다. 그렇다면 이 기술이 동물에게도 통할까? 내가 질문을 던졌다.

"어떤 종이 내는 모든 발성을 은하계로 지도화하고 그 패턴을 다른 종의 패턴과 비교하는 방식으로 동물의 '언어'를 연구할 수 있을까요?"

답이 돌아왔다. "그럼요." 그게 바로 이들의 계획이었다.

머릿속이 하얘졌다. 내가 제대로 이해했다면, 이 기술은 이전에는 불가능했던 동물의 소통 시스템을 지도화할 수 있을 것이다. 서로 비교하면서 심도 있는 탐구를 시작할 수 있을 것이다. 시간이 흐르면서 이러한 소통의 은하계가 변화하고 진화하는 것을 지켜볼 수 있을 것이다. 우리는 유사성이 높은 소통 시스템에서 유사성이 낮은 소통 시스템으로 조금씩 나아갈 수 있다. 고기를 잡아먹는 범고래, 해양 포유류를 잡아먹는 범고래, 파일럿고래, 큰돌고래, 대왕고래, 코끼리, 아프리카회색앵무, 긴팔원숭이, 인간 등 다양한 과(科)를 비교하는 것부터 시작한다. 만약, 정말 만약 자동 언어분석 도구가 다른 종의 소통 시스템에서 패턴을 찾아내는 데 성공한다면, '모든' 동물의 소통을 이해할 수 있는 배경을 그리는 데 도움이 될 것이다. 이를 통해 소통이라는 우주의 다양성과 은하계의 수, 그리고 그 안에서 인간이 어떤 위치에 있는지 파악할 수 있을 것이다.

물론 고래, 돌고래 및 기타 비인간 동물의 발성은 의미나 깊은 구조 또는 구문이 없는 감정적 소음일 수도 있다. 이런 경우 알고리즘에 많은 소통을 입력하는 것은 얼굴 인식 앱에 피자를 스캔하는 것과 같을 것이다. 하지만 내가 공부한 바로는 그럴 가능성은 거의 없었다.

설사 고래가 자연어와 같은 것을 가지고 있다고 해도, 다른 이유로 인해 실패할 수도 있다. 인간의 자연어를 기계가 잘 번역하는 이유를 설명하는 한 가지 이론은 모든 언어가 근본적으로 동일한 정보를 포착하고 있다는 것이다. 몽골에 사는 사람이나 우간다에 사는 사람이

나 비슷한 물리학을 따르는 비슷한 사물과 행위자, 비슷한 관계로 가득 찬 비슷한 세계를 인식한다는 점에서 비슷한 삶을 살고 있다. 따라서 멀리 떨어진 인간 세계라도 똑같은 일이 벌어지기 때문에 언어 또한 비슷한 관계 구조를 가지며, 그리하여 스와힐리어를 몽골어로 번역할 수 있는 것이다.

고래와 돌고래는 우리와 매우 다른 세계를 경험하며, '만약' 이들 고래가 언어로 포착한 세계 모델이 있다고 한다면, 이 모델 역시 우리와 다를 가능성이 매우 크다. 혹등고래가 말하는 단위와 영어가 말하는 단위 사이의 관계 패턴이 유사하지 않을 수도 있다. 하지만 관계 패턴을 아는 것은 여전히 유효하다. 인간 언어와 전혀 닮지 않은 비인간 소통 시스템에서 풍부하고 복잡한 구조와 관계를 발견하는 것은 그 자체로 놀라운 사건이며, 우리가 탐구할 수 있는 평행우주의 동물 세계관을 암시하는 것이다.

브릿과 아자에게 현대의 머신러닝은 언어 내부와 언어 간의 패턴을 식별하는 '근본적으로 새로운 도구'이다. 아자의 말을 빌리면 "인간의 안경을 벗을 수 있게 해주는 도구"이다. 밥 윌리엄스와 허블 망원경이 떠올랐다. 분명 이것도 시도해 볼 만한 가치가 있었다.

저녁식사를 하면서 브릿과 아자가 계획을 설명하는 동안 존 라이언은 주의 깊게 경청했다. 브릿과 아자는 지금 필요한 것은 알고리즘에 입력할 데이터라고 말했다. 존은 수천 시간 분량의 혹등고래 발성이 담긴 하드드라이브를 가져왔다. 그렇게 보잘것없어 보였던 상자가 바다 속 깊은 곳에 있는 또 다른 상자에 의해 수년간의 기록을 담은 결실로 바뀌었다. 그 상자 안의 수수께끼에서 어떤 패턴을 찾기 위해 고래 목소리로 가득 찬 상자를 지능으로 가득 찬 상자에 꽂았다.

브릿과 아자는 자기들이 만든 비영리단체를 지구종프로젝트(Earth Species Project)라고 불렀다. 그 후 몇 년 동안 그들과 계속 연락을 주고받았다. 산불이 집 주변을 휩쓸고 지나갈 때도, 코로나19 팬데믹으로 머리카락과 수염이 무성해졌을 때도 온라인을 통해 연락을 주고받았다. 이들은 수십 개의 파트너십을 맺었다. 알래스카에서는 혹등고래 연구자 미셸 푸르네와, 캐나다에서는 흰고래의 어미와 새끼의 소통을 연구하는 발레리아 베르가라와 함께했다. 다이애나 라이스와 라엘라 세이는 수천 시간 분량의 돌고래 녹음을 제공했다. 고래만 있는 것은 아니었다. 코끼리 과학자, 과일박쥐, 거대 수달, 금화조, 마카크 등의 데이터베이스도 있었다. 코넬대학교는 옥스퍼드대학교와 마찬가지로 방대한 동물 음향학 컬렉션의 일부를 공유하기 시작했다. 이들은 SETI(외계 지적 생명체 탐색 프로젝트)와 협력하여 바다와 우주에서 언어를 탐사하는 데 있어 겹치는 부분을 찾고 있었다.

　브릿과 아자는 컴퓨터가 의미를 가진 인간의 휘파람 소리를 번역하도록 학습할 수 있다면 돌고래의 휘파람 소리도 분석할 수 있을 것이라는 이론을 세웠다. 그리고 다양한 종의 연구자들 간에 파트너십을 구축함으로써 한 종에서 배운 것을 다른 종에 적용할 수 있는 도구로 바꿀 수 있다고 생각했다. 컴퓨터 프로그래밍에서는 프로그램과 코드를 공유하고, 데이터 세트뿐만 아니라 프로그램을 다른 사람이 보고, 배우고, 개선할 수 있도록 제공하는 오랜 역사가 있다. 이를 '오픈소스'라고 한다. 이와 관련해 아자는 오픈소스 세계의 격언을 말했다. "당신이 어디에서 일하든, 가장 똑똑한 사람들은 대부분 다른 곳에서 일한다." 오픈소스 운동이 전통적인 학계에도 일부 진출했지만, 많은 생물학자와 기관은 여전히 어렵게 얻은 데이터를 공유하거나 도구와 발명품을 공개하는 것을 꺼리고, 학술지에서는 여전히 출판물에 접근하는 데 막대한 비용을 청구한다.

　아자와 브릿에게 이런 문제는 발견을 가로막는 걸림돌이었다. 이들이 컴퓨터과학 분야에서 수월하게 할 수 있는 것을 기반으로 생물학 기업을 만든 이유이다. 아자와 브릿은 기존 녹음을 정리하고 다시 분류한 후 '누구나' 탐색할 수 있는 동물 소통 오픈 액세스 저장소인 지구종프로젝트 라이브러리에 온라인으로 올렸다. 그렇게 바다에서 멀리 떨어진 곳에 사는 사람들, 컴퓨터 게임이나 소비자 추적 소프트웨어 제작에 더 익숙한 사람들, 고래를 볼 수 있을 거라고는 꿈에도 생각하지 못했던 사람들도 고래와 대화하기 위한 경쟁에 참여할 수 있게 되었다.

2021년 말, 흥분을 가라앉히지 못한 아자와 브릿이 연락을 해왔다. 보물 같은 녹음 자료를 살펴보다 잭 피어리가 돌고래 떼를 녹음할 때 겪었던 것과 같은 문제, 즉 '칵테일파티 문제'에 맞닥뜨린 것이다. 대화를 해독하려 할 때, 혹은 대화하고 있는 한 사람의 말을 해독하려고 할 때 많은 사람이 한꺼번에 말을 하면 불가능하다. 이 문제는 소리가 사방으로 튀는 바다에서는 더욱 어렵다. 그뿐만 아니라 고래는 발성을 할 때 사람처럼 입을 벌리지도 않고, 밖으로 어떤 신호도 나타내지 않는다. 어떤 돌고래가 무슨 말을 했는지 알아내는 것은 복화술 대회에서 누가 내 이름을 불렀는지 알아내는 것과 비슷하다. 과학자들이 녹음에서 어떤 동물이 말하는지 식별할 수 없을 때는 종종 이를 사용할 수 없었고, 가장 흥미로운 동물의 '대화 데이터'가 낭비되는 경우가 많았다. 지구종프로젝트의 말을 빌리자면 이렇다. "대화를 분리할 수 없다면 언어를 해독할 수 없다."

지구종프로젝트는 이제 여섯 명의 풀타임 인공지능 전문가와 수백만 달러의 예산을 확보했다. 이들은 과일박쥐, 큰돌고래, 원숭이의 소리를 듣고 겹치는 부분에서 패턴을 찾는 프로그램을 만들었다. 이 도구는 "완전히 새로운 사회적 소통 데이터의 세계"를 여는 첫 번째 단계이자 발성하는 모든 동물에 적용할 수 있는 칵테일파티 감쇠기로, 소리의 바다 속에서 개별 동물의 목소리를 찾아낼 수 있었다. 이 코드는 연구 결과가 발표되기 전에 오픈소스 저장소에 공개되었다.

브릿은 머신러닝을 통해 개발된 컴퓨터 도구의 확산을 약 5억 4천만 년 전 복잡한 형태의 다양한 생명체가 갑자기 출현한 캄브리아기 폭발과 비교했다. 진화생물학의 틀로 컴퓨터 프로그램을 생각하면 놀랍다. 하지만 지구 생명체의 역사를 더욱 복잡한 생명 시스템의 구축 과정 그리고 정보를 교환하는 존재의 다양화에 관한 이야기라고 본다면, 어쩌면 적절한 비교일지도 모른다.

발성을 분석하고 패턴을 찾아내는 도구의 확산에도 불구하고 고래의 말을 배우는 것은 여전히 엄청난 문제에 직면해 있었다. 고래의 발성이 무엇을 의미하는지 이해하기 위해서는 발성이 고래와 돌고래의 행동과 어떤 관련이 있는지 확인해야 한다. 하지만 고래의 야생 생활은 여전히 많은 부분이 미스터리로 남아 있다.

〜〜〜

바다에는 숨을 수 있는 오솔길이나 나무, 물웅덩이가 없다. 고래를 연구하려면 직접 가서 찾아야 한다. 고래는 숨을 쉬기 위해 수면 위로 올라오기 전까지는 잘 보이지 않기 때문에 항해가 가능한 배를 타고 수백 미터 이내로 접근해야 한다. 또한 하루에 150킬로미터 이상을 이동할 정도로 이동이 잦다. 깊고 어둡고 변덕스러운 바다도 문제다. 항구, 배, 선장도 제한되어 있다. 소금과 햇빛은 민감한 도구를 망가뜨린다. 바다 표면의 눈부심 때문에 고래를 보기가 어렵고, 때로는 물속에 있어도 보기가 어렵다. 사람들은 뱃멀미를 하고 잠도 부족하다. 날씨가 나빠지면 생물학자들은 육지로 돌아오고, 밤에는 연구선들 대다수가 작업을 하지 않는다. 일부 종의 경우, 우리는 여전히 일부 표본과 죽은 표본을 통해서만 알 수 있다. 말하자면 고래는 기록하기 가장 어려운 동물 중 하나이다. 하지만 최근에는 다른 접근 방식이 가능해졌다. 생물학자들은 배 위에서 고래의 몸에 인식표를 붙여 직접 기록을 하고 있다.

2018년 여름, 브릿과 아자를 처음 만난 지 한 달쯤 지나서 나는 고래 생물학자 아리 프리드랜더 교수와 함께 캘리포니아 해안에서 몇 달 동안 진행되는 대규모 연구 프로젝트에 참여했다. 내가 만난 몇몇 젊은 과학자들은 아리 교수를 '록스타'라고 불렀다(이렇게 부르는 것에 아리 교수 자신은 뜨악한 듯했다). 항상 샌들을 신고 수염을 기르고 긴 머리카락을 휘날리는 아리 프리드랜더 교수는 해양 포유류 과학계에서 영화 〈위대한 레보스키〉의 주인공 '듀드'에 가장 가까운 인물로 평가받는다. 아리는 고래 인식표의 선구자 중 한 명이었다.

고래 인식표는 카메라, 마이크, 가속도계, 온도계와 같은 소형 센서—대부분 여러분 주머니 속 휴대폰에 포함된 기능이다—가 들어 있는 작은 상자로, 단순하고 견고한 방수 케이스 안에 담겨 있다. 고래는 사람보다 수백 배 빠른 속도로 끊임없이 피부를 교체하고 벗겨내기 때문에 인식표에는 흡입 컵이 부착되어 있다. 아리가 하는 일이 이런

남극 반도에서 활동 중인 아리 프리드랜더가 혹등고래에 맞춤형 동물 추적 솔루션(CATS) 인식표를 부착하고 있다(이 연구는 NMFS, ACA, IACUC의 허가를 받아 수행되었다).

일이었다. 아리는 자신이 일하는 모습을 보여주기 위해 나를 초대했다.

다시 한 번 3년 전 샬럿과 함께 고래를 찾아 노를 저어 나섰던 모스 랜딩에서 새벽을 맞이했다. 모선(母船) 역할을 하는 세 척의 대형 보트가 쌍안경으로 수평선을 탐색하는 대학원생들을 가득 채운 채 고래를 찾는 동안 아리와 인식표 팀은 더 작고 민첩한 고속단정 세 척을 타고 돌아다녔다. 용골이 없는 이 탱탱하고 낮은 배는 고래와 부딪히지 않고 기동할 수 있게 해주었다. 먹이 섭이장에서 대왕고래 한 마리를 발견하자 무전기가 울렸고 아리 프리드랜더의 고속단정이 고래를 향해 다가갔다.

세 개의 드론 팀이 다양한 기종의 드론을 날려 아리의 보트를 안내했다. 아리를 안내하는 드론 팀을 어깨 너머로 보던 나는 지금까지 살았던 동물 중에서 가장 큰 동물인 대왕고래의 경외감을 불러일으키는 크기를 짐작할 수 있었다. 마치 보트를 탄 릴리푸티안들이 순항 중인 걸리버 호에 가까이 다가가는 모습을 보는 듯했다.

현대 기술의 많은 부분이 그러하듯 드론은 군대에서 먼저 사용되기 시작했고, 얼마 지나지 않아 전 세계 어린이들의 크리스마스 양말 속 선물로 등장했는데, 우리에게 깜짝 놀랄 만한 시각적 전망을 선사하는 동시에 사생활 침해 문제도 일으켰다. 하지만 고래 생물학자들에게 드론은 엄지손가락을 튕기면 수 킬로미터를 날아다니는 게임체인저임이 입증되었다. 드론은 물속 깊은 곳까지 볼 수 있고, 배에서 보면 보이지 않는 고래를 발견할 수도 있었다. 고래 떼의 사회적 상호작용을 고공에서 기록하거나 수면 바로 위에 떠서 고래가 숨을 내쉴 때 나오는 콧물을 채취할 수도 있었다. 헬리콥터와 달리 비용이 거의 들지 않고 고래를 방해하지 않으며, 추락해도 사람이 사망할 가능성이 없었다.

아리 위에 뜬 드론은 수면 바로 아래에서 헤엄치고 있는 고래를 촬영하여 몸의 형태, 지방층, 눈에 띄는 흉터, 기타 식별 특징 등을 측정한 후 고래가 숨을 쉬려고 할 때 팀에 무전을 보냈다. 아리는 보트 맨 앞 철제 받침대가 세워진 곳에 있었다. 고래가 숨을 내쉬기 위해 수면 위로 떠오르자 고속단정은 고래를 따라 움직였다. 아리는 다리를 철제 받침대에 고정하고, 양손으로는 끝에 인식표가 달린 5.5미터 길이의 탄소 섬유 막대를 잡고 있었다. 고래의 회색빛 등이 물 위로 미끄러지고 콧구멍에서 공기가 뿜어져 나오자 아리가 몸을 숙이더니 절묘한 타이밍으로 막대를 들이밀어 지나가는 고래에 작은 인식표를 붙였다.

멜빌의 작살잡이 퀴퀘그가 뿌듯해할 만큼 교묘하고 능숙했다.

인식표는 고래에 붙어 다니면서 모든 것을 기록했다. 인식표를 부착하는 동안 배의 조타수는 고래의 반응을 살피면서 속이 빈 특수 볼트가 달린 석궁을 발사하여 고래의 피부와 고래지방층인 블러버(blubber)의 관을 떼어 냈다. 고래는 크게 신경 쓰지 않는 것 같았다. 일단 회수된 고래의 피부에서 DNA 샘플을 채취하면 과학자들은 고래가 누구인지, 어디에서 왔으며, 무엇을 먹었는지, 누구와 친척인지, 건강 상태와 성별 등 고래의 비밀을 알 수 있다.

작은 보트를 타고 한 사람은 인식표를 붙이고 다른 한 사람은 석궁으로 고래의 등에 화살을 쏘는 모습이 초기 포경업자들의 모습과 너무도 흡사해서 아리가 100년 전에 태어났다면 포경업자가 되었을지

몬터레이만의 혹등고래에 부착된 CATS 동작 감지 및 비디오 인식표. 놀라울 정도로 너덜너덜한 피부 위로 캘리포니아 바다사자가 헤엄쳐 지나가고 있다.(NMFS 및 IACUC 허가를 받아 수행한 연구)

도 모른다는 생각이 들었다. 분명 아리는 고래를 사랑했지만, 그 당시 거대한 바다짐승 옆에서 그런 모험을 하는 데는 변명의 여지가 없었다.

몇 시간 후, 모선에서 무선 수신기의 신호음이 울려 인식표가 떨어졌음을 알렸다. 신호음이 울리자 과학자들은 떠다니는 인식표와 그 안에 있는 데이터를 찾아 나섰다. 그날 설치된 인식표의 영상을 보니 우리가 보지 못했던 또 다른 대왕고래가 함께 헤엄치고 있었다. 그리고 세계 최초로 고래의 심장 박동을 측정했다. 소형차 크기의 심장 심전도를 측정한 결과, 분당 2번(1분에 두 번이다!)에서 37번까지 맥박이 다양했다.

그날 오후 늦게 뭍으로 돌아온 나는 아리와 함께 산타크루즈 캘리포니아대학교에 있는 그의 사무실로 갔다. 노을빛이 실험실 건물 옆을 따라 세워진 고래 뼈대에 긴 그림자를 드리우는 아름다운 저녁이었다. 아리는 '공기방울 그물(bubble net)'을 사용해 사냥하는 혹등고래의 경로를 포함하여 그가 수년간 고래의 소리를 녹음한 결과물을 보여주었다. 공기방울 그물은 2~4마리의 혹등고래가 팀을 이루어 물고기 떼를 포획하고, 주위로 공기방울을 뿜어내어 깊은 바다에서 물고기 떼를 모는 긴밀하게 조율된 행동이다. 아리의 인식표를 통해 고래가 물고기 주위를 헤엄쳐 나선형 모양으로 치솟는 놀라운 수중 곡예를 확인할 수 있었다. 공기방울 나선은 물고기를 수면에 닿는 단단한 공 모양으로 가두었고, 그 순간 고래 무리 전체가 협동하여 수천 마리의 먹이를 동시에 삼켰다.

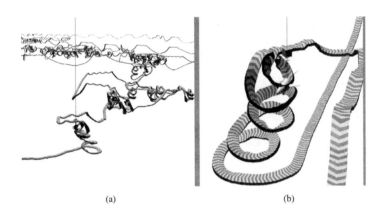

인식표가 부착된 혹등고래의 경로(a), 나선형 모양의 공기방울 그물(b) (David Wiley 외, 2019)

아리는 수십 년 동안 고래를 연구했다. 아리에게 인식표를 통해 새롭게 알게 된 사실이 무엇인지 물었다. 답이 돌아왔다. "우리는 이 동물들의 삶에 대해 전혀 알지 못합니다." 거의 모든 비디오가 그에게 새로운 것을 보여줬고, 어리둥절한 많은 사람들이 지혜를 얻었다. 아리는 남극의 바다를 미끄러지듯 헤엄치는 모습과 범고래의 재잘거리는 소리에 취해 한 번에 2~5시간 분량의 인식표 데이터를 넋을 놓고 보고 들었다. 그는 보트가 접근해 인식표를 붙일 때 막대로 때리는 소리 때문에 고래를 조금 성가시게 한 점은 인정했다. 하지만 적어도 고래를 추적하기 위해 고래의 몸에 철제 화살을 쏘아 위치를 기록하고, 인식표가 달린 고래를 죽인 포경업자에게는 포상금을 주고 고래를 발견한 장소와 함께 인식표를 반환하도록 하는 방법 외에 다른 방법을 생각할 수 없었던 초기 고래 과학자들에 비하면 양반이었다.

아리를 만나고 나서 3년 후, 나는 그가 브릿과 아자의 지구종프로젝트와 팀을 이루어 혹등고래와 밍크고래, 범고래, 참돌고래의 삶을 선상에서 기록하기 위해 패턴 찾기 도구를 적용하려 한다는 소식을 들었다. 혹등고래는 정교하고 호흡이 척척 맞는 무리 행동을 하며, 그 과정에서 사회적 소리를 낸다. 지구종프로젝트는 고래의 움직임에서 패턴을 찾는 기계를 학습시킨 다음, 이를 발성에서 패턴을 찾는 기계와 결합할 계획을 세웠다.

고래의 말을 고래가 언제, 어떻게 행동하는지와 연결하는 작업에서 고래의 말이 무엇을 의미하는지 알아낸다면 더할 나위가 없을 것이다. 다른 흥미로운 가능성도 있었다. 혹등고래는 대형 고래 중 특히 민첩하며, 서로 붙어 다니고 때로는 물속에서 서로를 만지기도 한다. 혹등고래의 소통에는 소리뿐만 아니라 몸짓과 촉각도 포함될 수 있을까? 아직은 초기 단계지만, 아리는 "정말 멋진 파트너십으로 성장하고 있다"며 "분야와 경계를 넘나들며 발견의 기회를 열어주는 파트너십"이라고 했다.

브릿과 아자는 2018년 몬터레이만에 있는 우리 집을 떠난 이후 몽상가에서 행동가 변했고, 그 과정에서 많은 사람들—특히 나를—놀라게 했다. 하지만 그 여정보다 더 가슴 벅찬 것은 그들이 혼자가 아니라는 사실을 알게 된 것이었다.

이를테면 바하마에 있는 야생돌고래프로젝트의 데니스 헤르징은 다이버가 착용할 수 있는 컴퓨터 시스템을 개발 중이다. 돌고래가 다이버 앞에서 소리를 내면 컴퓨터가 실시간으로 돌고래가 하는 '말'을, 누구에게 말하고 있는지, 그리고 돌고래가 다이버가 갖고 있는—돌고래가 휘파람으로 배워 알고 있는—물건 중 하나 달라고 하는지를 다이버에게 통역해준다. 선물 교환은 인간과 돌고래가 처음 만날 때 흔히 하는 일이며, 다이버는 요청받은 물건을 돌고래에게 선물할 수 있다.

또 다른 프로젝트는 다이애나 라이스, 음악가 피터 가브리엘, 구글 부사장이자 '인터넷의 아버지'로 불리는 빈트 서프, MIT 교수 닐 거셴펠드의 특별한 파트너십이 중심에 있다. 이들은 함께 인터스피시스 인터넷(Interspecies Internet)이라는 싱크탱크를 설립하고는 인공지능과 기계 언어를 사용해 비인간 종을 연결하고, 한 종에서 다른 종으로 '신호를 변환'하는 프로젝트를 진행하고 있다.

한편 노르웨이 스키에르보이의 차가운 바다에서는 스위스의 다학제간 연구팀이 혹등고래와 범고래의 소리를 모방하고 인간의 목소리에 대한 고래의 음성 반응을 실시간으로 분석할 수 있는 '인터랙션 디바이스(interaction device)' 견본을 테스트하고 있다. 신경정보학자 요르그 라이첸 박사는 이를 "매우 유망한 기술"이라고 말했다.

하지만 지금까지 본 프로젝트에는 공통점이 있었다. 모두 단편적인 것을 가지고 작업하고 있다는 점이었다. 고래의 소리가 몇 분 또는 몇 시간밖에 녹음되지 않은 상황에서, 또 누가 말하고 있는지, 무엇을 하고 있는지 거의 알 수 없는 상황에서 고래가 무슨 말을 하는지 알아내는 것은 등장인물의 이름이 지워진 채 누더기가 된 대본의 일부를 해독하는 것과 같았다. 이들 작업의 대부분은 기존 데이터 세트와 찰나의 만남을 최대한 활용하는 것이었다. 머신러닝에 실질적인 도움을 주기 위해서는 빅 데이터가 필요했다. '대규모 고래 데이터' 말이다. 그렇다면 이런 데이터는 어떻게 얻을 수 있을까?

들어오세요, 무대 오른쪽으로요, 우리의 오랜 친구 로저 페인 박사님.

최신 머신러닝 및 언어 처리 도구가 스캔할 수 있도록 완벽하게 최적화된 고래 소통 데이터 세트를 기록하는 임무를 처음부터 다시 설계할 수 있다면 어떨까? 이전에 포착된 어떤 것보다 몇 배나 더 큰 데이터 세트를 기록할 수 있다면 어떨까? 전체 '대화'뿐만 아니라 수백만, 수십억 개에 달하는 발성 단위로 이루어진 수십만 개의 고래 대화를 담아낼 수 있다면 어떨까? 그러면 고래와 이야기할 수 있는 기회가 생길까? 이것이 바로 CETI(Cetacean Translation Initiative)의 계획이다. 2021년 크리스마스이브, 로저 페인이 전화를 걸어 이미 작업이 시작되었다는 소식을 전했다.

CETI는 해양로봇 전문가, 고래 생물학자, 인공지능 고수, 언어학 및 암호화 전문가, 데이터 전문가 등 다학제적 최정예 과학자들로 구성된 거대한 프로젝트이다. 이들은 모두 2019년 하버드에서 열린 학자 모임에서 한자리에 모였다. 회의는 데이비드 그루버가 주재했다.

해양 생물학자이자 발명가인 그루버는 바다거북의 빛을 포착할 수 있는 카메라와 연약한 심해동물을 세심하게 다룰 수 있는 섬세한 로봇 집게를 만들었다. 그는 〈고스트버스터즈〉에 나오는 늠름한 에곤 스펜글러를 닮았다. 로저는 고래 생물학 분야의 수석 고문이었다.

임페리얼 칼리지, MIT, 루가노, 버클리, 하이파, 칼튼, 오르후스, 하버드 대학교의 학자들로 구성된 연구팀은 트위터와 구글리서치의 도움과 TED 오데이셔스 펀드(TED Audacious fund), 내셔널지오그래픽 협회, 아마존 웹 서비스(Amazon Web Services)의 연구 자금을 받아 대규

1인용 잠수정 엑소슈트를 타고 바다로 내려가는 데이비드 그루버

모로 구성되었다. 그루버는 "아이디어와 경험을 교환할 수 있을 만큼 고래와 잘 소통하는 방법을 배우는 것"이 목표라고 말했다. 그리고 이들은 곧바로 연구에 착수했다.

CETI의 대담한 계획은 그들이 가진 모든 것을 카리브해 도미니카 섬의 향유고래 개체군에 쏟아 붓는 것이었다. 이는 그루버의 표현을 빌리자면 "스몰 데이터에서 빅 데이터로" 가는 데 매진하는 것이었다. 향유고래 개체수는 수백 마리의 향유고래 개체와 발성법을 밝혀낸 고래 생물학자 셰인 게로의 연구를 통해 이미 잘 알려져 있었다. 가족사진이 든 낡은 상자를 들여다보며 의미를 찾으려고 노력해본 적이 있는 사람이라면 사진에 담긴 사람들의 관계와 연대기를 잘 아는 게 얼마나 중요한지 이해할 것이다. 수십 년 동안 세심하게 경청하고 들여다본 게로는 CETI가 기록하는—엄청나게 많은—것들에 중요한 조언을 해줄 것이다.

로저는 이런 상황을 꿈꾸며 60년 동안 일해 왔다고 말했다. 계획의 청사진을 그리는 로저의 말을 듣자 숨이 멎을 것만 같았다. CETI는 해저에 여러 개의 청음기지를 설치하고, 다른 기지는 바다 표면에서 줄에 매달아 늘어트릴 것이다. 약 1킬로미터마다 더 많은 청음장치가 장착된 부유(浮游) 기지가 1킬로미터가 넘는 깊이 아래까지 설치된다. 이 기지들은 약 20제곱킬로미터에 걸쳐 있으며, 고래가 하루 24시간 동안 생활하는 모습을 녹음하는 '핵심 고래 청음기지'를 형성한다. 수중음향기기가 장착된 드론은 활동 중인 고래 무리 위를 편대 비행하며 고래 무리를 둘러싸고, 제 위치에 도착하면 조심스럽게 모터를 끈 다음 수중음향기기를 내린다. 고래 무리가 이동하면 드론은 다시 한 번 비행하여 이 과정을 반복한다. 그리고 오디오 및 비디오 녹화 장비를 장착한 '부드러운 로봇 물고기'가 고래와 함께 유영하는데, 고래를 방해하지 않고 고래들 사이를 이동할 수 있다. 문어 촉수를 본떠 잘 들러붙는 새로운 최첨단 인식표가 사용되어 단 몇 시간이 아니라 며칠, 심지어 몇 주 동안 녹화가 가능하다. 중요한 것은 고래가 깊이 잠수할 때도 떨어지지 않고 잘 부착되어 거의 칠흑 같은 어둠 속에서도 고래의 발성과 시야를 포착할 수 있다는 점이다. 고래들은 청각적 파놉티콘 속에서 생활하게 되며, 모스 부호 비슷하게 소통하는 모든 코다(coda)와 여타 소리를 담아내 분석할 것이다.

향유고래 무리는 약 15마리로 구성되며, 각 무리는 고유의 말하기 방식을 가지고 있다. 이들 소리의 다양성을 담아내기 위해 CETI는 다양한 무리의 어미 고래, 할머니 고래, 청소년 고래, 거대 수컷 고래에 인식표를 부착할 계획이다. 날씨 센서와 기타 상황별 데이터를 파악할 수 있는 센서를 통해 발성을 행동 및 각 고래에 대해 알고 있는 정보와 연결할 것이다. 배가 고팠는지, 먹이활동을 하고 있는지, 임신 중인지, 짝짓기 중인지, 어미 고래와 말하는 것인지 아니면 경쟁자와 말하고 있는지, 폭풍이 있었는지, 먹이로 오징어가 많았는지, 포식자가 고래를 위협하고 있었는지 등을 파악하는 것이다. 연구자들은 수집한 모든 정보를 바탕으로 각 고래가 생활하면서 '사회적 연결망'을

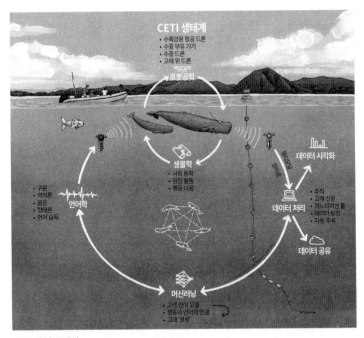

CETI의 작동 방식

형성하는 과정을 추적하여 고래의 발성과 연관된 삶의 이야기의 윤곽을 그릴 수 있다. 이 기록은 가장 크고 완전한 향유고래 데이터 세트일 뿐만 아니라 모든 비인간 종에 대해 지금까지 수집된 '가장 거대한 동물 행동 데이터 세트'가 될 것이다.

이렇게 모인 데이터는 보관할 곳이 필요하다. 19세기 자연학자들이 보존 처리된 물고기와 죽은 벌레, 새 박제, 호랑이 발자국 석고 모형 등 표본 상자를 집으로 보내 박물관의 유리 진열장에 전시하고 연구했던 것처럼, 이 생물학적 정보도 기후-통제 데이터센터에 물리적으로 보관될 것이다. 데이터는 '자동화된 머신러닝 파이프라인'을 통해 저장 및 처리되어야 하며, 대개 수작업으로 이루어지지만, 이 규모에서는 사람의 손으로 할 수 없는 주석 작업을 처리해야 한다. 이 모든 데이터는 오픈소스 커뮤니티에 공개될 예정이므로 누구나 "비인간 종과 의미 있는 대화를 시도하는 엄청난 경이로움"에 빠져들 수 있다.

그런 다음 인공지능이 본격적으로 가동될 것이다. 인공지능은 녹음에서 향유고래 발성이 있는 위치를 파악한 다음, 고래가 소통을 위해 사용하는 코다의 딸깍 패턴이 포함된 소리에서 반향정위의 끽끽소리를 분리한다. 연구진은 코다를 분석하여 다른 종족과 개체의 코다를 구분한다. 그리고 코다 내의 구조를 분석하여 소통 시스템의 구성 요소를 찾는다. 이 구성 요소를 지도화하고 분석해 음향 단위 간의 관계, 구성 규칙과 문법, 코다 전체에 걸친 상위 수준의 구문 구조를 알아낸다. 인간과 인공지능 도구는 향유고래의 소통 은하계를 혁신적으로 상세하게 도표화할 것이다.

새끼 고래가 말을 배우는 것을 들음으로써 기계와 인간은 고래의 말을 배우게 될 것이다. 연구팀은 단순히 고래가 하는 말뿐만 아니라 담화 구조가 어떻게 작동하는지, 즉 고래가 어떤 방식으로 소통하는지 연구할 것이다. 고래들이 번갈아 가며 말하는지 아니면 서로 겹쳐서 말하는지, 또 서로의 말을 따라하는지를 연구한다. 그리고 고래가 내는 소리와 당시 고래가 하고 있던 행동을 연결해 어떤 고래가 말하고 누가 반응했는지, 그리고 그 둘이 다음에 무엇을 했는지 파악한다.

이것이 끝이 아니다. 모든 머신러닝 도구는 언어학자와 다른 팀원들이 발견한 패턴을 가지고 향유고래 소통 시스템의 작동 모델을 구축하려고 시도할 때 '가설 공간을 제한'(이론의 범위를 좁히는 것)하는 데 도움이 되는 패턴을 검색할 것이다. 이 시스템을 테스트하기 위해 향유고래 '챗봇'을 구축하려 한다. 언어 모델이 정확한지 측정하기 위해 연구자들은 향유고래의 신원, 대화 기록, 행동에 대한 지식을 바탕으로 향유고래가 다음에 할 말을 정확하게 예측할 수 있는지 테스트할 것이다. 그런 다음 연구자들은 재생 실험을 통해 고래의 말을 재생했을 때 고래가 과학자들이 예상한 대로 반응하는지 확인한다.

마지막으로, 연구자들은 '양방향 소통'을 시도할 것이다. 고래와 이렇게 저렇게 대화를 시도하는 것이다.

"고래가 무슨 말을 할 거라고 예상하나요?" 데이비드에게 물어보았다. 그가 말했다. "중요한 것은 우리가 관심을 갖고 귀 기울이고 있음을 보여주는 것입니다. 다른 아름다운 생명체들에게 우리가 그들을 바라보고 있음을 알려주는 거죠."

CETI는 2026년까지 이 모든 임무를 달성하는 것을 목표로 하고 있다. 허황된 이야기처럼 들릴지 모르지만 이미 시작되었다. 이 글을 쓰는 지금, 연구팀은 각기 다른 방향을 가리키는 3개의 수중음향기기를 장착한 최신 고래 인식표를 가지고 도미니카로 가고 있었다. 핵심 고래 청음기지와 28개의 수중음향기기는 25마리의 향유고래가 서식하는 지역에서 조립되고 있다. 이제 연구팀은 고래에 인식표를 부착

MIT 과학자들이 SoFi(부드러운 로봇 물고기)를 테스트하고 있다.

할 수 있는 드론과 고래 사이를 헤엄칠 수 있는 부드러운 로봇 물고기를 테스트하는 단계로 넘어가고 있다. '모든 것이 계획대로 진행된다면 여러분이 이 책을 읽을 때쯤에는 이 모든 것이 실현될 것이다.' 모든 고래는 사랑의 은총을 베푸는 기계의 보살핌을 받게 될 것이다.

CETI 팀과 대화하는 동안 아자가 했던 말을 떠올리지 않을 수 없었다. "마치 이러한 인공지능 도구는 망원경이라는 발명품이고 새로운 데이터 세트는 밤하늘이라고 할 수 있습니다. 망원경을 위로 향하는 순간 여러분은 우리를 발견한 것이죠. 우리가 무엇을 발견하게 될지 상상해 보세요." CETI가 동물의 패턴을 찾는 허블이 아니라면 무엇일까. 이 여정에서 목격했던 모든 선구적인 기법과 기술이 무르익고, 결합하고, 확립되는 모습은 나의 혼을 쏙 빼놓았다. 수동 음향탐지(음향 센서를 사용하여 동물 및 환경의 소리를 녹음하는 것_옮긴이), 인식표, 드론, 자율주행선, 머신러닝, 자연어 처리 등 모든 것이 오픈소스로 공개되고 공유되었다. 이는 한 과학자의 표현대로 "동물 연구에서 데이터 중심의 패러다임 전환"을 가져올 진정한 학제간 협력이었다. CETI의 성공 여부와 관계없이 실리콘밸리의 기술과 자본과 야망이 이 게임에 뛰어들어 판도를 완전히 바꾸어 놓았다.

이러한 발전은 고래의 복잡한 삶을 탐구하고 기록하기 위해 지난 50년 동안 열심히 노력해온 사람들의 연구가 있었기에 가능했다. 말 못하는 존재로 여겨지던 향유고래가 지구상에서 가장 정교한 소통을 하는 고래로 인정받게 된 반세기 동안, 고래와 바다에 대한 끔찍한 파괴는 물론 고래와 바다를 보호하려는 인간의 움직임도 활발해졌다.

이제 여든일곱이 된 로저는 이 모든 것을 지켜보았다. 그는 CETI가 성공하여 우리가 다른 종과 소통하게 되면 "남은 생명에 대한 우리의 존중이 완전히, 무지막지하게, 충격적으로, 놀라울 정도로, 전혀 예상치 못한 방향으로, 처음부터 끝까지 바뀔 것"이라고 말했다. 그리고 이러한 변화가 자연과 우리 자신을 파괴하는 일로부터 우리를 구할 수 있다고 믿었다.

로저는 지난 2년여의 코로나19 팬데믹 기간 동안 뉴질랜드를 떠날 수 없었던 사랑하는 아내 리사와 떨어져 지냈다. 이 기간 동안 재앙적인 산불이 발생하고 북극의 얼음이 곳곳에서 녹아내렸으며 아마존 열대우림에 돌이킬 수 없는 피해가 발생했다. 로저가 CETI에 대해 이야기했을 때, 나는 그 힘든 시기를 견딜 수 있도록 지탱해준 것이 이

프로젝트가 아니었을까 하는 생각이 들었다.

이들 과학자와 기술자들은 우리가 생명체와의 관계를 다시 생각하게 만들 수 있는 무언가를 발견할 수 있을까? 언젠가 향유고래가 '엄마'를 부르는 끽끽 소리를 해독할 수 있을 거라고 생각하는 것은 너무 비약일까? '고통'의 소리를, '안녕'이라고 인사하는 소리를 해독할 수 있을까? 물론 해보기 전까지는 알 수 없다는 것이 정답이다. 하지만 이 일이 지구상에서 가장 중요한 임무라는 확신을 가지고, 미지의 세계를 알기 위해 강력한 도구를 들고 들어가는 사람들이 있다는 사실에 전율이 인다.

제인 구달은 지구종프로젝트의 계획을 듣고 "어렸을 때부터 동물의 말을 이해하는 것을 꿈꿔왔습니다. 이제 그 꿈이 현실이 될 수 있다니 얼마나 멋진 일인가요?"라고 말했다.

고래는 시작에 불과하다.

~~~~~

2021년 봄, 나는 친구 트리스트램과 그의 일곱 살짜리 딸 아디와 함께 정원에서 놀고 있었다. 친구는 어린 아디에게 곤충과 야생화의 이름을 가르쳐주고 있었는데, 잘 모르는 것도 있었다. 친구는 이 일로 뛰어난 자연학자였던 돌아가신 아버지를 생각하게 되었다고 말했다. "아버지는 내 어깨 너머로 무슨 일이 벌어지는 건지 말씀해주신 적이 없었는데, 아버지가 너무 그리워. 하나도 알려고 하지 않았거든."

하지만 이제 친구의 주머니 속에는 인공지능 벌레·곤충 식별기가 들어 있었다. "이 벌레의 2령(齡) 단계가 무엇인지 알려주었고, 그 덕분에 삶이 정말 좋아졌어." 나도 이제 인공지능 기반 나무 식별 앱인 픽쳐디스(PictureThis) 덕분에 동네 공원에 있는 나무의 이름을 다 알고 있다. 이제는 모르는 새소리가 들리면 휴대폰을 꺼내 새소리 앱인 멀린(Merlin)을 사용한다! 인스타그램에서 나에게 광고하는 블라섬(Blossom)이라는 앱은 식물을 식별하고 관리 방법을 알려줄 뿐만 아니라 컴퓨터 비전 모델을 사용하여 식물이 병에 걸렸는지, 물을 너무 많이 주었는지, 햇볕에 말라비틀어졌는지를 진단해준다.

또 다른 인스타그램 광고에서는 먹이를 먹으러 오는 새의 사진과 동영상을 자동으로 촬영하고 소리와 이미지로 새를 식별해 주는 새 모이통인 'my.bird.buddy'의 사진을 보여줬다. 전 세계 조류의 10퍼센트에 해당하는 1000종을 인식할 수 있다고 한다. 그런 다음 이 정보를 오픈소스 플랫폼으로 전송하여 과학자들이 이동 경로와 종 수를 추적할 수 있도록 한다. 비용은 150달러이다. 이 앱은 연구소나 대형 반려동물 회사가 개발한 것이 아니라 크라우드 펀딩 플랫폼인 킥스타터(Kickstarter)에서 몇몇 친구들이 개발한 것이다. 이 모이통은 시민 펀딩을 통해 대중 시장에 출시된 인공지능 기반의 소셜 미디어에 최적화된 조류 보호용 모이통이다.

이들 기술은 우리가 자연을 인식하고 학습하는 방식에 혁명을 일으켰다. 실제로 알렉산더 프쉐라는 "동물 인터넷은 인간과 동물의 관계를 되살릴 수 있는 잠재력을 가지고 있다"고 주장하면서, 기술을 통해 동물과 다른 생명체의 움직임, 시야, 삶, 지식 등 자연과 다시 가까워지고 있다고 생각한다. 내가 만났던 생물학자들의 투박한 도구는 다듬어지고 직관적으로 만들어져 우리 주머니 속으로 들어왔다. 그리고 이 모든 일이 엄청나게 빠르게 일어나고 있다.

해피웨일의 테드 치즈먼은 최근 자신의 시스템이 북태평양에 서식하는 혹등고래의 거의 모든 개체수를 파악했다는 소식을 이메일로 보내왔다. 테드는 "'우리가 이걸 할 수 있을까' 하는 생각을 가지고 시작

신원이 확인된 모든 혹등고래와 그 움직임이 표시된 테드의 해피웨일 지도

한 일이 이제는 바다 건너편에서도 인공지능을 활용한 협업이 이루어지고 있다"면서 "믿기지 않은 일이 벌어지고 있다"고 썼다.

언어 비슷한 능력을 가진 동물, 고래의 놀라운 몸과 마음, 감지, 기록, 분석 기술의 혁명, 많은 자금이 투입된 국제적이고 역사적으로 중요한 공동 프로젝트와 그들의 원대한 야망 등 내가 본 모든 것을 생각할 때, 이제 고래와 다른 종들이 무엇을 소통하고 있는지 연구하는 것이 필연적인 수순인 것처럼 보였다.

나는 여전히 자신이 없었다. 이상하게도 나도 모르게 확신이 서지 않았다. 연구하면서 만난 과학자들은 모두 더 귀 기울여 듣는 법을 배워야 한다고 이야기했다. 하지만 여전히 떨쳐버릴 수 없는 의문이 남았다. 우리는 귀 기울여 들을 준비가 되어 있을까?

흐발디미르라는 흰고래

제11장

의인화 부정

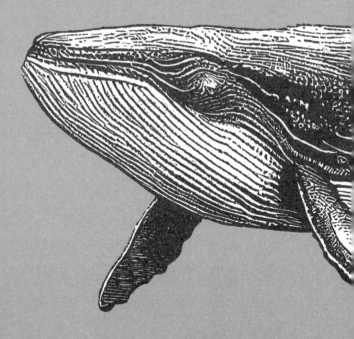

동물은 우리에게 무언가를 가르치기 위해 존재하지는 않지만,
항상 동물은 우리에게 깨달음을 주었고,
동물이 우리에게 가르쳐준 것의 대부분은
우리가 우리 자신에 대해 안다고 생각하는 것이다.
헬렌 맥도널드, 『저녁의 비행』

1856년 뒤셀도르프 인근 네안데르 계곡에서 채석장 노동자들은 큰 코와 짙은 눈썹, 작고 마른 체격의 인간과 비슷한 동물의 것으로 보이는 두개골 조각과 팔다리를 발굴했다. 연구진은 곧 다른 개체의 뼈를 더 발견했다. 이 새로운 호미닌은 계곡의 이름을 따서 네안데르탈인이라고 명명되었다. 이후 우리는 수천 개의 화석과 유물을 발견했다. 네안데르탈인은 기원전 약 40만 년에서 4만 년 전까지 살다가 사라졌다는 사실을 알게 되었다. 그들은 서쪽의 포르투갈과 웨일즈에서 동쪽의 시베리아 알타이 산맥에 이르기까지 유럽 전역에서 살았다.

이러한 사실을 알기도 전에 우리는 네안데르탈인이 우리와 우리 인류의 조상보다 열등하다고 생각했다. 인간은 호모 사피엔스, 즉 '생각하는 인간'으로 불린다. 네안데르탈인의 학명으로 제안된 것 중에는 호모 스투피두스(*Homo stupidus*)가 있었다.

하지만 우리가 틀렸다. 이후 네안데르탈인은 강하고 용감했을 뿐만 아니라, 들소와 순록을 사냥하기 위해 무기와 덫을 함께 만들었다는 증거가 발견되는 등 영리한 존재였다는 사실이 밝혀졌다.

18만 년 전, 네안데르탈인은 오늘날의 뉴저지에서 매머드를 사냥했다. 돌칼과 돌도끼의 끝은 멀리 떨어진 곳에서 채굴하여 필요할 때 조각할 수 있도록 가공하지 않고 운반했다. 고고학 발굴을 통해 네안데르탈인은 장신구와 예술품을 만들었고, 불을 피우고 복잡한 도구와 옷을 만들었으며, 일종의 종교적 믿음이 있었고 생명을 구하는 중요한 수술도 했던 것으로 밝혀졌다. 6만 년 전 네안데르탈인은 스페인에서 석순을 따라 붉은 황토를 뿌리고 날렸으며, 1만 년 동안 여러 네안데르탈인 무리가 같은 동굴에 모여 같은 일을 했다. 이 패턴은 그들에게 중요한 의미가 있었을 것이다. 네안데르탈인은 지능이 뛰어나고 의사소통이 가능했던 것으로 보인다. 우리는 인간이 모든 영장류 중에서 가장 큰 두뇌를 가졌다고 생각했지만, 네안데르탈인의 두개골을 스캔해보니 이들의 두뇌가 우리보다 더 큰 것으로 나타났다(물론 이것이 지능의 완벽한 지표는 아니라는 것을 알고 있다). 그들은 죽은 자를 묻었다. 그렇다, 네안데르탈인은 호모 사피엔스와 달랐지만 우리가 예상했던 것만큼 우리와 크게 다르지 않았다.

네안데르탈인은 멸종했기 때문에 지배적이고 우월한 호모 사피엔스인 우리가 원시 친척들을 경쟁에서 이기고 이들을 죽였다는 것이

유력한 가정이었다. 하지만 더 많은 정보가 쌓이면서 이 가설은 흔들리기 시작했다. 네안데르탈인은 우리 조상이 살던 지역에서 갑자기 사라지지 않았다. 대신, 기후 변화로 인해 먹던 동물과 음식이 부족해지면서 점차 사라진 것으로 추정된다. 그럼에도 불구하고 이들은 완전히 사라진 것이 아니며 실제로 오늘날에도 우리 안에 계속 살아 숨쉬고 있다.

유전자 연구에 따르면 일부 인간의 경우 유전자의 2퍼센트 정도가 네안데르탈인 조상으로부터 유래한 것으로 밝혀졌다. 우리 종은 만나고, 어울리고, 짝짓기를 했다. 채석장 노동자들이 네안데르탈인의 뼈를 발견했을 때, 그들은 다른 인간을 '발견'한 것이 아니라 친척을 다시 만난 것이었다. 네안데르탈인은 원시적이고 우리보다 열등하며, 우리가 그들을 정복했다는 강력한 가정은 우리가 공통점이 있고, 삶이 얽혀 있으며, 서로에게서 특질을 주고받았다는 더 복잡한 이야기를 인식하기 어렵게 만들었다. 이 '멍청한(stupid)' 뼈들은 우리 조상의 친구들 것이었다.

네안데르탈인이 우리보다 열등하다는 초기 이론은 과학자들에 의해 만들어져 최근까지 지속되었지만, 이는 지극히 비과학적인 것, 즉 우리 문화에 깊이 뿌리내린 믿음에 기반을 두고 있다. 우리 안에 있는 렌즈는 무의식적으로 우리가 보는 모든 것을 색칠한다. 나는 고래의 말을 배우고, 데이터를 수집하고, 패턴을 찾고, 관찰한 것을 테스트하는 등 다른 동물의 소통을 이해하는 데 따르는 기술적 장애물에 대해 많은 것을 배웠는데, 이 중 많은 것이 한때는 극복할 수 없는 것처럼 보였다. 수백 년 전 몰리뉴가 지도를 그렸을 때 고래는 그저 괴물, 성경에 나오는 죄악의 장본인, 바다 지도의 여백을 채우기 위한 무시무시한 그림 정도로만 여겨졌다. 당시만 해도 우리가 우주에서 고래를 촬영하고, 고래 등에 붙은 기계를 통해 세상을 바라보고, 고래의 소리를 듣고 고래의 '이름'을 알아낸다는 것은 상상할 수 없었다. 하지만 지금 우리에게는 현실이 되었다. 우리의 기술은 확실히 변했다. 그렇다면 우리의 편견도 변했을까?

인간중심주의, 즉 인간은 예외적이라는 확신은 호모 네안데르탈렌시스가 인간과 분명히 닮았음에도 불구하고 우리의 마음 속 범주에 네안데르탈인을 다른 모든 동물과 함께 밀어넣고 말았다. 우리는 거의 한 세기에 걸친 증거를 통해 '더 낫다'거나 '더 못하다'가 아니라 '다른' 존재로 볼 수 있을 정도로 좁혀지기까지 마음의 벽을 쌓았다. 하지만 이러한 발견에도 불구하고 현대에 누군가를 네안데르탈인이라고 부르는 것은 여전히 모욕으로 간주된다. 물론 반대 측면도 있다. 말하자면 다른 동물이 우리와 같거나 심지어 우리보다 우월하다는 믿음을 다른 동물에게 투사하는 식으로 희망 회로를 돌리는 것이다. 편견은 우리가 고래에 대해 말하려고 할 때 마지막으로 남는 장애물이다. 분명히 편견은 양방향으로 작용하며 우리 모두의 내면에 존재한다. 나도 마찬가지이다.

이 긴 모험을 통해 동물의 소통을 해독하는 것이 더 이상 환상이

스페인 엘 카스티요의 동굴벽화. 손에 붉은 황토를 뿌려 스텐실 형식으로 그렸다. 네안데르탈인은 자신과 사물에 황토를 칠했다. 이 벽화는 약 3만 9천 년 전에 그려진 것으로, 일부 과학자들은 네안데르탈인이 그림을 그린 것으로 추정한다.

아니라 기술적인 문제라는 것을 이해하게 되면서 뭔가가 끈질기게 나를 괴롭혔다. 개인적으로 이 생각을, 그 낭만과 가능성을 좋아했지만, 한편으로는 이런 일이 실제로 일어날 수 있다는 사실을 받아들일 수 없었다. 우리는 지금 고래와 대화하지 않고, 고래는 인간과 대화하지 않으니 그런 일은 일어날 수 없다는 논리적인 이유도 있었다. 다른 동물과 대화하거나 동물에게 말을 가르치려다 실패한 경험에서 비롯된 생물학자의 회의론도 한몫했다. 하지만 감정적 반발의 이면에는 '말하는 고래'는 말도 안 되는 생각이라는 믿음, 고래는 말할 수 없으니 말하려고 시도할 필요가 없다는 믿음, 사람과 소통할 수 있는 생각이라는 것을 고래는 가질 수 없다는 믿음도 있었다. 나는 왜 이런 생각을 하는 것일까? 이런 확신은 어디에서 온 것일까?

1649년 2월, 프랑스의 철학자이자 수학자인 르네 데카르트는 친구인 철학자 헨리 모어에게 편지를 보냈다. 데카르트는 당대의 위대한 사상가 중 한 명으로, 그의 시대는 새롭고 급진적인 사고의 시대였다. 데카르트는 이성적 사고를 우리를 둘러싼 세계에 엄격하게 적용함으로써 지식을 추구할 수 있다고 믿었다. 그의 생각과 발견은 인간의 사상과 이상이 극적으로 개혁된 유럽의 '이성의 시대', 즉 계몽주의의 기둥이 되었으며, 그중 많은 것들이 오늘날에도 여전히 우리의 삶과 신념을 뒷받침하고 있다.

데카르트의 가장 유명한 철학적 명언은 '나는 생각한다, 그러므로 존재한다'였다. 이 말은 우리가 이성적으로 사고할 수 있기 때문에 자신이 존재한다는 것을 안다는 뜻이다. 데카르트를 비롯한 많은 사람들에게 이성은 인간만이 가진 특별한 재능이었다. 이후 우리는 이성을 통해 세상에 대해 많은 것을 알게 되었지만, 데카르트는 인간 종에만 이성이 존재한다고 선을 그으면서 다른 종의 이성적 우주에 대한 가능성을 차단했다. 당시 서유럽에서는 스스로 움직이는 기계, 즉 오토마타(automata)의 제작이 폭발적으로 증가했다. 데카르트는 "자연은 사람이 만든 것보다 훨씬 더 훌륭한 오토마타를 스스로 만들어야 한다. 이러한 자연의 오토마타가 바로 동물"이라는 생각이 합리적이라고 보았다. 다른 종은 우리와 다르며, 동물은 그저 생물학적 기계에 불과했다.

치밀한 실험가였던 데카르트는 다른 많은 동료들과 마찬가지로 생체해부에 참여하고 관찰했으며, 살아있는 동물의 심장이 여전히 뛰고 있는 모습과 다른 기관이 작동하는 방식에 매료되었다. 섬세한 철학자였던 데카르트가 어떻게 잔인하다고 느끼지 않을 수 있었을까? "나는 감각이 신체기관에 의존하는 한 동물에게 감각이 없다고 생각하지는 않는다"라고 썼듯이 그는 물고기, 개, 기타 불쌍한 동물들이 고통을 느끼지 못한다고 생각한 것은 아니었다. 데카르트에게 감각 자체는 중요하지 않았다. 중요한 것은 '이성적 사고'라는 인간의 고유한 재능이었다. 동물은 느낄 수는 있지만 실제로 생각하지는 못한다는 이야기였다. 증거는 바로 동물이 생물학적 본능을 넘어서는 소통을 할 수 없다는 것이었다.

데카르트는 주인이 자기에게 다가올 때마다 '안녕하세요'라고 인사하면 보상으로 맛있는 음식을 주어 학습을 시킨 까치에 대해 썼다. 까치는 자신의 생각을 말하는 것처럼 보이지만, 데카르트는 훨씬 더 단순하게 설명했다. 까치는 단지 먹이를 먹고 싶다는 감정을 표현하는 소리를 내도록 훈련된 기계일 뿐이었다. 데카르트는 이렇게 썼다. "마찬가지로 개, 말, 원숭이가 학습해서 하는 모든 행동은 두려움, 희망, 기쁨을 표현하는 것일 뿐이다. 결국 이들은 아무 생각 없이 이러한 행동을 할 수 있다."

이성적 사고는 인간만의 고유한 능력이었다. 이성의 표현인 언어가 그 증거였다. 말을 한다는 것은, 말을 하지 못하는 다른 동물은 가질 수 없는 중요한 생각, 다른 생각을 가지고 있다는 것을 의미했다. 따라서 이성적인 인간이라면 절대 하지 않았을 행동을 동물에게 할 수 있었던 것이다.

물론 데카르트가 인간을 다른 종보다 우위에 둔 최초의 인간은 아니었다. 서유럽에서는 기독교가 정치적·정신적 삶을 지배했다. 이 문화 안에서 인간의 역할은 짐승을 지배하는 목자(牧者)이자 문명인이다. 자연에 관한 많은 글에는 자연을 경작하고 통제하는 방법에 대한 지침이 포함되어 있었다. 이것이 자연의 질서였다.

기독교 이전에도 마찬가지였다. 스칼라 나투라(scala natura), 즉 존재의 거대한 사슬은 플라톤과 아리스토텔레스를 비롯한 고대 사상가들에 의해 처음 발전된 철학적 개념으로, 이후 사회에서 다양한 형태로 수용되었다. 지구상의 존재하는 모든 사물과 사람들의 위계에서 신은 맨 위에 있고, 그 다음에는 초자연적인 존재, 왕과 다른 귀족, 그리고 평범한 인간으로 이어진다. 인간 아래에는 가장 중요하고 쓸모 있다고 여겨지는 동물이 있고, 그다음에는 쓸모가 덜한 동물이 있으며, 가장 낮은 계층은 광물이나 바위와 같은 무생물이었다. 스칼라 나투라를 인정하는 것은 자신의 자리를 알고 타인들을 그 체계 안에 자리매김 하는 간단한 방법이었다.

데카르트 시대에는 스칼라 나투라가 위협을 받고 있었다. 탐험가들은 바다를 건너 신대륙과 극지방으로 항해를 떠났다. 그곳에서 전혀 예상치 못한 사람과 동물을 만났다. 천문학자들은 새로운 행성을 발견하고 천체의 움직임을 그림으로 그렸다. 일부 관측은 왕과 교황 등 권력자들의 심기를 불편하게 했다. 이들 권력자들은 지구가 우주의 중심이며, 지상 질서의 정점에 자기들이 있다는 위계적 세계에 정통성을 두고 있었다. 1600년 우주는 광활하고 다른 별과 행성으로 가득하며 태양이 태양계의 중심이라고 주장한 지오다노 브루노는 이단으로 몰려 화형에 처해졌다. 하지만 손바닥으로 하늘 가리기였다.

생물학의 발견은 자연과 관련하여 우리가 우리 자신을 어떻게 생각하는지, 아울러 우리와 다른 존재 사이의 경계를 어디로 설정하는지에 오래도록 영향을 미쳤다. 아리스토텔레스의 『동물학』부터 12세기 아랍의 수학자 이븐 바자의 식물학 텍스트, 알베르투스 마그누스의 후기 저서까지, 초기 생물학은 자연을 분류하고 정리하는 작업을 주로 했다. 이들 책은 그 책을 읽을 수 있는 문해력을 가진 사람들만큼이나 극소수였다. 하지만 인문주의 실험가들, 르네상스 시대 고전 문화의 재발견, 종교개혁과 가톨릭교회에 대한 도전 등은 인간 이성을 우리 주변의 자연세계에 적용할 수 있는 기회를 열었다. 데카르트 같은 사람들은 새로운 도구, 부유한 후원자, 높은 문화적 관심을 바탕으로 동물을 이해하고, 동물이 어떻게 작동하는지 알아보고, 이를 인간의 작동 방식과 연관시켜 인간이 특별한 이유를 설명하기 위해 노력했다.

이러한 관념은 유럽인들이 '발견한' 지역과 사람들을 식민지화하고 착취하는 것을 정당화하기 위해 사용되기는 했지만, 또 이들이 발견한 것은 유럽과 기독교, 왕실이 특별하다는 생각을 무너뜨리기도 했다. 동물, 식물, 때로는 끔찍하게도 사람까지 신대륙에서 햄프턴코트로 말레이 군도에서 콘스탄티노플로 끌려갔다. 왕족에게 진상되고, 새로운 동물 및 식물 컬렉션에 전시되어 대중에게 공개된 동물들은 동물에 대한 관념을 뒤흔들었다. 캥거루는 1500년이 막 지난 시점에 처음 묘사되었는데 이런 식이었다. "사람의 손과 원숭이의 꼬리를 가진 괴물 같은 짐승, 새끼를 품을 수 있는 주머니라는 놀라운 자연의 섭리를 가진 동물." 그 후 불쌍한 캥거루는 포획되어 페르디난드와 이사벨라 궁정 사람들의 눈요깃거리로 끌려갔다.

400년이 지난 후에도 동물학적 발견은 계속해서 호기심과 경외심을 불러일으켰다. 19세기 말 파리에 살아있는 기린이 등장하자 시민들 사이에서 새로운 헤어스타일이 유행하는 등 열풍이 불었다. 영국에서는 실험을 통해 생물학적 사실을 발견한 철학자와 의사들이 개인 자금이나 왕실의 후원을 받아 연구를 진행했다. 왕립학회와 다른 과학기관들은 자기들의 발견을 공유하기 위해 조직을 구성하고 시연과 실험을 위해 모였다. 반 레벤후크처럼 장비제작 기술을 가진 상인들도 발견에 뛰어들었다.

19세기가 되자 또 다른 아마추어들도 이 대열에 합류했는데, 영국 제도에서는 관찰과 실험 교육을 받은 시골 목사와 신사 박물학자들이 철새의 도래와 이동, 곤충의 생활 주기, 식물의 개화와 교잡, 암석의 층화, 그 안에서 화석화된 거대 짐승 등을 관찰했다. 관찰하고, 기록하고, 예측하고, 조사하고, 연구의 결실을 공유했다. 관찰과 실험을 위한 장비가 확산되었고, 호기심 많은 사람들은 미시적인 것부터 원자, 화학, 성간(星間)까지 탐구했다. 이들의 발견은 지구의 나이부터 우주의 크기, 물질의 구성에 이르기까지 모든 것을 뒤흔들었다.

중력과 공기의 구성 요소를 발견한 사람들이 이를 더 넓은 물리학 및 화학 모델에 적용했던 것처럼, 나중에 생물학자로 불린 '자연철학자'들은 생명체의 작동 방식에 대한 통일된 원리를 찾으려고 노력했다. 이 무렵 찰스 라이엘, 찰스 다윈, 알프레드 월리스와 같은 박물학자들의 발견을 비롯한 과학 전반의 발견은 우리의 기원과 고향, 우주에서의 위치에 대한 이야기를 근본적으로 바꾸어 놓았다.

우리는 자신을 태양계의 중심에 있는 특별한 행성, 즉 작은 우주의 중심이라고 생각했다. 이제 우리는 그렇지 않다는 것을 안다. 우리는 신의 형상대로 창조된 존재가 아니라 수상한 바다 생명체에서 천천히 목적 없이 진화해 왔으며, 가장 가까운 친척은 유인원이라는 사실도 알고 있다. 다른 은하계와 다른 행성이 존재하며, 물 한 방울 안에 담긴 전체 생태계, 성경보다 더 오래된 나무, 우리보다 더 수적으로 우세한 개미 사회 등 우리가 이해할 수 없는 규모의 생명체가 존재한다는 것을 안다. 새로운 사실이 발견될 때마다 모든 생명의 범위와 경이로움은 확장되었지만, 그 안에서 우리 자신의 위치와 주도적인 역할은 축소된 것처럼 보였다.

하지만 이러한 과학적·지적 진보에도 불구하고 한 가지는 변함없었다. 인간은 여전히 예외적이었다. 현대 철학자 멜라니 챌린저의 말을 빌리자면, "세상은 이제 동물이라고 생각하지 않는 동물에 의해 지배되고 있다."

모든 사람이 이러한 사고방식에 동의한 것은 아니라는 점을 언급할 필요가 있다. 데카르트가 자신의 가설을 세우기 한 세기 전인 1580년, 프랑스 철학자 미셸 드 몽테뉴는 "내가 고양이와 놀아주고 있을 때, 내가 고양이와 놀아주는 것이 아니라 고양이가 나와 놀아주고 있는 것은 아닐까? 그걸 내가 어찌 알겠는가?"라는 글을 썼다. 그러나 이러한 견해는 예외적인 것이었다.

동물의 마음에 대한 이러한 의문을 과학적으로 연구하기까지는 수 세기가 걸렸다. 19세기까지만 해도 대부분의 생물학은 학식이 있는 사람들이 동물의 사체를 해부해 어떻게 작동하는지 알아내고, 소장 목록에 넣기 위해 이를 다시 재구성하는 방식으로 이루어졌다. 실제로 심리학자 에드워드 손다이크가 비인간 피험자를 대상으로 한 최초의 심리학 연구를 발표한 것은 불과 1898년이었다. 1911년까지만 해도 "들짐승, 공중의 새, 바다의 물고기"의 몸이 어떻게 작동하는지 알아내기 위해 수백 명의 사람들이 "무한한 고통"을 겪으며 실험했다고 불평할 정도로 거의 변한 것이 없었다. 손다이크는 동물의 '지능'을 살펴보는 것이 어떻겠느냐고 제안했다. 점차 다른 과학자들도 뒤를 이었다. 이들은 동물생리학자인 이반 파블로프와 종소리에 무의식적으로 침을 흘리도록 학습된 유명한 개 푸치처럼 주로 실험실에서 쥐, 비둘기, 개와 같이 쉽게 키울 수 있는 동물의 행동을 연구하기 위한 실험을 고안했다.

같은 맥락에서 동물행동을 연구하는 동물행동학은 20세기 초에야 발전했다. 이 분야의 창시자인 니콜라스 틴베르헌은 야생 조류를 연구하면서 "관찰하고 의문을 가지는 것"으로 행동을 파악하는 방법을 제시했다. 또 다른 연구자인 카를 폰 프리슈는 꿀벌을 연구한 결과, 먹이를 찾아 돌아온 꿀벌이 벌집에 있는 짝에게 춤을 추며 먹이원까지의 올바른 방향과 거리를 알려준다는 사실을 발견했다. 꿀벌과 같

이 사진에서 노벨상을 수상한 행동학자 중 한 명인 콘라트 로렌츠는 새끼 기러기 무리를 이끌고 있다. 그는 갓 부화한 새들이 처음 본 움직이는 물체와 유대감을 형성하고 그 물체를 따라가는 '각인'을 한다는 사실을 발견했다. 여기서는 바로 그였다.

은 원시적 생명체는 춤 언어를 가지고 있을 리 없다며 회의적으로 보는 사람들이 있었다. 하지만 최근 폰 프리슈의 춤 규칙을 따라 만들어진 로봇 꿀벌이 다른 꿀벌을 새로운 먹이원으로 안내하는 데 성공했다. 1973년 폰 프리슈, 콘라트 로렌츠, 틴베르헌은 노벨 생리의학상을 공동 수상했다. 동물행동에 대한 연구가 결실을 맺은 것이다.

이후 수십 년 동안 우리가 동물에 대해 알게 된 사실들은 동물에 대한 우리의 가장 뿌리 깊은 가정을 흔들었다. 생물학자들은 동물의 행동이 생존, 번식, 유전자 보존 능력과 같은 동물의 '적응도'와 어떤 관련이 있는지 알아내기 시작했다. 행동생태학자들은 서식지의 제약 조건 내에서 동물의 행동이 어떻게 선택되고 이익을 주는지 연구했다. 인지심리학자들은 동물이 세상으로부터 정보를 받아들이고, 정리하고, 행동하는 방식을 통해 동물의 행동을 설명하고자 했다. 사자, 갈매기, 침팬지, 코끼리, 까마귀, 문어, 앵무새의 행동을 관찰하는 데 일생을 바쳤다.

오늘날 생물학자들은 동물마다 학습된 행동이 복잡할 뿐만 아니라 서로 상당히 다르고 개성이 뚜렷하다는 사실을 서서히 받아들이고 있다. UC 데이비스대학교의 동물성격 연구자인 재클린 알리퍼티는 동물을 보고 특정 종에 속한다고 생각하지 않는다. "대신 저는 동물들을 개성이 있는 존재로 봅니다. 저는 그들을 '너는 누구니? 어디 가니? 뭐 하는 거야?'라고 하며 대합니다." 동물이 무엇을 '할 수 있는지'를 탐구한 이래로 우리는 동물이 우리보다 훨씬 더 나은 능력이 몇

몇 있으며, 이를 토대로 많은 일을 할 수 있다는 사실을 발견했다. 아래는 우리가 인간만의 고유한 것이라고 생각했던 것들, 그러나 다른 동물들도 할 수 있는 것처럼 보이는 일들을 대략 적어본 목록이다.

도구 만들기

과제를 달성하기 위해 협력하기

미리 계획하기

폐경기

추상적 개념 이해하기

수백 개의 단어 외우기

긴 숫자열 기억하기

간단한 수학

사람 얼굴 인식하기

친구 만들고 사귀기

혀로 키스하기

정신 질환

슬퍼하기

구문 사용하기

'사랑'에 빠지기

질투심 느끼기

사람의 말투를 정확하게 모방하기

경외감, 경이로움 혹은 '영적인' 경험

고통을 느끼기

쾌감 느끼기

험담

'쾌락'을 위한 살상(음식, 방어 또는 알려지지 않은 기타 이유로)

놀이

도덕성 과시

공평함을 보여주기

이타적인 행동

예술 활동

시간 지키기, 박자에 맞춰 움직이기, 춤추기

간지럼을 포함한 웃음

결정을 내리기 전에 확률을 따져보기

감정적 전염(다른 존재가 고통스러워하는 모습을 볼 때 고통을 느끼는 것)

서로 구조하고 위로하기

수어 및 언어적 신호에서 강조점과 문화적 차이 표시하기

문화 보유 및 전달

다른 존재의 의도 예측하기

의도적으로 알코올 및 기타 물질에 취하는 행위

다른 동물을 조종하고 속이기

우리의 용어가 너무 인간중심적이어서 전체 의미를 확장하는 것이 많은 관찰자에게 도가 지나치게 느껴지기 때문에 이들 목록 중 일부는 논쟁의 여지가 있다. 하지만 모든 각각의 항목을 뒷받침하는 몇몇 연구결과와 증거가 있다. 이와 같은 연구결과를 아는 사람들도 이 발견의 의미를 받아들이는 데 거부감을 느끼며, 발견이 옳을 가능성을 무시하려는 경향이 있다. 동물의 경험과 능력을 인간과 비교하는 것은 더 깊은 무언가, 말하자면 정확성을 추구하는 과학자의 본능이 아니라 여전히 예외주의를 추구하는 인간의 본능을 자극하는 것일까?

영장류학자인 프란스 드 발은 인간이 할 수 있는 일을 동물이 할 수 있는 것처럼 보일 때, 우리가 동물의 행동을 일축하면서 쓰는 좋은 용어를 제기한 바 있다. 바로 "의인화 부정(anthropodenial)"이다. 흥미로운 예로 애도를 들 수 있다. 애도는 인간의 강력한 충동이며, 상실 후에 경험하는 공통된 행동과 특성이 있지만, 애도가 인간에게만 국한된 것은 아니라는 사례가 제시되고 있다. 코끼리는 죽은 동료의 뼈를 몸통으로 뒤집어 냄새를 맡고, 턱과 두개골에 발을 부드럽게 얹으며, 생전에 코를 뻗어 서로 인사할 때 만졌을 엄니를 살핀다. 친척들은 다른 코끼리들보다 유골에 더 마음이 가는 듯하다. 가끔은 흙과 초목으로 사체를 덮는 모습이 목격되었다. 때로 친구가 죽은 장소를 발견하면 뼈가 사라지고 더는 없는 곳에서도 잠시 멈춰 서서 조용히 머문다.

고래도 우리가 슬픔이라고 부르는 것과 관련된 행동을 한다는 기록이 있다. 범고래와 돌고래 어미가 죽은 새끼를 며칠, 때로는 몇 주

동안 업고 다니는 모습이 관찰되었다. 바로 브리티시컬럼비아 연안에서 J35 또는 탈레쿠아(Tahlequah)로 알려진 '남부 지역 상주 범고래 무리'에 속한 범고래 어미 이야기다. 탈레쿠아가 죽은 새끼를 17일 동안 업고 다니는 모습이 포착되어 전 세계 사람들의 마음을 아프게 했다. 탈레쿠아를 따라다니던 연구원들은 그녀의 마른 몸 상태를 걱정했고, 무리의 다른 범고래들도 '슬픔에 잠긴' 어미가 쉬는 동안 돌아가며 죽은 새끼를 업어주는 등 세심한 배려를 보였다. 1600여 킬로미터를 이동한 후, 어미 범고래는 죽은 새끼를 내려놓았다. 실제로 최근 연구자들에 따르면 20종의 고래에서 '사후(死後) 배려 행동'이 보고되었다고 한다. 고래 신경과학자 로리 마리노는 이렇게 말한다. "슬픔이 인간에게만 국한된 것이라고 생각할 이유는 없다."

물론 '의인화 부정'과 반대로 생각할 수도 있다. 우리는 의인화할 수 있으며, 종종 우리 자신의 내면세계와 동기를 우리와 공유하지 않는 동물에게 투영할 수 있다. 때로는 여기서 더 나아가 인간에게는 없는 능력을 동물에게 부여하기도 한다. 나는 하와이에서 조앤 오션이라는 여성을 만났을 때 이것을 직접 경험했다. 조앤은 돌핀빌(Dolphinville)의 창립자 중 한 명이었다. 돌핀빌은 코나 남서쪽 해안에서 수영을 하고, 또 이곳에 서식하는 큰돌고래와 교감하기 위해 전 세계에서 모여든 200여 명의 사람들을 위해 조앤이 직접 이름 붙인 단체였다. 햇볕에 그을려 환하게 빛나는 조앤은 70년대에 전설적이고 논란 많은 돌고래 연구자 존 릴리를 만난 후 고래에 매료되었고, 밴쿠버

스물네 살의 범고래 어미인 L72가 산후안 섬에서 죽은 새끼를 업고 있다.

섬으로 떠난 종간 소통 연구에 참여했는데, 그곳에서 고래가 자신에게 말을 걸어왔다고 이야기했다.

조앤은 자신이 고래의 가르침을 인류에게 "받아들일 수 있는 방식으로" 전달하기 위해 일종의 고래 홍보대사로 선택되었다고 느꼈다. 그 후 33년 동안 돌고래와 함께 수영하고, 그 어떤 인간보다 더 많은 시간을 야생 큰돌고래와 보내면서 이 일에 평생을 바쳤다. 조앤은 돌고래들이 머나먼 별, 우리 인간에게는 보이지 않는 우주, 플라즈마 우주선, 피라미드, 변신(變身) 기술 등에 대해 이야기해 주었다고 말했다. 근본적으로 조앤은 돌고래 그리고 여타 고래류는 이 지구에 속하지 않는다고 믿었다.

하지만 이런 생각은 우리가 본 것과 어떻게 연결이 될까? 나는 생각했다. 먹잇감을 가지고 놀다 천천히 죽인 다음 버리는 범고래는 어떻게 생각해야 할까? 바다를 가로질러 뱃머리 파도타기 놀이를 하고, 수다를 떨고, 몸싸움을 벌이는 수많은 고래 종들은 뭘까? 그냥 즐거워서 그러는 것은 아닐까? 쇠돌고래를 때려죽이는 것이 목격된 큰돌고래는 뭘까? 병든 돌고래와 장애가 있는 돌고래를 돌본다는 증거는 어떨까? 아니면 지브롤터 앞바다에서 범선의 방향타를 부수고 엄청나게 많은 사람들을 표류시켜 정부가 소형 보트의 영역 내 출입을 금지한 이상한 범고래들은? 아니면 혹등고래의 흉내를 내는 것처럼 '잠꼬대하는' 것이 녹음된 돌고래는? 왜 우주 생물이 여기에 와서 이런 모든 일을 하는 것일까?

조앤을 좋아하고, 평생에 걸친 헌신을 존경하며, 그녀가 가진 신념을 존중한다. 하지만 돌고래 숭배, 의인화, 의인화 부정은 동일한 결함이 있다고 생각한다. 각각은 너무 단순하고 증거가 부족하며 인간이나 돌고래의 예외주의를 투영하고 있다. 자연작가 칼 사피나는 인간이 "가장 자비로운 동시에 가장 잔인한 동물이며, 가장 친근하면서도 가장 파괴적인 동물"이라고 썼다. 그러면서 인간을 "복잡한 사례"라고 표현했다. 이것이 바로 인간을 흥미롭게 만드는 이유다. 그리고 다른 동물에 대해서도 마찬가지이다.

동물과의 개인적인 관계를 근거로 동물의 능력을 과대평가하거나 문화적 조건형성으로 인해 동물의 능력을 과소평가하기보다는 동물의 능력에 놀랄 수 있는 열린 마음을 갖는 것이 최선의 접근 방식일 것이다. 동물이 생각하고 느낄 수 있다고 가정하고, 그렇지 않다는 증거를 찾는 것이 동물은 그런 능력이 없다고 가정하고 그럴 수 있다는 증거를 찾는 것보다 그렇게 잘못된 일일까?

~~~~~~

21세기 초 우리는 스칼라 나투라를 토대로 세운 세계와 문화에 살고 있지만, 그 척도가 결국 그렇게 당연하지 않다는 증거가 점점 더 많아지고 있다. 하지만 종교나 문화를 막론하고 우리는 여전히 동물을 지배해야 할 존재로 여긴다. 영국 법체계에서 동물은 '물건'으로 간주해 먹이를 주고, 보호하고, 죽이는 방법을 규정하는 법률이 있지만, 인간과 같은 법적 권리는 없다. 내가 사는 런던에서는 일상적으로 동물을 먹고, 옷으로 만드는 데 쓰며, 인간의 정서적 지원을 위해 동원하고, 가구를 감싸는 데 사용한다. 어쩌면 이것이 인간 예외주의의 유산일지도 모른다.

나는 로저 페인에게 무엇이 그렇게 오랫동안 우리가 동물과 대화하는 것을 막고 있다고 생각하는지 물은 적이 있다. 그는 "이것은 백인 우월주의와 똑같지만 인간 우월주의라는 점이 다르다"며 "백인 우월주의와 마찬가지로 전적으로 두려움에 기반하고 있다"고 말했다. 나는 그의 말이 옳다고 생각한다. 우리가 예상치 못한 것을 발견하는 데 두려움을 느끼는 것도 인지상정이다. 다른 존재에 대해 누려온 특권을 포기한다는 것이 섬뜩하게 여겨질 수도 있다. 다른 종과 소통한다는 것은 그간 우리가 수많은 종을 대했던 방식에 대한 반성을 촉구할 것이다.

하지만 빠르게 축적되는 동물에 관한 발견이 우리 문화와 우리의 결정에 점진적이고 일정치 않게 영향을 미치기 시작했다고 생각한다. SF 작가 윌리엄 깁슨의 말을 빌리자면, "미래는 이미 다가왔지만 그다지 고르게 퍼져 있지 않을 뿐"이다.

사실, 의인화 부정의 마지막 보루 중 하나인 동물의 의식에 대한 과학적 합의도 형성되고 있다. 이를테면, 2012년에 다양한 분야의 과학자들이 케임브리지대학교에 모여 "케임브리지 의식 선언"을 발표했다. 그 내용은 이렇다. "의식을 생성하는 신경학적 특질을 유일하게 인간만 소유한 것은 아니라는 증거가 쌓이고 있다. 모든 포유류와 조류를 포함한 비인간 동물, 그리고 문어를 포함한 많은 다른 생물도 이러한 신경학적 특질을 가지고 있다."

5년 후, 17명의 전문가가 659건의 과학 논문을 검토한 유럽식품안전청의 보고서는 "가축이 높은 수준의 의식을 가졌음을 보여주는 사례"를 제시하고 있다. 이 보고서는 닭이 자신의 지식 상태를 판단할 수 있다는 연구 결과를 언급하며, 닭이 자신이 알고 있는 것과 모르는 것을 의식하고 있음을 시사했다. 돼지는 자신이 경험한 사건과 장소, 시간을 기억할 수 있다. 양과 소는 개체를 인식할 수 있다. 가장 정교한 능력 중에는 동물이 자신의 상태에 대한 지식, 자신의 지식을 알고 다룰 수 있는 능력, 동료 동물의 심리적 상태를 평가할 수 있는 능력이었으며 이것이 어떤 형태의 공감으로 이어질 수 있다는 증거가 있었다. 보고서는 "종합적으로 볼 때, 이들 연구는 ⋯ 가축이 복잡한 의식 처리(conscious processsting)를 할 수 있다는 가설을 분명히 뒷받침한다"고 말했다.

동물에 대한 이와 유사한 생각 그리고 동물이 지각할 수 있다는 생각은 대중들 사이에서도 널리 확산되었다. 2017년 영국을 가장 들끓게 했던 정치 뉴스는 보수당이 동물도 '지각 있는 존재'이며 고통이나 감정을 느낄 수 있다는 법안을 부결시킨 것이었다. 이 뉴스는 50만 번이나 공유되었고 대중의 항의가 빗발치자 당시 환경식품농업부 장관이었던 마이클 고브는 "브렉시트가 영국 국민뿐 아니라 동물에게도 도움이 되기를 바란다"며 국민을 달래는 동영상을 올려야 했다. 불과 1~2년 전만 해도 이 이야기가 이렇게 큰 주목을 받으리라고는 상상할 수 없었다. 4년 후, 보수당 정부는 척추동물도 고통을 느낄 수 있으며 보호받아야 한다는 내용의 '동물복지법'을 하원에 상정하여 표결에 부쳤다. 일부 보수당 의원들은 문어와 바닷가재와 같은 무척추동물을 포함해야 한다고 로비를 벌였다. TV 쇼 〈굿모닝 브리튼〉은 트위터에 이렇게 올렸다. "동물도 감정이 있다는 것이 정설입니다. 이제 식용을 중단해야 할 때인가요?"

2017년에는 뉴욕 대법원에 두 마리의 포획 침팬지를 대신해 소송이 제기되었다. 침팬지 변호사는 법원에 인신보호영장을 신청해 불행한 감금 상태에서 벗어나게 해달라고 요청했다. 법원은 이를 거부했지만, 판결을 내린 사람 중 한 명인 유진 페이히 판사는 나중에 의견서를 통해 "이것이 올바른 결정인지 고민했다"고 썼다. 판사는 이것이 "심오하고 광범위한" 문제의 끝이 아니라고 믿었다. 비인간 동물을 법적으로 사람으로 취급해야 하는지, 아니면 지금처럼 재산으로 취급해야 하는지, 자유권이나 기타 권리가 없는 물건으로 취급해야 하는지에 대한 질문이 제기될 것이다. 이는 "우리 주변의 모든 생명체와의 관계에 대해 이야기한다"라고 판사는 썼다. 판사는 이어서 "우리 종의 지위를 높이면서 높은 지능을 가진 다른 종의 지위를 폄하해서는 안 된다"고 말했다.

이 사건을 법정에 제기한 '비인간 권리 프로젝트'의 스티븐 와이즈 변호사는 이제 웨스트코스트(West Coast) 돌고래 수족관의 포획 범고래를 변호할 계획이다. 그는 의뢰인들이 자기 자신을, 자신들의 고통을, 자유에 대한 열망을 표현할 수 있는 방법이 있으면 좋겠다고 말했다. 법적인 측면에서 보면 이는 혁명이 될 것이다.

법원이 이러한 문제를 숙의하고, 채식주의와 비건주의가 부상하며, 반려동물을 도구가 아닌 동반자로 키우고, 환경운동이 확산되는 것은 모두 다른 종에 대한 공감이 확대되고 있다는, 다시 말해 인간 중심주의가 느리지만 꾸준히 약화되고 있다는 증거이다. 다른 동물에 대해 더 많이 깨우치고 그들의 다양한 능력에 대한 증거를 발견할수록 우리는 더 많은 관심을 가지게 되고, 이는 우리가 동물을 대하는 방식에 변화를 가져올 것이다. 혹등고래의 노래가 매년 진화함에 따라 우리 문화도 변화하고 있다.

이 연구가 끝날 때쯤이면 고래와 다른 종의 내면세계와 소통에 대해 우리가 원하는 것을 계속 믿고 그 믿음을 그들에게 투사할 것인지, 아니면 실제로 무엇이 있는지 알아내기 위해 노력할 것인지 선택의 기로에 서게 될 것이다. 이것이 중요한 이유는 말하기는 인간만이 할 수 있다고 믿는 얼마 되지 않는 인간 예외주의가 기대고 있는 확실한 마지막 버팀목 중 하나이기 때문이다. 또한 인간 예외주의는 우리에게도 위험하기 때문에 중요하다. 우리 자신을 다른 생명체보다 우월한 존재로 여기고 다른 생태계와 생명체를 소중히 여기지 않을 때, 우리는 그들을 당연한 것으로 여기고 마구 다룬다. 이는 궁극적으로 우리 자신의 보전을 위해서도 문제가 된다. 우리가 지구에서 생존할 수 있는지의 여부는 인간이 지구상의 다른 생명체들과 어떻게 어울릴 것인지에 대한 우리의 개념을 재조정하는 데 달려 있다. 스웨덴의 환경운동가 그레타 툰베리는 우리 제작진과 함께 만든 영화에서 "우리는 자연의 일부이기 때문에, 우리가 자연을 보호할 때 우리는 우리 자신을 보호하는 것"이라고 말했다.

2021년, 아리의 동료들은 남극의 혹등고래에 부착된 321개의 인식표를 분석하고는 혹등고래가 이전에 생각했던 것보다 훨씬 더 많은 크릴(새우처럼 생긴 작은 동물)을 섭취한다는 사실을 발견했다. 이를 통해 연구팀은 포경 이전 시대에 남극해의 향유고래가 연간 4억 3천만 톤의 남극 크릴을 먹었다는 사실을 밝혀냈다. 오늘날 인간이 매년 잡는 '모든 해산물'의 두 배에 달하는 양이다. 고래는 먹이를 먹고 배설할 때 마치 정원사가 화단에 비료를 뿌리는 것처럼 바다에 영양분을 흩뿌려 바다 전체의 영양분 순환을 촉진한다.

고래는 해양 생태계의 핵심적인 존재라는 점에서 그 의미가 매우 크다. 그러나 포경 이후 고래의 개체수가 아직 회복되지 않았기 때문에 현재 고래는 대기에서 탄소를 격리하고 이를 바다 깊숙이 가라앉히는 데 필수적인 철을 예전보다 10분의 1밖에 순환시키지 못하고 있다고 연구자들은 추정한다. 고래는 나무보다 성장이 빠르다. 고래 한 마리가 죽어 심해에 가라앉을 때 약 33톤의 탄소가 함께 사라진다. 우리는 고래만 죽인다고 생각했지만 바다와 하늘도 죽이고 있었다.

국제통화기금(IMF)은 인간에게 유용한 재화를 기준으로 평균적인 수염고래의 생애가치를 최소 200만 달러로 추정하며, 현재 전 세계 고래 개체수의 가치는 1조 달러에 달한다고 본다. 하지만 인류 문명이 발달한 이후 야생 해양 포유류의 80퍼센트가 사라졌다. 매년 우리는 수십억 마리의 동물을 죽이고 그들의 마음을 침묵시키고 있다. 이렇게 대량 멸종이 더욱 가속화하고, 각각의 생물 종을 잃게 되면, 그 동물이 세상을 감지하고 처리하는 독특한 방식도 영원히 잃게 된다. 인간 예외주의는 우리에게 엄청난 대가를 치르게 했다.

네안데르탈인의 발견을 되돌아보면서, 나는 그들의 상실감을 느낀다. 가까운 미래에 고래가 멸종된다면 고래에 대해 이런 감정을 느끼게 될지, 아니면 지구에서 함께 살아가는 동료 여행자와 대화할 수 있는 기회가 사라졌다는 것을 나중에야 깨닫게 될지 궁금하다. 고래는 우리의 마음을 연결하고, 우리와는 전혀 다른 감각과 두뇌로 우리 자신이 어떻게 인식되는지 볼 수 있는 기회이다. 로버트 번즈의 말을 빌리자면, "다른 이들이 우리를 보는 것처럼, 우리 자신을 볼 수 있게 해주는 선물"이다.

하지만 과학철학과 사변적인 이야기라면 지겹게 들었다. 나는 이 생명체들과 함께 시간을 보내며 가장 원초적인 의미에서 그들과 소통하는 것이 어떤 것인지 다시 한 번 느끼고 싶었다. 혹등고래와 함께 헤엄을 치고 싶었다.

제12장

고래와 춤을

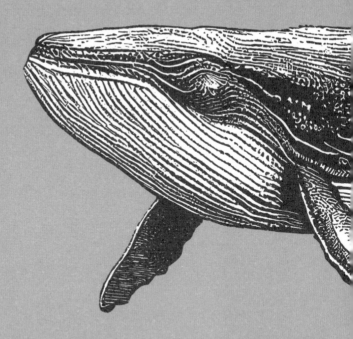

우리는 탐험을 멈추지 않을 것이다
그리고 모든 탐험의 끝에
우리는 시작한 곳에 도착할 것이다.
그리고 처음으로 그곳을 알게 될 것이다.
찾지 않았기 때문에 알려지지 않았다.
하지만 들린다, 어렴풋이 들린다.
바다의 두 파도 사이의 고요함 속에서.

T. S. 엘리엇, 〈리틀 기딩〉

이른 아침이었다. 잔물결이 이는 바다 위로 뜨거운 태양이 눈부시게 빛났다. 나는 작은 보트에 자리 잡고 앉아 장비를 점검했다. 지느러미, 마스크, 웨이트, 벨트, 스노클. 작은 모터보트에는 가이드 2명을 포함해 총 9명이 탔다. 우리는 방금 하룻밤을 보낸 훨씬 더 큰 모선인 MV시헌터(MV Sea Hunter)에서 벗어나 넓은 바다로 향했다. 가장 가까운 육지에서 100여 킬로미터 떨어진 도미니카공화국의 실버뱅크(Silver Bank)라는 해양고원 꼭대기에 자리한 거대한 산호초 부근이었다. 이곳은 북대서양 혹등고래의 번식지였다. 우리 대장 진 플립스 선장이 보트 운전석에 서 있었다. 배는 1970년대 난파선의 뼈대를 지나쳤다. 선장은 이 배가 마약 밀수범이 법망을 피해 도망치다 좌초했다는 소문이 있다고 말했다.

혹등고래의 숨소리를 찾아 수평선을 훑었다. 우리는 가만히 멈춰 있는 고래, 조용한 고래, 사람을 신경 쓰지 않는 고래를 찾고 있었다. 선장은 고래는 꼬리만 살짝 흔들어도 올림픽 챔피언을 앞지르기 때문에 이런 방식으로만 고래에 가까이 갈 수 있다고 설명했다. 고래와 만나는 가장 좋은 상황은 고래가 우리의 위치를 알고도 별다른 행동을 하지 않아 서서히 다가가 만나는 것이다.

햇살과 바다가 눈이 부셔 눈을 가늘게 뜨고서 두어 시간 동안 물 위에 있던 우리는 돌출된 산호 머리 꼭대기 사이에서 숨을 쉬고 있는 혹등고래를 발견했다. 뜨거운 폐에서 뿜어져 나오는 응축된 공기가 안개처럼 피어오르지 않았다면 이 거대한 짐승은 거의 눈에 띄지 않았을 것이다. 우리처럼 뭍에 사는 생물은 수 킬로미터 밖에서도 볼 수 있었다. 고래는 우현으로 약 500여 미터 떨어진 곳에 있었다. 보트가 암초를 지나 고래가 있는 곳으로 미끄러지듯 나아갔다. 갑판 위에서는 사람들 모두가 고래의 다음 숨소리가 들리기를 기다렸다. 혹등고래가 틀림없었다. 이곳에는 다른 종류의 고래가 없었다. 잠수복에 눌린 목구멍까지 심장이 올라와 뛰는 듯했다. '유력 용의자'가 덮친 이후 많은 고래를 봤지만 항상 보트나 카약 안에서였다.

나는 이번 탐험을 함께한 동료인 미네소타 출신의 방사선 전문의 션을 찾았다. 션은 눈을 크게 뜬 채 멀리 보이는 고래의 모습에서 눈을 떼지 못하고 있었다. 션이 나에게 여기 왜 왔는지 물었다. 나는 생물학에서 인공지능과 패턴 인식이 가져올 희망적 미래에 대해 이야기했다. 션은 직접 머신러닝을 활용하고 있다면서 유방 촬영사진에서 종양을 발견하는 데 인공지능을 어떻게 쓰는지 설명했다. 불과 몇 년 밖에 되지 않은 기술이었다. 그는 종종 기계가 자신이 놓친 암의 미묘한 징후, 생사를 가르는 패턴을 사진에서 찾아내기도 한다고 말했다. 션은 기계가 마음에 쏙 든다고 말했다. 일을 썩 잘했던 것이다.

보트가 고래에게 더 가까이 다가갔다. 고래 두 마리가 수면에서 숨을 쉬기 위해 함께 쉬다가 다시 물기둥 속으로 가라앉았다. 마지막 호흡 주기가 끝나고 물속으로 사라지면서 고래가 지나간 자리는 말끔하게 평평해졌다. 고래 '발자국'이었다. 선장은 보트에서 몸을 풀고 발자국이 있는 곳으로 헤엄쳤다. 그곳에 도착하자 선장이 팔을 위로 들었다. 고래를 볼 수 있다는 신호였다. 잠시 후 손을 들어 보트를 향해 손짓했다. 고래들이 편안해졌다는 신호였다. 선과 다섯 명의 고래 전문

혹등고래와 다이버들

가들, 그리고 내가 보트 옆에서 준비를 마쳤다. 나는 마스크를 씻고 물 위에 앉아 진의 마지막 신호를 기다렸다. 마침내 선장이 우리에게 다시 손짓했다. 물이 튀지 않도록 조심하며 보트에서 내렸다. 끝없이 펼쳐진 푸른 바다를 내려다보니 순간 잠시 황홀한 현기증이 일었다. 나는 숨을 가쁘게 몰아 쉬며 물이 첨벙거리지 않도록 몸을 굴려가며 헤엄을 쳐 선장에게 다가갔다. 선장에게 가자 긴 지느러미가 내려다 보였다. 거기 고래가 있었다. 시야가 어두웠음에도 이들 고래의 태평양 사촌들인 인간들의 검은색과 짙은 파란색 지느러미보다 색소가 훨씬 밝은 흰색 가슴지느러미가 나방의 날개처럼 깊은 곳까지 빛나고 있었다.

비현실적으로 느껴졌지만, 또 너무나 명료했다. 고래가 있었고 나는 물 위에서 고래를 내려다보며 허우적거리고 있었다. 두려움이 몰려오면서 이게 얼마나 어리석은 짓인가 하는 생각이 스쳐 지나갔다. 이미 헤드라인이 눈에 들어왔다. '뛰어오른 고래에서 살아남은 남자, 다른 고래에게 살해당하다.'

왜 위험을 무릅쓰고 모험을 떠날까? 하지만 불안감은 곧 경외감에 압도당했다. 나는 넋을 잃었다. 이 고래들은 북대서양의 먹이 섭이장에서 이곳으로 왔으며, 대부분은 메인만과 펀디만에서 왔고 다른 고래들은 더 먼 곳에서 왔다. 뉴펀들랜드, 노바스코샤, 아이슬란드, 노르웨이 등 더 먼 곳에서 온 고래들도 있었다. 이제 북극의 얼음이 녹으면서 고래들이 러시아 북부까지 퍼져나가고 있다. 나는 고래의 긴 여정을 떠올리며 고래와 함께하기 위해 고래의 마음과 삶에 대해 우리가 알고 있는 것을 찾아 떠난 긴 여정을 떠올렸다.

쉬고 있는 암컷과 이를 호위하는 수컷이 함께 있었다. 번식지에는 종종 암컷 그리고 다른 수컷이 접근하지 못하도록 막는 '호위 수컷'이 함께 붙어 있다. 처음에는 수컷과 암컷 혹등고래를 구분하기가 의외로 어렵다. 확인을 위해서는 사타구니 쪽을 봐야 한다. 선장이 다른 고래보다 낮게 누워 있는 고래 한 마리를 가리켰는데, 등 아래쪽에 흰색 점처럼 보이는 상처가 있었다. 선장은 그 상처가 출산 흉터라고 했다. 암컷 고래는 1톤에 달하는 새끼를 낳을 때 가끔 물속에 잠긴 지형물에 눌리는데, 여기에는 날카로운 산호가 있었다. 혹등고래는 모든 고래류 중에서 가장 많이 연구된 동물임에도 불구하고 아직까지 그 누구도 목격한 적이 없는 수수께끼의 출산 흉터였다. 고래를 바라보던 나는 어두운 바다 속에서 출산하기 전 1년 동안 새끼를 배 안에 품고 다니다 산호초에서 바들바들 떨며 출산했을 고래의 모습을 생각했다.

선장이 시계를 쳐다봤다. 그러고는 고래가 아래로 내려간 지 10분이 지났다고 말했다. 어떻게 된 영문인지 나는 이미 5분 동안 그의 옆에 매달려 있었다. 마치 두 체펠린 비행선 위에 묶인 연처럼 물 위에서 고래들 위를 맴돌았다. 내가 내쉬는 숨소리를 듣던 나는 고래들의 숨소리를 떠올렸고, 고래들이 육지 동물이었다는 것이 얼마나 기이한 일인지 생각했다. 그러다 우리 조상들이 모두 바다 동물이었다는 것은 또 얼마나 이상한 일인지 생각했다. 내가 얼마나 이 동물들과 같은지를 보려고 숨을 참아보았다. 짙푸른 물속에서 마치 밤 차고지에 정박해 있는 버스 두 대처럼 우리 아래에서 움직이지 않고 있는 혹등고래를 바라보았다. 어쩌면 우리는 보기만큼 다르지 않았을지도 모른다. 숨이 가빠왔던 나는 긴 숨을 내쉬었다. 고래는 계속 그곳에 머물고 있었다.

물 위에 엎드려 고래의 몸을 자세히 들여다보았다. 머리 뒤로 태양이 비추고 있었다. 상처, 긁힌 자국, 범고래에게 물린 꼬리 자국, 얼룩덜룩한 밝은 색과 어두운 색, 불룩 튀어나온 눈동자가 눈에 들어왔다. 분명 우리를 볼 수 있을 거라고, 우리가 여기 있는 걸 알고 있을 거라고 생각했다. 머릿속에서 고래가 얼마나 큰지를 생각하고 가늠해보다 현기증이 일었다. 28분간 우리는 고래 위에 떠 있으면서 고래가 숨을 쉬지 않는 동안 숨을 쉬었다.

수컷은 안정된 듯 보였지만, 암컷에서 약간 위로 자리를 옮기기 시작했다. 수컷은 몇 분 동안 암컷 위를 맴돌다가 갑자기 지느러미로 몸을 움직이며 어둠 속으로 빠르게 사라졌다. (그렇게 큰 짐승에게 이상하게 들릴지 모르겠지만 사실이 그랬다!) 전에 봤을 때 이런 상황은 보통 다른 수컷이 도착한다는 신호였지만, 이번에는 이들에게 다가오는 고래가 없었다. 이후 더 걱정스러운 일이 벌어졌다. 수컷이 두고 간 암컷이 수면 쪽으로 코를 돌리고는 마치 공중제비를 준비하는 운동선수처럼 등을 아치형으로 굽혔다. 그러고는 꼬리지느러미를 아래로 내리치며 수면 위로 몸을 밀어 올렸다. 동작 한 번으로 10여 미터를 간 후 꼬리를 위아래로 한 번 더 쓸어내렸다. 채 2초도 걸리지 않았다.

나 자신과 이상하게 익숙한 단절이 일어난 것처럼 느껴졌다. '두 번은 안 돼.' 암컷 고래가 뚫고 나가려 했다. 암컷은 이제 두 몸 길이만큼 떨어져 위쪽으로 나아갔고, 나는 안도감을 느끼며 그녀가 우리에게서 멀어지고 있음을 깨달았다. 완벽한 고요를 뚫고 나가는 힘은 정말 비현실적으로 느껴졌다. 마치 비행선이 생체 역학적인 드래그 레이서로 변신한 것 같았다. 고래는 가슴지느러미를 뒤로 당겼고, 핸드 브레이크 턴처럼 몸을 수직으로 일으켜 세웠다. 우주 왕복선 발사를 보기 위해 플로리다의 늪지대를 방문했던 기억이 잠시 떠올랐다. 점화장치의 폭발로 활주로에 놓여 있던 금속 덩어리가 미사일로 변한 것처럼 이 고래도 그랬다. 고래는 꼬리자루를 마지막으로 한번 크게 획 잡아채 꼬리 끝의 거대한 연골 프로펠러로 물살을 가르며 위로 솟아올랐다.

나는 고래가 공중으로 솟구치며 물결을 일으키는 모습을, 햇빛이 피부에서 반짝이고 옆구리에서 물이 쏟아지는 모습을 바라보았다. 마치 나사의 오래된 영상에서 새턴 V 로켓이 이륙할 때 수증기가 응축되어 쏟아지는 것 같았다. 공중으로 튀어 오른 고래는 몸을 뒤집고 회전하며 30톤의 공중제비를 선보였다. 나는 고개를 뒤로 젖히고 그녀가 떨어질 때의 충격으로 생긴 하얀 파도를 보았다. 귓가에 '쿵' 하는 소리가 들렸다. 세상에서 가장 아름다운 동물 운동의 진수였다. 그것은 힘의 화신이었다. 몬터레이만의 카약 아래에서 바라본 모습은 분명 이랬을 것이다. 정신에 번쩍 불이 켜지고, 생명체가 만들어낸 가장 거대한 근육 중 하나가 '짜잔' 하고 등장한다. 한 마리의 고래가 난다. 잠시 동안.

스노클 주위의 물이 입안으로 벌컥 흘러들어왔다. 나는 활짝 웃고 있었다. 내가 이걸 보러 온 건가? 갑자기 어둠 속으로 곤두박질쳐 죽을 뻔했던 기억이 떠올랐지만, 그보다 더 단순했다. 경외감과 희열. 지구 반 바퀴를 돌아 외딴 바다에 와서 아무것도 모르는 작은 존재가 된 기분, 이루 말로 형언할 수 없었다. 모두가 기쁨에 겨워 소리를 질렀고 고래는 계속해서 우리에게서 점점 더 멀리 떨어진 곳에서 두 번 더 물을 뚫고 다가왔다. 걱정이 되었는지 보트 운전사가 재빨리 우리를 태우러 왔다. 가이드 제프는 반평생을 고래와 함께 물속에서 보냈다. 30년 동안 그는 일 년 중 4~5개월을 하루에 두 번씩 혹등고래와 함께 수영했다. 하지만 이렇게 물속에서 고래가 돌진해오는 것은 다섯 번밖에 보지 못했다고 말했다. 제프가 옆으로 보면서 말했다. "당신 좀 이상해요."

아리 프리드랜더는 혹등고래가 힘껏 뛰어오르려면 9.8메가줄의 에너지가 필요하며, 고래의 최대 전력은 50킬로와트로 하루 동안 가정에 전력을 공급할 수 있는 양이라고 추정했다. 고래는 몇 번이고 또 뛰어오를 것이다. 세상에서 가장 큰 동물인 고래가 이런 행동을 하는 이유—소통, 구애, 기생충 제거, 또는 이 중 어느 하나 혹은 전부를 위해—를 아직도 알지 못한다는 것은 우리가 생물 세계에 대해 얼마나 무지한지를 보여주는 좋은 예이다. 구애 수컷을 떼놓고 다른 수컷을 부르는 것일까? 성가시게 구는 인간들에게 자신의 감정을 드러낸 것일까? 우리가 듣지 못하는 어떤 부름에 대한 응답으로 뛰어오른 것일까?

그냥 단순히 운이 좋다고 느꼈다. 고래에서 살아남았다는 것, 그리고 이 고래의 오른쪽에 있었다는 것뿐만 아니라 생존을 위해 뛰어오르는 거대한 고래와 같은 시간에 존재하는 것만으로도 행운이라고 생각했다. 다른 관광객들이 지느러미와 벨트를 벗고 보트에 올라타는 동안 나는 기다렸다가 물속에 다시 누웠다. 아드레날린이 솟구치고 마이클 조던의 슬램덩크 슛을 보는 것 같은 느낌과 함께 누군가가 타고난 재능을 발휘하는 것을 보는 순수한 전율에 온몸이 떨렸다. 눈앞에서 다시 고래가 뛰어올랐을 때도 나는 놀라지 않았다. 보면 볼수록 더 놀라운 것을 볼 것이라는 진실을 새삼 다시 느꼈다. 익히 관찰되지 않는 것을 본다면, 모든 것이 의외의 일이 될 것이다. 우리의 상상력은 이들 동물의 삶에 미치지 못하기 때문이다. 고래가 나에게 뛰어들면서 나는 예상치 못했던 것들을 보기 시작했다. 이것은 죽음의 문턱까지 갔던 나의 여정이 끝나는 것이 아니라 새로운 눈으로 다시 볼 수 있는 연장선이자 귀환이었다.

〰〰〰

실버뱅크는 도미니카 공화국 북쪽 해안에서 120킬로미터 정도 떨어진 곳에 있는 바위로 이루어진 수중 암초이다. 심해저에서 수면 아래 약 30미터까지 솟아 있다. 수면 밖으로 튀어나온 것은 산호초이다. 난파선이 즐비해 선원들로부터 악명 높은 이곳은 350년 전 은을 가득 실은 스페인 갤리온이 신대륙에서 구대륙으로 부를 이동하는 과정에서 길을 잃고 침몰한 데서 이름을 따왔다. 1970년대에 미래를 내다본 도미니카공화국 정부는 섬 북쪽(히스파니올라) 앞바다에 거대한 해양 보호구역을 만들었다. 고래를 보호하고 고래 관찰 산업을 지원하기 위해 정부는 단 세 척의 배만 허가를 내주어 실버뱅크로 사람들을 데려가 고래와 함께 수영할 수 있게 했다. 실버뱅크에 도착하면 엄격한 규칙을 준수해야 하며 보호구역의 100분의 1 정도 구역에만 머물러야 한다. 이 생태 관광은 고래 방해를 최소화하고 고래를 보호하는 데 자금을 지원한다.

이곳 고래들은 일생 동안 매년 차가운 북쪽 바다에서 산호초로 돌아왔고, 심지어 일부는 북극에서 오기도 했다. 고래의 부모와 조상들도 수십만 년 동안 이렇게 움직였다. 지난 수십 년 동안 고래의 번식지와 먹이 섭이장 모두에 낯선 생명체, 즉 인간에 의해 그늘이 드리웠다. 수만 마리에 달하는 고래 개체수보다 더 많은 고래 관찰자들이 나처럼 고래를 보기 위해 고래보다 더 먼 곳에서 남극, 하와이, 스텔와겐뱅크, 몬터레이만, 알래스카, 호주, 러시아, 멕시코, 노르웨이, 스리랑카, 남아프리카까지 갔다. 번식지인 실버뱅크는 대서양에서 혹등고래가 가장 많이 서식하는 곳이다. 혹등고래는 이곳에 와서 노래하고 새

혹등고래 한 마리가 지은이에게 다가온다.

끼를 낳고 번식한다.

나와 함께 배를 타고 혹등고래를 보러 온 사람들에게 호기심이 일었다. 쉰 살의 방사선과 의사 션은 배저 주에서 온 소년 같은 사람이었다. 이전에도 이 배를 타본 적이 있었지만, 당시에는 기상 악화로 인해 4일 만에 겨우 항구를 빠져나왔다고 한다. 아내는 뱃멀미가 심해다시는 오지 않겠다고 손사래를 쳤으나, 고래 관찰에 너무 신이 난 션은 바로 예약을 해 다시 돌아왔다. 이 배에는 휴가를 모두 모험하면서보내기로 결심한 시끌벅적한 영국인 대가족, 샌프란시스코만에서 온다정한 50대 부부, 뉴저지에서 이모와 함께 온 여성, 영국인 사이에서 혼자 조용히 있던 독일 여성, 몬터레이만에서 고래 관찰 보트 촬영을 하며 만난 70대 친구인 조디 프레디아노도 함께 타고 있었다. 조디에게 몇 번의 여행을 다녀왔는지 물어보기 전까지는 조디가 배에 타고 있다는 것이 영 실감이 나지 않았다. 이번이 마흔 번째 여행이었다. "저는 술도 마시지 않고 커피도 안 마셔요." 그녀가 눈을 반짝이며 말했다. "이게 제 중독이에요." 저축한 돈의 대부분을 탕진할 정도로 값비싼 중독이었지만 그만한 가치가 있었다.

무엇이 이 사람들을 이끌었을까? 선장은 바다에 갔다가 성체 향유고래 여섯 마리를 만난 적이 있다고 말했다. 당시 향유고래를 지켜보고 있는데, 암컷 향유고래 한 마리가 흘리는 엄청난 피로 주변의 물이 진해지고 있었다. 영문을 전혀 몰랐던 선장은 '붉은 꽃' 속에서 갓 태어난 새끼가 나타나는 것을 보았다. 향유고래는 임신 기간이 동물 중에서 가장 길며, 혹등고래보다도 길다. 18개월의 임신 기간은 혹독한 출산으로 절정에 이른다. 선장은 어미가 회복을 하는 동안 수컷 중 한 마리가 새끼를 돌봤다고 말했다.

고래는 의식적으로 숨을 쉬는 동물이다. 말하자면 고래는 물 위에 분수공을 내고 숨을 불어넣기 위해 생각을 해야 한다. 갓 태어난 고래라면 이것을 재빨리 터득해야만 한다. 그렇지 않으면 익사한다. 선장은 거대한 수컷이 새끼 고래를 세심하게 돌보면서 새끼가 첫 호흡을 할 수 있도록 수면 위로 밀어주었다고 말했다. 아마도 그 수컷은 아기의 삼촌이나 형이었을 것이다. 20분 동안 지켜본 선장은 고래가 자신이 타고 있는 작은 배를 괘념치 않는다고 생각했고, 물속으로 뛰어들었다. 혼자 헤엄쳐 나온 수컷 고래는 몸을 돌려 선장을 확인했고, 음파탐지기 같은 걸로 선장을 훑었다. 그 소리가 선장의 가슴을 울렸다.

누군가 손가락으로 가슴을 툭툭 치는 것 같았다.

선장은 그 후 평생을 거대한 바다 짐승들과 함께 수영하며 살았다. 고래와 함께 춤을 추기도 했는데, 사람과 고래가 번갈아 가며 서로의 움직임을 흉내 냈다. 거울을 보는 것 같은 춤이 때로는 한 시간 동안 이어졌다. 하지만 선장은 기억에 남는 만남을 하나만 꼽으라면 향유고래 수컷이 새끼를 돌보는 동안 함께 수영한 것이라고 말했다.

고래에 빠져 지내던 중 로버트 맥팔레인의 책 『산에 오르는 마음』을 읽었다. 이 책에서 지은이는 18세기 스릴을 추구하며 유럽 전역을 여행하면서 '숭고함'과 마주했던 사람들에 대해 썼다. 산, 화산, 빙하, 거대한 크기의 지형, 인간의 생명을 앗아갈 수 있는 혹독한 날씨. 최근에 발견된 지질학적 특징은 다른 심층 시간의 발견과 비교하면 연약하고 일시적인 것으로 밝혀졌다. 새로 태어난 산은 불과 몇 억 년 만에 먼지와 모래가 되었다. 거대하지만 또 한없이 덧없는 이 숭고한 풍경은 인간을 작고 미약한 존재로 만든다. 연약한 엄지손가락으로 날카로운 칼날을 만질 때처럼 그곳은 사람들이 원시 지질에 맞서 자신의 죽음을 느낄 수 있는 곳이었다. 산악 지형을 초창기에 탐험한 사람들은 평원을 떠나본 적이 없는 독자들에게 편지글로는 설명할 수 있는 비교 대상이 없었기 때문에 산이 어떤 곳인지, 어떻게 생겼는지, 어떤 느낌인지 전달할 말이 없다는 것을 깨달았다. 맥팔레인은 이렇게 썼다. "인간에 의해 인간을 위해 세상이 만들어졌다는 우리의 안일한 신념을 무너뜨린다. … 세상은 우리를 겸손하게 한다."

혹등고래의 눈

    그의 말이 가슴에 와 닿았다. 이곳으로 모험을 온 사람들은 오래전에 죽은 숭고한 모험가처럼 형언할 수 없을 정도로 작아지는 느낌을 받는다. 하지만 단순히 고래를 보러 오는 것은 아니다. 자신을 보러 오는 것이다. 산과 달리 고래는 뒤를 돌아볼 수 있다. 이렇게 거대한 동물이 나를 바라본다는 것은 많은 사람들에게 수천 킬로미터를 여행하고 평생 저축한 돈을 쓸 만한 가치가 있는 초월적인 경험이다. 어느 날 새끼 고래와 함께 수영을 하고 나서 보니 새끼 고래가 몇 번이고 돌아와서 사람들과 놀고 있는 것 같았다(아래에서 쉬고 있는 어미가 주의 깊게 관찰하고 있었다). 다른 사람들을 둘러보았다. 션은 넋을 잃고 보고 있었다. "봤어요?" 션이 말했다. "저를 똑바로 쳐다봤어요. 그 눈으로 똑바로 보면서, 저를 쳐다봤어요." 조디는 카메라를 들고 내 옆을 지나가면서 커다란 유리 반구를 가슴에 껴안고 먼 곳을 바라보는 어린아이 같은 표정을 지었다. "봐요, 톰, 이래서 내가 계속 오는 거예요." 우리는 불가지한 거대한 무언가에 빠져 있었다. 숭고했다.

맥팔레인은 산에 대해 이렇게 썼다. "사실, 여러분은 우주라는 거대한 프로젝트에서 한낱 점에 불과하다는 것을 알게 될 것이다. 그러나 당신은 또한 당신이 존재한다는 사실을 깨달음으로써 보상을 받는다. 그럴 것 같지 않지만 당신은 존재한다."

그 어떤 만남보다 더 커다란 희망을 품게 된 만남이 있었다. 여행을 하던 어느 날 아침이었다. 배에서 내려 선장에게 헤엄치는데 물속에서 노래가 울려 퍼졌다. 바다에서 노래하는 존재를 만난 것이다. 바람이 거세게 불었고, 여느 날 같으면 30미터 넘게 내다볼 수 있는 시야가 이상하게 어두컴컴했다. 선장 아래쪽 푸른 바다 속에서 하얀 지느러미가 희미하게 보였다. 고래는 눈보라 속 도깨비처럼 수직으로 매달린 채 머리를 푹 숙이고 있었다. 고래가 노래를 불렀다. 혹등고래의 노래는 몸의 앞쪽에서 더 크게 나왔다. 우리는 노래의 흐름 속에서 몸을 움직였다. 마치 광란의 파티에서 스피커에 몸을 갖다 댄 것 같았다. 폐와 공기와 팔다리가 모두 진동했고, 내가 마치 노래를 울리는 매개체가 된 것 같았다. 다리 쪽이 아득해질 때, 나는 고래의 턱을 생각했다. 조이 레이든버그의 말처럼, 고래가 노래의 음파를 잡아 귀로 전달하는 데 사용하는 턱 말이다. 나도 고래처럼 이 노래를 들을 수 있으면 좋겠다는 생각이 들었다. 이 거대한 짐승이 내는 물개와 백파이프,

삐걱거리는 문과 귀신이 연주하는 재즈처럼 꿍꿍 하는 소리와 낮게 들리는 끽끽 소리는 거의 종교적이면서도 정말 말도 안 되는 경험이었다. 어떤 소리는 동굴 끝에서 들려오는 행복한 사람들의 외침 같았고, 어떤 소리는 체증으로 울부짖는 소리 같았으며, 어떤 소리는 통곡하는 소리 같았다. 기쁨에 몸서리치던 나는 마스크 안에서 나지막한 소리를 내고 있었다. 고래가 숨을 쉬기 위해 올라왔고 노래는 잠시 멈췄다. 고래가 물 아래로 내려가 자리를 잡자마자 노래를 다시 시작했고 30분 동안 같은 노래를 반복했다. 그러고는 올라갔다 내려가는 것을 다시 한 번 반복했다. 그렇게 오랫동안 물에 떠서 듣다 보니 노래의 패턴이 귀에 들어왔다. 가장 분명한 것은 마지막 부분이었다. 노래의 마지막은 매번 똑같았다. 고래는 내년에 바뀔 이 노래를 부르기 위해 지금까지 헤엄쳐 왔고, 다시 반복할 수 없는 노래를 선보였다. 무슨 의미였을까?

고래를 대량 학살하던 시대로부터 고래가 노래한다는 사실을 이해하고 고래의 노래를 우주선에 싣는 시대까지 우리가 얼마나 멀리 왔는지를, 그리고 내가 죽기 전에 무엇을 더 발견할 수 있을지를 생각했다. 고래가 말할 수도 있다는 것을 믿게 된 나는 고래의 목소리에서 어떤 패턴을 발견할 수 있을지 궁금했다. 돌고래처럼 혹등고래도 자신을 위해 또 무리를 위해 말할 수 있을까? 10년 후 무르익을 양자 인공지능은 줄리 오스왈드의 돌고래 데이터에서 무엇을 발견할 수 있을까? CETI의 향유고래 탐사는 무엇을 밝혀낼 것이며, 고래의 끽끽거리는 소리를 어떤 별자리 모양으로 그려낼까? 조이 레이든버그와 패트릭 호프는 스캐너를 통해 고래의 연약한 뇌에서 고래의 능력에 관한 어떤 증거를 발견할 수 있을까? 고래에 대한 인간의 관심은 점점 더 커지고, 고래를 기록하는 기기는 점점 더 정교해지고 있는데, 테드 치즈먼과 박진모 같은 프로그래머는 공유 빅데이터에서 무엇을 발견해낼까? 이토록 짧은 시간에 많은 것을 배우고, 우리의 역량이 빠르게 성장하고 있다면 북대서양 혹등고래의 사투리로 인사하는 방법을 감히 상상할 수 있는 순간이 올까?

살과 뼈로 이루어진 짐승의 목소리와 신비로움이 울려 퍼지는 바다를 바라보며, 다음에는 누가 이 동물들을 바라보는 시각 그리고 그들과 상호작용하는 방식을 바꿀 수 있을지 궁금했다. 하지만 그 순간 물속에서 느낀 것은 고래가 텔레파시가 없더라도, 호켓이 말한 자연어의 모든 요소를 가지고 있지 않더라도, 고래의 뇌에 우리처럼 의식이 없더라도 상관없다는 것이었다. 중요한 것은 고래가 있다는 사실이다.

〰〰〰

지구상의 생명체는 코드로 작동한다. 당신과 나 그리고 지금까지 살아온 모든 사람은 데옥시리보핵산(DNA)이라고 하는 효율적으로 엉킨 단백질 사슬에 기록된 유전 지침으로 구성되었으며, 이 지침으로 환원될 수 있다.

사람을 표현하는 방법에는 여러 가지가 있다. 연인의 사진을 찍어, 빛이 연인의 특질을 어떻게 반사하는지를 0과 1의 디지털 상(像)으로 담을 수 있다. 사람이 이것을 읽을 수는 없지만, 프린터는 읽을 수 있으며, 이 코드를 사용해 종이를 앞뒤로 통과하는 잉크 헤드에 잉크를 뿌리라는 지시를 내리면 연인을 만난 사람이라면 누구나 알아볼 수 있는 2차원의 사진으로 내놓는다. 몇 년이 지난 후 이 사진을 보면 연인의 기분, 나이, 건강, 걸음걸이 등을 확인할 수 있다. 하지만 다른 방식으로도 인코딩할 수 있다. 연인의 머리카락이나 피부 세포 중 하나를 채취해 DNA를 추출하는 것이다. 우리는 이 DNA를 기계를 사용하여 사람을 구성하는 코드의 기본 단위인 염기쌍을 나타내는 일련의 문자인 ATCG로 변환할 수 있다. 염기쌍으로 표현된 사람의 코드를 인쇄하여 책으로 만들 수 있지만, 사람이 읽을 수는 없다. 하지만 인간의 난자처럼 분자 기계에 넣으면 DNA 코드가 난자에게 분열하고 변화하는 법을 지시해 연인을 새로 복제할 수 있다. 우리 모두는 코드로 이루어져 있으며, 우리 몸은 기술이 하는 것과 마찬가지로 코드에 의존하여 몸 자체에게 말을 걸고 있다.

또한 다른 사람에게 신호를 보낼 때도 코드를 쓴다. 박테리아, 나무, 인간, 산호초, 마모셋, 지렁이 등은 모두 전기, 페로몬, 소리, 움직임, 보이지 않는 화학적 흔적을 통해 코드를 보낸다. 우리 모두는 중요한 정보를 어떤 것은 읽을 수 있고 어떤 것은 읽을 수 없는 형태로 보낸다.

1990년, 매우 야심찬 국제적인 과학 탐사가 시작되었다. 이 탐사의 목표는 별이나 심해가 아니라 우리 내부의 DNA라는 미지의 영역이었다. 인간유전체프로젝트(HGP)라 불리는 이 프로젝트의 목표는 우리 종인 호모 사피엔스의 모든 유전자를 지도화하는 것이었다. 우리는 1950년대에야 비로소 DNA의 구조를 알게 되었다. 그 후 과학자들은 DNA에 단순한 반복 단위로 이루어진 패턴이 있음을 알아냈다. 이러한 단위의 배열과 순서가 사람을 만드는 코드였다. 처음에 우리는 이 유전 암호를 탐구하기 위해 조금씩 내부로 들어가서 특히 흥미롭거나 접근하기 쉬운 DNA 부분을 찾아 지도를 그리고 기술했다. 우리는 낮은 곳에 열린 열매에 도달했다.

인간유전체프로젝트는 '전체 코드', 즉 전체 유전체의 30억 염기 전체를 지도화하려고 한다. 유전체의 전체 윤곽이 드러나면 우리는 모든 인류가 인간을 만드는 코드를 탐구할 수 있게 될 것이다. 화학, 생물학, 물리학, 윤리, 공학, 정보학 등 다양한 분야의 팀이 참여한 다학제적 연구로 역대 최대 규모의 생물학적 협업 프로젝트였다. 13년 동안 50억 달러의 비용을 들여 진행되었고, 결과는 성공적이었다. 이 프로젝트는 인간 유전자 코드를 이해하고 다루려는 모든 사람의 접근 방식에 혁명을 일으켰고, 여러 세대의 과학자들을 독려하고 연결하여 공동의 목표를 달성했으며, 유전학 연구를 수행하는 데 드는 비용과 현실적인 측면을 변화시켰다. 오늘날 인간 유전체 전체를 지도화하는

데 드는 비용은 1000달러에 불과하다.

200년 전만 해도 여러분의 증조할머니의 증조할머니는 자식을 바라보며 머리카락과 피부, 뼈의 형태가 어떻게 만들어졌는지 궁금했을 수 있겠지만, 그 원리를 알 수는 없었다. 오늘날 유전학 분야 덕분에 증조할머니는 자신의 조상과 아이의 조상을 탐구할 수 있게 되었고, 심지어 아이가 자궁에서 나오기 반년 전에 어떤 모습인지 알게 되었다. 하지만 까마귀 떼가 모이는 모습과 울음소리의 패턴, 반응에 대해 아는 것이라고는 우리 조상보다 약간 더 많을 뿐이다. 실제로 우리 조상은 까마귀를 더 세심하게 지켜봤을 것이고, 오늘날의 우리보다 까마귀의 신호를 훨씬 더 잘 읽을 수 있었다.

유전체프로젝트는 동물의 소통과 관련하여 무엇을 밝혀낼 수 있을까. 우리의 의사소통은 유전자와 마찬가지로 진화의 결과물이다. 같은 진화적 압력에 의해 형성되었으며, 인간은 친척인 동물과 많은 공통점을 가지고 있을 가능성이 크다. 2005년 침팬지 유전체의 염기서열을 분석함으로써 우리는 침팬지의 유전자 패턴과 우리 유전자를 비교할 수 있었다. 그 결과 인간은 가까운 사촌과 99퍼센트의 DNA를 공유한다는 사실을 발견했다. 우리는 생쥐와 85퍼센트, 고양이와 90퍼센트, 초파리와 61퍼센트, 바나나와 40퍼센트를 공유한다.

동물과 우리가 얼마나 같은지를 확인함으로써 우리는 우리가 동물과 얼마나 다른 존재가 되고 싶은지를 투사하는 것이 아니라 우리의 위치 그리고 동물과 우리의 진정한 차이점과 유사점이 무엇인지 더 잘 이해하게 되었다. 인간의 유전적 지침이 침팬지와 얼마나 유사한지 발견되었을 때 많은 사람들이 이의를 제기하고 거들떠보지 않았다. 여러분 스스로가 동물과는 비교할 수 없을 정도로 다르다고 생각한다면 짐승과 유전적 어깨를 나란히 하는 것이 꺼림칙할 수도 있다.

이제 유전체프로젝트와 함께 우리는 다른 유전체를 추가해 차이점은 무엇이고, 어떤 메커니즘을 공유하는지를 비교하고 확인할 수 있다. 그리고 이러한 차이가 무엇을 의미하고 어떤 기능을 하는지 알아낼 수 있다.

라이벌 억만장자들끼리 벌이는 우주 경쟁과 마찬가지로 비슷한 화력과 자금력을 쏟아 붓고, 국제적 연구를 진행하며, 경쟁의식을 가진 사람들이 우리가 아는 한 우주에서 유일한 지각 있는 생명체, 즉 지구상의 생명체의 메시지를 해독한다고 해보자. 50억 달러를 들여 다른 종의 소통 지도를 그리고 이를 인간의 의사소통과 비교한다고 생각해보자. 지구에 있는 다른 지각 있는 생명체와 처음으로 소통한다고 상상해보자. 원한다면 영원한 명성을 꿈꾸어도 좋다. 지금 동물 소통 연구자들은 다수의 소규모 팀들이 교류 없이 제각각 동물 소통의 가장 단순한 부분을 해독하느라 몰두하고 있는, 혹은 연구비 지원을 쉽게 받을 수 있는 예비 인간 유전학자와 같은 처지이다. 전반적 그림을 그리지도 못하고 앞으로 어떻게 해야 할지 가이드도 없다. 연구자들은 자신이 도표화하고 있는 것이 암호화된 동물 신호의 우주에서 가장 가깝고, 가장 밝고, 가장 쉽게 접근할 수 있는 별이라는 것만 알고 있으며, 대다수의 사람들은 거기에 별이 있다는 사실조차 알지 못한다.

인간유전체프로젝트, 맨해튼 프로젝트, 아폴로 프로그램. 이들 연구에는 최고의 인재와 막대한 예산이 투입되었으며, 우리 자신과 자연의 힘, 우주에서 우리의 위치에 대해 비할 데 없이 많은 것을 배울 수 있는 대단히 야심차고 혁신적인 계획이었다. 아폴로 우주비행사들은 달로 날아갔다가 건조하고 오래된 회색 먼지를 발견하고는 다시 날아올랐다. 만약 그들이 달에 머지않아 영원히 사라질지도 모르는 위대한 문명의 잔재가 남아 있고, 어쩌면 그들이 인류의 유일한 동반자일지도 모른다는 사실, 그리고 그들과 소통할 수 있는 기회가 조금밖에 남지 않았다는 사실을 알았다면 어땠을지 상상해보라. 그렇다고 달에 갈 필요는 없다. 우리는 우리와 함께 살고 있는 다른 동물들에 대한 경이로움을 잊어버렸고, 그들을 단순히 이용할 수 있는 자원으로 생각하는 데 익숙해졌기 때문이다. 물론 연못물을 들여다본다고 해서 모두가 반 레벤후크처럼 살아있는 극미동물을 발견하는 것은 아니다. 우주와 관련한 훈련을 받았다고 해서 모두가 허블처럼 은하로 가득한 것을 발견하는 것도 아니다. 하지만 직접 보기 전까지는 알 수 없다.

동물이 소통할 수 있다는 것을 믿게 된 이후 수년 동안 나는 답이 없는 질문을 던져 브릿과 아자를 귀찮게 굴었다. 이 책을 마지막까지 읽은 여러분도 던질 수 있는 질문이었다. '그렇다면 언제쯤 동물과 대화할 수 있을까?' 이 분야에서 일하는 다른 모든 사람과 마찬가지로

지은이와 혹등고래

그들도 현재로서는 답이 없었다. 하지만 좀 더 길게 내다보면서 아직 태어나지 않은 우리 딸이 우리 또래가 되는 2055년쯤에는 동물이 이 세상에서 합당한 대접을 받을 거라 생각하는지 물었더니 이런 답이 돌아왔다.

자연 다큐멘터리에 (동물의 말을) 자막으로 넣을 수 있을 겁니다. 선박은 고래, 돌고래, 범고래 및 기타 해양 포유류와 소통해 우리의 접근을 알리고 치명적인 선박 충돌을 최소화할 수 있습니다. 살아있다는 것, 사랑한다는 것, 이 지구에 더불어 산다는 것이 어떤 것인지에 대한 새로운 관점이 인간 문화에 통합되어 우리 자신과 종으로서의 정체성에 대한 관점을 변화시킬 것입니다. 우리는 우주에서 혼자가 아니라는 것을 배울 거예요. 우리는 의식의 다원적 본질에 대한 깊고 새로운 통찰을 갖게 될 겁니다.

이 글을 읽으면서 "우리 대다수에게 과거는 후회이고 미래는 실험이다"라는 위대한 마크 트웨인의 말이 떠올랐다. 이 거대한 동물들과 함께한 우리의 과거는 참으로 안타까웠다. 우리의 미래는 희망이 넘치고 커다란 꿈을 향한 실험이 되었으면 한다.

~~~~~~

머지않아 우리가 향후 의미심장한 것으로 평가할 만한 획기적인 발전이 있을 것이다. 반려견의 얼굴을 분석하는 앱은 엄청나게 활성화할 것이고, 현재 무기 산업과 맞먹는 규모를 자랑하는 반려동물 산업의 막대한 수익은 동물-해독(animal decoding) 기술의 혁명을 이끌 것이다. 딥마인드(DeepMind)나 오픈 AI(Open AI)는 돌고래와 양방향 대화를 해독하는 것을 다음 목표로 정하고 막대한 연구와 자금, 연산능력을 투입할 것이다. 사용자 친화적인 범용 인공지능 도구 키트가 생물학자와 시민들에게 제공되고 전 세계로 확산되어 전례 없는 규모로 우리 주변 세계의 패턴을 수집한다. 이러한 움직임에 동참하는 인간은 발견한 사실을 비밀로 하고, 데이터를 비공개로 하고, 자금을 축적하고, 찬사를 독차지하려는 압력을 견뎌낼 수 있을까? 자연을 해독할 때 우리 본성의 더 나은 천사들이 우리를 인도할까?

확실한 것은 우리는 계속해서 자연에서 패턴을 발견할 것이며, 이전에는 우리만 할 수 있다고 생각했던 일을 다른 종들도 할 수 있다는 사실을 알게 되면서 계속 놀랄 것이다. 하지만 우리의 기술이 발전하고, 탐구하는 성향이 깊어지고, 우리가 발견한 것이 얼마나 적은지에 대한 이해도가 높아지고, 더 많은 것을 보고 더 많은 질문을 하는 동안 우리가 탐구하는 것의 파멸은 어떻게 될까? 지금 살아서 자연을 탐구한다는 것은 불타는 도서관의 불빛 아래서 책을 읽는 것과 같다. 우리의 발견이 불을 끄는 계기가 될 수 있을까? 진실은 지금 살아있는 당신과 내가 알게 될 것이다.

책을 쓰기 시작한 이후에는 바다를 이전처럼 바라보지 않는다. 전에는 아무 생각 없이 그저 바라보기만 했다. 하지만 이제 나는 바위도 바람도 없는 곳에서 하얗게 부서지는 파도와 물보라의 형태를 꼼꼼히 살피며 바다 주위를 둘러본다. 수평선에 번쩍이는 섬광은 갑자기 햇빛을 받은 지느러미의 반짝임이다. 수면의 모든 움직임이 고래를 찾는 단서일지도 모른다는 희망에 사로잡히기도 한다. 어느 오후 바다를 바라보고 있었다. 옆에는 임신 6개월의 아내 애니가 아직 배 안의 수중 생명체로 바람을 느껴본 적 없는 딸을 품고 있었다. 숨어 있는 고래는 없을 거라고 마음을 놓고 파도를 바라보았다.

그러다 문득 생각이 들었다. 만약 고래가 한 마리도 없다면? 모든 물보라가 그냥 물보라일 뿐이라면, 지느러미가 더는 수면을 깨뜨리지 않는다면 어떨까? 속이 울렁거렸다. 고래의 미래는 암울하다. 몇몇 종은 지금 멸종하고 있다. 우리 딸은 이 생물들이 바다를 가로질러 모든 형태로 번성하는 세상에서 살기를 원한다. 그들의 문화가 진화하고 변화하며 섞이고, 그들의 기이한 목소리가 심해를 가득 채우는 곳에서 살기를 원한다. 고래를 위해서, 딸아이를 위해서, 우리가 이제 막 알아가고 있는 고래의 야생적 영향력에서 딸아이가 얻을 수 있는 것들을 위해서도 이런 세상을 원한다.

우리 딸은 분명 자랄 것이고, 나는 어김없이 나이를 먹을 것이며, 다른 고래가 나를 덮쳐서든 계단에서 넘어져서든 나는 죽을 것이고 딸은 무언가를 영원히 잃는다는 것이 무엇을 의미하는지 알아갈 것이다. 피할 수 없는 일이다. 그러나 우리가 받아들이는 법을 배울 필요가 없는 상실이, 우리가 멈추도록 선택할 수 있는 상실이 있다. 고래와 돌고래의 운명은 인간의 손에 달려 있으며, 이 상실은 내가 우리 딸에게만큼은 없었으면 하고 바라는 것이다. 할머니가 된 우리 딸이 바다를 바라볼 때 뛰어오르는 긴부리돌고래나 혹등고래를 볼 수 있기를, 내가 그랬듯 우리 딸이 파도 아래로 머리를 담그고 고래의 휘파람과 노래를 들을 때, 의미가 있기를 바란다. 그리고 아마도, 아마도, 그녀는 대답할 수 있을 것이다. '내가 여기 있다고, 당신도 여기 있고 나도 여기 있다고.'

파도 속에서 돌고래 칵테일파티

다른 고래들과 마찬가지로 저 역시 사회적 동물입니다. 혹등고래의 노래처럼 이 책은 동료 동물들 덕에 나올 수 있었습니다. 이 자리를 빌려 이 멋진 작업에 도움을 주신 여러분께 감사의 인사를 전합니다.

감사합니다. (본문 등장 순으로)

고래 여러분, 당신이 그렇게 웅장하지 않았다면 나는 쓸 것이 아무 깃도 없었을 것입니다.

특히 혹등고래 CRC-12564에게 감사해요. 우리를 멋지게 깔아뭉 개는 대신 일생일대의 이야기와 작가가 될 유용한 기회를 모두 선물해 준 것에 감사해요. 이름을 몰라서 '유력 용의자'라고 불러서 미안해요.

샬럿 킨로치, 당신의 유머와 인내심, 용기, 놀라운 물갈퀴 발가락에 감사해요. 함께 사라질 뻔했는데 정말 다행이에요. 이 책에 등장하는 모든 과학자들과 고래들에게 고마워요. 많은 시간과 도움을 주었고, 저를 믿고 자신의 이야기를 들려주었습니다. 제가 제대로 했기를 바라요. 저와 같은 일을 했지만 이 책에 다 담지 못한 모든 과학자와 고래 연구자들에게도 감사합니다. 최선을 다하려 노력했고, 처음 시작할 때만 해도 할 수 있을 거라 생각했는데 초고가 14만 단어나 되는 바람에 일이 커졌습니다. 저를 도와주신 데 경의를 표합니다. 태니아 하워드, 미셸 유, 사비나 시디퀴, 하젠 컴라우스, 루 마호니, 데이브와 팻 올비, 낸시 로젠탈, 하트무트 네벤, 홀리 루트-거트리지, 줄리 오스왈드, 존 라이언, 조이 및 브루스 레이든버그, 스티브 와이즈, 조디 프레디아니, 피터 리드, 미하일 파프코프, 콜린 버로우즈, 웨슬리 웹, 마이크 브룩, 마리 필립스, 진 플립스, 로저 페인 그리고 제가 기억하지 못하는 많은 분들에게 경의를 표합니다. 여러분의 따뜻한 마음이 훈풍이 되어 항해할 수 있었습니다.

숨은 과학자들에게 사과의 말씀을 드립니다. 이 책에 나온 모든 발견을 한 당사자들에게요. 책에 여러분의 이름을 모두 쓰려면 한도 끝도 없을 것입니다. 하지만 그냥 넘어가자니 왠지 불공평하다는 생각이 듭니다. 여러분의 연구가 없었다면 이 모든 앎이 존재하지 않았을 것입니다.

제 담당 에이전트가 되기 전에 이 이상한 아이디어가 좋은 책이 될 거라 생각하며 저에게 글을 써볼 수 있겠냐고 격려해준 케리 글렌코어스에게 감사합니다. 당신은 정말 훌륭한 안내자였습니다. 향유고래 그리고 미국 출판계의 거대한 짐승들과 함께 편안히 헤엄칠 수 있도록 도와준 수재나 리아에게도 감사의 말을 전합니다.

첫 만남부터 변함없는 책에 대한 열정과 비전으로 내내 저를 지지해주었고, 추운 바다에서 만나며 우정을 쌓은 윌리엄 콜린스의 훌륭한 (그리고 매력적인) 편집자 쇼아이브 로카디야에게 감사합니다. 쇼는 장황한 원고를 코끼리바다물범을 몰아넣고 잡아먹는 범고래 떼처럼 즐겁게 씹어주었습니다. 너무 많은 생각, 챕터, 시답잖은 정보를 몰래 집어넣으려고(아직도 넣으려고) 해서 미안해요(아니 안 미안해요).

돌고래 어미가 갓 태어난 새끼를 살피듯 제가 완성한 원고를 사랑과 정성으로 살펴준 그랜드센트럴출판사의 훌륭한 편집자 콜린 디커먼에게 감사합니다. 콜린은 돌고래 어미처럼 불안정한 이 작가를 수면 위로 단단히 밀어 올려 첫 호흡을 할 수 있도록 했습니다. 콜린, 당신의 엄격함에 경의를 표합니다. 근데 어떻게 그렇게 빨리 이메일 답장을 보내시는 건가요. 매의 눈을 가진 편집자 마들렌 피니와 마크 롱에게 감사합니다. 제가 여러분에게 일거리를 많이 줬다는 걸 알아요. 하퍼콜린스(런던 사무실에 가면 사냥하는 송골매를 볼 수 있습니다!)에서는 알렉스 킹겔(프로젝트 매니저), 제시카 반필드(오디오), 헬렌 업튼(홍보), 매트 클래처(마케팅)가 저를 잘 보살펴주었습니다. 여러분 모두 고래 열병에 빠지기를 바랍니다. 톰슨이 영국판의 매혹적인 표지 디자인을 했습니다. 아셰트출판사의 레이철 켈리(편집), 스테이시 리드(제작), 크리스틴 러미어(편집 총괄), 트리 에이브러험(미술), 매튜 밸라스트(홍보)에게도 감사의 인사를 전합니다. 사진 저작권을 처리해준 크세니아 두가예바와 책 내용의 사실관계를 확인해준 앤디 닉슨에게 감사합니다. 알고 보니 '의인화 부정(anthropodenial)'이라는 철자를 내내 잘못 썼더군요. 정말 당황스러웠을 거예요.

이 책과 아무 관련이 없지만 책을 쓰는 동안 저에게 열렬히 지지해준 사람들에게 감사합니다. 바다표범과 헤엄치게 해준 바다 형제 샘 맨스필드. 비범한 두뇌의 데이비드. 해삼으로 간지럽혀 준 스티브 플로이드. 숲 그리고 노래를 선사한 샘 리, 그랜트 자비스, 리어스 가족. 현명한 조언을 해주신 체리 도렛. 피자와 프리스비게임과 즐거움을 준 빅 크리스 레이먼드. 인터넷 기술을 알려준 올리 형제. 한결같은 격려와 고래와 함께 물속에 있는 놀라운 그림을 그려준 장모님 제니 쇼께 감사합니다. 장인어른인 베스트셀러 작가 리처드 윌킨슨, 책이 잘 안 되는 것 같을 때에도 항상 책이 어떻게 진행되고 있는지 친절하게 물어주셔서 감사합니다! 다큐 제작을 포기할지도 모르는데도 이 책을 써보라고 격려해준 이모티콘의 여왕 사브리나, 잘 알지 못하지만 책을

390

써보라고 계속 이메일을 보내주고 책 쓰는 방법에 대한 책까지 보내준 햄퍼스. 제가 책을 쓰기 시작하기도 전에 신랑 들러리 연설에서 제가 아끼는 모든 사람에게 이 책이 훌륭할 것이라고 말해서 저를 놀라게 했던 제 친구 이언 호가스에게도 고마워요. 해리 버트위슬 대부님, 당신이 읽기에 딱 알맞게 완성됐어요. 당신이 내게 준 마지막 선물, 당신의 친절한 말들. 보고 싶어요, 해리.

전에는 책을 쓰는 방법을 몰랐지만, 운 좋게도 텔레비전 제작팀 식구들 곁에서 견습생으로 스토리텔링을 배울 수 있었습니다. 데이비드 듀건, 앤드류 그레이엄 브라운, 휴 루이스, 제가 사진과 사실에 집착할 때 이야기와 감정을 녹여내는 방법을 가르쳐주셔서 감사합니다.

지구의 대기에 감사합니다. 이 책을 만들면서 이산화탄소를 더 많이 배출한 것 같아 죄송합니다. 이를 최소화하기 위해 열심히 노력했습니다. 이 책의 이산화탄소 배출량을 줄이기 위해 슈퍼크리티컬(Supercritical)에 비용을 지불했습니다.

'혀의 법칙'은 지켜져야 합니다. 이 책의 수익금 중 10퍼센트는 고래 보호에 사용됩니다. 고래 한 마리는 일생 동안 33톤의 탄소를 사라지게 하는데, 이 책이 고래를 보호하는 데 도움이 된다면 고래와 기후 모두에 도움이 될 것입니다.

이 책에서 저는 '우리'라는 표현을 자주 사용합니다. 모든 인간을 의미하는 것이 아니라 제가 태어난 문화권의 사람들을 의미합니다. 우리 고향에서는 너무 느리게 깨닫고 있는 것을 전통적인 생태학 지식으로 이미 가르쳐주고 있는 문화와 사회에서 온 모든 사람들에게 사과드립니다.

고래만큼이나 제 인생의 방향을 바꿔준 드미트리 그라즈단킨에게 고마워요. 디마, 당신은 저에게 스타니스와프 렘, 헬리콥터, 홍차의 즐거움을 알려주셨고, 시베리아의 모닥불 주위에서 제가 케임브리지에서 3년 동안 배운 것보다 과학적 발견의 과정에 대해 더 많이 가르쳐주셨습니다.

복잡한 일을 명확하게 하는 것의 중요성을 알려주시고, '그냥 해보라'시며 격려해주신 아버지, 감사합니다. 이 글을 읽지는 못하시겠지만 제 마음속에는 항상 계실 거예요. 고마워요, 엄마! 제가 열 살 때 짧은 글을 썼는데 엄마가 좋아해 주셨던 기억이 나요. 힘들 때마다 그때를 떠올렸어요. 사랑해요.

책을 끝마칠 수 있게 해주고, 내 인생의 새로운 시작을 준 스텔라에게 고마워요. 넌 정말 훌륭해.

현명하고 멋진 아내 애니, 스텔라를 세상에 낳아주고, 이 책을 비롯한 모든 일에 항상 도움을 주고, 상어가 있어도 항상 나와 함께 바다에 들어가 웃어준 것에 대해 고마워요.

고맙지가 않아.

코로나바이러스. 이 끔찍한 RNA 자루. 그냥 꺼져버려.

392

7쪽 "서로 이해하지도 못하는데…": Stanisław Lem, *Solaris* (London: Faber and Faber, 2003), 23.

들어가며

10쪽 "만약 내가 전에 이것을 전혀…": Rachel Carson, *The Sense of Wonder: A Celebration of Nature for Parents and Children* (New York: Harper Perennial, 1998), 59.

11쪽 "약 20배 이상으로 넘어가면 …": Paul Falkowski, "Leeuwenhoek's Lucky Break," *Discover Magazine*, April 30, 2015, https://www.discovermagazine.com/planet-earth/leeuwenhoeks-lucky-break.

11쪽 "275배까지…": Felicity Henderson, "Small Wonders: The Invention of Microscopy," *Catalyst*, February 2010, https://www.stem.org.uk/system/files/elibrary-resources/legacy files_migrated/8500-catalyst_20_3_447.pdf.

11쪽 "평생 500개 이상의…": Nick Lane, "The Unseen World: Reflections on Leeuwenhoek (1677) 'Concerning Little Animals,'" *Philosophical Transactions of the Royal Society B: Biological Sciences* 370, no. 1666 (2015): 20140344.

11쪽 "최근 연구에 따르면": Michael W. Davidson, "Pioneers in Optics: Antonie van Leeuwenhoek and James Clerk Maxwell," *Microscopy Today* 20, no. 6 (2012): 50–52.

12쪽 "극미동물": Antony van Leewenhoeck, "Observations, Communicated to the Publisher by Mr. Antony van Leeuwenhoeck, in a Dutch Letter of the 9th of Octob. 1676. Here English'd: Concerning Little Animals by Him Observed in Rain-Well-Sea. and Snow Water; as Also in Water Wherein Pepper Had Lain Infused," *Philosophical Transactions* (1665–1678) 12 (1677): 821–831.

12쪽 "작은 물방을 … 본 적이 없다.": Antonie van Leeuwenhoek, letter to H. Oldenburg, October 9, 1676, in *The Collected Letters of Antoni van Leeuwenhoek*, ed. C. G. Heringa, vol. 2 (Swets and Zeitlinger, 1941), 115. www.lensonleeuwenhoek.net/content / alle-de-brieven-collected-letters-volume-2.

13쪽 "지금까지 읽은 … 가장 기발한 책": Samuel Pepys, *The Diary of Samuel Pepys*, edited with additions by Henry B. Wheatley (London: Cambridge Deighton Bell, 1893), entry for Saturday, January 21, 1664. https://www.gutenberg.org/ebooks /4200.

13쪽 "엄청나게 호기심이 많고 부지런한": "The Unseen World: Reflections on Leeuwenhoek (1677) 'Concerning Little Animals.'"

14쪽 "내가 미세 동물에 … 자주 듣는다.": Letter from Leeuwenhoek to Hooke, November 12, 1680, in Clifford Dobell, trans and ed., *Antony van Leeuwenhoek and His "Little Animals,"* (New

York: Russell and Russell, 1958), 200.

14쪽 "이 엄청난 광경에 놀란": "Hooke's Three Tries," Lens on Leeuwenhoek, www. lensonleeuwenhoek.net/content/hookes-three-tries.

16쪽 "얼굴의 숨겨진 … 구별할 수 있다.": David L. Chandler, "Is That Smile Real or Fake?" *MIT News*, May 25, 2012, news.mit.edu/2012/smile-detector-0525.

제1장 고래와의 만남

20쪽 "바다는 차갑다고 … 흐르고 있다.": Quoted by Captain James T. Kirk in *Star Trek IV: The Voyage Home* (Hollywood: Paramount Pictures, 1986). Quoted from D. H. Lawrence, "Whales Weep Not!"

22쪽 "아래에는 그랜드캐니언보다… 있었다.": "Monterey Canyon: A Grand Canyon Beneath the Waves," Monterey Bay Aquarium Research Institute, https://www.mbari.org/sci ence/seafloor-processes/geological-changes/mapping-sections/.

22쪽 "블루 세렝게티": Tierney Thys, "Why Monterey Bay Is the Serengeti of Marine Life," *National Geographic*, August 12, 2021, https://www.nationalgeographic.com/travel/article/ explorers-guide-8.

26쪽 "'다년간의 안정적 연합'": Christian Ramp, Wilhelm Hagen, Per Palsboll et al., "Age-Related Multi-Year Associations in Female Humpback Whales (*Megaptera novaeangliae*)," *Behavioral Ecology and Sociobiology* 64, no. 10 (2010): 1563–1576.

29쪽 "과학자들이 추정한 … 엄청난 속도였다.": Paolo S. Segre, Jean Potvin, David E. Cade et al., "Energetic and Physical Limitations on the Breaching Performance of Large Whales," *Elife* 9 (2020): e51760.

31쪽 "꼬리의 무게로 … 행동이야.": Jeremy A. Goldbogen, John Calambokidis, Robert E. Shadwick et al., "Kinematics of Foraging Dives and Lunge-Feeding in Fin Whales," *Journal of Experimental Biology* 209, no. 7 (2006): 1231–1244.

35쪽 "조회수는 이미 … 상태였다.": Sanctuary Cruises, "Humpback Whale Breaches on Top of Kayakers," YouTube, video, September 13, 2015, https://www.youtube.com / watch?v=8u-MW7vF0-Y.

37쪽 "고래가 일부러 … 같아요.": 조이 레이든버그의 이메일, 2015년 9월 18일.

39쪽 "《타임》에 소개되고": Megan McCluskey, "This Humpback Whale Almost Crushed Kayakers," *Time*, September 15, 2015, https://time.com/4035011/whale-crushes-kayakers/.

39쪽 "고래가 당신에게 … 알았나요?": *BBC Breakfast*, BBC One, TV broadcast, February 9, 2019.

41쪽 "한 스쿠버다이버가 … 영상이 있었다.": Manta Ray Advocates Hawaii, "Dolphin Rescue in Kona, Hawaii," YouTube, video, January 14, 2013, https://www.youtube.com/ watch?v=CCXx2bNk6UA&t=9s.

42쪽 "또 다른 영상에서는 … 장면이 나왔다.": BBC News, "Whale 'Saves' Biologist from Shark—BBC News," YouTube, video, January 13, 2018, https://www.youtube.com/

watch?v =2xMLwAP2qyk.

42쪽 "카약에서 내려 ⋯ 헤엄쳤다는 것이다.": Simon Houston, "Whale of a Time," *Scottish Sun*, November 8, 2018, https://www.thescottishsun.co.uk/news/3464159/journal ist-beluga-whales-50million-viral-sing/.

43쪽 "말보다 기다란 ⋯ 내려왔는데": Matthew Weaver, "Beluga Whale Sighted in Thames Estuary off Gravesend," *Guardian*, September 25, 2018.

43쪽 "BBC 자연사 팀과 ⋯ 제작을 의뢰했다.": *Natural World*, season 37, episode 7, "Humpback Whales: A Detective Story," Gripping Films, TV broadcast, first aired February 8, 2019, on BBC Two.

45쪽 "남극에서 포유류를 사냥하는 범고래": Douglas Main, "Mysterious New Orca Species Likely Identified?" *National Geographic*, March 7, 2019, https://www.nationalgeo graphic. com/animals/article/new-killer-whale-species-discovered.

45쪽 "라마리부리고래라는 신비한 신종 심해 고래": Natali Anderson, "Marine Biologists Identify New Species of Beaked Whale," Science News, October 27, 2021, http://www.sci-news. com/biology/ramaris-beaked-whale-mesoplodon-eueu-10210.html.

45쪽 "라이스고래": Patricia E. Rosel, Lynsey A. Wilcox, Tadasu K. Yamada, and Keith D. Mullin, "A New Species of Baleen Whale (*Balaenoptera*) from the Gulf of Mexico, with a Review of Its Geographic Distribution," *Marine Mammal Science* 37, no. 2 (2021): 577–610.

45쪽 "새로운 피그미대왕고래 군집 둘": Sherry Landow, "New Population of Pygmy Blue Whales Discovered with Help of Bomb Detectors," *Science-Daily*, June 8, 2021, https:// www.sciencedaily.com/releases/2021/06/210608113226.htm.

제2장 바다의 노래

50쪽 "무언가를 사랑해야만 ⋯ 감수하게 된다.": Lidija Haas, "Barbara Kingsolver: 'It Feels as Though We're Living Through the End of the World,'" *Guardian*, October 8, 2018.

54쪽 "사랑스러운 곡선": 로저 페인 박사와의 인터뷰.

54쪽 "시가를 빼낸 ⋯ 그중 하나였다.": Roger Payne, liner notes to *Songs of the Humpback Whale*, CRM Records SWR 11, 1970, LP.

55쪽 "이 소리를 들으며 ⋯ 실제로 그랬어요.": 로저 페인 박사와의 인터뷰

57쪽 "눈물이 뺨을 타고 ⋯ 놀랐어요.": Bill McQuay and Christopher Joyce, "It Took a Musician's Ear to Decode the Complex Song in Whale Calls," NPR, August 6, 2015.

57쪽 "매년 7만 마리가 넘는 고래가 도살되고 있었다.": Robert C. Rocha, Jr., Phillip J. Clapham, and Yulia V. Ivashchenko, "Emptying the Oceans: A Summary of Industrial Whaling Catches in the 20th Century," *Marine Fisheries Review* 76, no. 4 (2015): 37–48.

58쪽 "가서 고래를 구하세요.": Ibid.

59쪽 "혹등고래는 7~30분 ⋯ '노래'라고 불렀습니다.": Roger S. Payne and Scott McVay, "Songs of Humpback Whales: Humpbacks Emit Sounds in Long, Predictable Patterns Ranging over Frequencies Audible to Humans," *Science* 173, no. 3997 (1971): 585–597, https://doi

.org/10.1126/science.173.3997.585.

59쪽 "사람이 노래를 … 재빨리 쉰다.": 로저 페인 박사와의 인터뷰

60쪽 "고래가 운율까지 … 발견했다." : "It Took a Musician's Ear to Decode the Complex Song in Whale Calls."

60쪽 "노래는 지속적으로 진화하며": Ellen C. Garland, Luke Rendell, Luca Lamoni et al., "Song Hybridization Events During Revolutionary Song Change Provide Insights into Cultural Transmission in Humpback Whales," *Proceedings of the National Academy of Sciences of the United States of America* 114, no. 30 (2017): 7822–7829.

61쪽 "케이티 페인은 인간 언어학을 … 인용하여": Katy Payne and Ann Warde, "Humpback Whales: Composers of the Sea [Video]," Cornell Lab of Ornithology, All About Birds, May 21, 2014, https://www.allaboutbirds.org/news/humpback-whales-composers-of-the-sea-video/.

61쪽 "언어는 스스로 만든 흐름 … 변화한다.": Edward Sapir, *Language: An Introduction to the Study of Speech* (San Diego: Harcourt Brace, 2008), 1–4, 11, 150, 192, 218.

61쪽 "2백 년 이상 사는 … 노래를 부른다.": *Washington Post*, "The Jazz-like Sounds of Bowhead Whales," YouTube, video, April 4, 2018, https://www.youtube.com / watch?v=0GanRdxW7Fs.

62쪽 "1970년대에 363,661마리의 … 도살당하는": "Emptying the Oceans."

62쪽 "인류의 상상을 사로잡는": Invisibilia, "Two Heartbeats a Minute," Apple Podcasts, April 2020, https://podcasts.apple.com/us/podcast/two-heartbeats-a-minute / id953290300?i=1000467622321.

64쪽 "고래의 노래는 … 깜짝 놀랐습니다.": Roger Payne, interview by Library of Congress, transcript, March 31, 2017, https://www.loc.gov/static/programs/national -recording-preservation-board/documents/RogerPayneInterview.pdf.

66쪽 "내가 태어난 이래로 … 추정된다.": Monique Grooten and Rosamunde E. A. Almond, eds., *Living Planet Report 2018: Aiming Higher* (Gland, Switzerland: WWF, 2018).

66쪽 "불과 수천 년 만에 … 절반을 잃었다.": Damian Carrington, "Humans Just 0.01% of All Life but Have Destroyed 83% of Wild Mammals— Study," *Guardian*, May 21, 2018.

66쪽 "로마인들은 황무지를 … 부른다.": Quoted in Cornelius Tacitus, *Tacitus: Agricola*, ed. A. J. Woodman with C. S. Kraus (Cambridge, UK: Cambridge University Press, 2014).

67쪽 "오늘날 양식용 닭은 … 추정된다.": Tom Phillips, "How Many Birds Are Chickens?" Full Fact, February 27, 2020, https://fullfact.org/environment/how-many-birds-are-chickens/.

67쪽 "바다의 경우 2050년에는 … 것이라고 한다.": World Economic Forum, Ellen MacArthur Foundation, and McKinsey & Company, "The New Plastics Economy: Rethinking the Future of Plastics," Ellen MacArthur Foundation, 2016, https://ellenmacarthurfoundation. org/the-new-plastics-economy-rethinking-the-future-of-plastics.

68쪽 "300만 마리의 고래": Daniel Cressey, "World's Whaling Slaughter Tallied," *Nature* 519, no. 7542 (2015): 140.

68쪽 "우리는 우리가 파괴하고 있는 … 알지 못한다.": Arthur C. Clarke, *Profiles of the Future: An*

Inquiry into the Limits of the Possible, Millennium ed. (London: Phoenix Press, 2000).

69쪽 "중앙 태평양 혹등고래 … 추정된다.": Dr. Kirsten Thompson, "Humpback Whales Have Made a Remarkable Recovery, Giving Us Hope for the Planet," Time, May 16, 2020, https://time .com/5837350/humpback-whales-recovery-hope-planet/.

69쪽 "2019년과 2020년에 보고된 바에 따르면": Alexandre N. Zerbini, Grant Adams, John Best et al., "Assessing the Recovery of an Antarctic Predator from Historical Exploitation," Royal Society Open Science 6, no. 10 (2019): 190368.

69쪽 "고래가 섬과 그 바다를 '재발견'한 것으로": British Antarctic Survey, "Blue Whales Return to Sub-Antarctic Island of South Georgia After Near Local Extinction," Science-Daily, November 19, 2020, https://www.sciencedaily.com/releases/2020/11/201119103058.htm.

70쪽 "로저의 혹등고래의 노래도 포함되었다.": The Golden Record. Greetings and Sounds of the Earth, NASA Voyager Golden Record, NetFilmMusic, 2013, Track 3, 1:13, Spotify:track:5SnnD9E ac06j4O6TqBr3s2.

70쪽 "50억 년 후 태양이 … 벗어나지 못한다면": K.-P. Schroder and Robert Connon Smith, "Distant Future of the Sun and Earth Revisited," Monthly Notices of the Royal Astronomical Society 386, no. 1 (2008): 155–163, https://doi.org/10.1111/j.1365-2966.2008.13022.x.

제3장 혀의 법칙

76쪽 "하지만 가능성을 … 상상해보라.": Robin Wall Kimmerer, Braiding Sweetgrass: Indigenous Wisdom, Scientific Knowledge and the Teachings of Plants (London: Penguin Books, 2020), 58.

78쪽 "이를 '공생(共生)'이라고 … 뜻이다.": Jennifer M. Lang and M. Eric Benbow, "Species Interactions and Competition," Nature Education Knowledge 4, no. 4 (2013): 8.

79쪽 "생물학자는 범무늬해삼을 … 헤엄쳐 나왔다.": Ed Yong, "How This Fish Survives in a Sea Cucumber's Bum," National Geographic, May 10, 2016, https://www.nationalgeographic. com/science/article/how-this-fish-survives-in-a-sea-cucumbers-bum.

80쪽 "항문 이빨": Dr. Chris Mah, "When Fish Live in Your Cloaca & How Anal Teeth Are Important!! The Pearlfish–Sea Cucumber Relationship!" The Echinoblog (blog), May 11, 2010, http://echinoblog.blogspot.com/2010/05/when-fish-live-in-your-cloaca-how-anal.html.

80쪽 "거의 0.5톤에 달하는 따개비": Mara Grunbaum, "What Whale Barnacles Know," Hakai Magazine, November 9, 2021, https://hakaimagazine.com/features/what-whale-barnacles-know/.

81쪽 "질식할 것 같은": Jonathan Kingdon, East African Mammals: An Atlas of Evolution in Africa (Chicago: University of Chicago Press, 1988), 89.

81쪽 "도망가거나 기절해버린다": Ibid.

81쪽 "딱총새우는 척추동물인 … 이룬다.": J. Lynn Preston, "Communication Systems and Social Interactions in a Goby-Shrimp Symbiosis," Animal Behaviour 26 (1978): 791–802.

81쪽 "오래된 벽이나 묘비에서 이끼가": David Hill, "The Succession of Lichens on Gravestones: A Preliminary Investigation," *Cryptogamic Botany* 4 (1994): 179–186.

82쪽 "아카시아는 때로 나무껍질에 … 만든다.": Derek Madden and Truman P. Young, "Symbiotic Ants as an Alternative Defense Against Giraffe Herbivory in Spinescent *Acacia drepanolobium*," *Oecologia* 91, no. 2 (1992): 235–238.

82쪽 "먹이 사냥을 하는 … 대고 있는데": Sam Ramirez and Jaclyn Calkins, "Symbiosis in Goby Fish and Alpheus Shrimp," Reed College, 2014, https://www.reed.edu/biology/courses/BIO342/2015_syllabus/2014_WEBSITES/sr_jc_website%202/index.html.

83쪽 "최근 연구에 따르면 말은 … 밝혀졌다.": Linda J. Keeling, Liv Jonare, and Lovisa Lanneborn, "Investigating Horse-Human Interactions: The Effect of a Nervous Human," *Veterinary Journal* 181, no. 1 (2009): 70–71.

84쪽 "엄마, 경찰이다!": Tom Phillips, "Police Seize 'Super Obedient' Lookout Parrot Trained by Brazilian Drug Dealers," *Guardian*, April 24, 2019.

84쪽. "역사적으로 유명한 … 개코원숭이 잭이다.": Simon Conway Morris, *Life's Solution: Inevitable Humans in a Lonely Universe* (Cambridge, UK: Cambridge University Press, 2003), 242.

85쪽 "곧 점퍼는 잭을 … 다니게 했다.": "A Unique Signalman," *Railway Signal: Or, Lights Along the Line*, vol. 8 (London: The Railway Mission, 1890), 185.

86쪽 "어느 날 원숭이가 … 해고를 당했다.": Dorothy L. Cheney and Robert M. Seyfarth, *Baboon Metaphysics: The Evolution of a Social Mind* (Chicago: University of Chicago Press, 2007), 31.

87쪽 "1980년대까지 지속되었다.": Ibid., 33.

90쪽 "현재 10마리 정도만 남아있다.": Victor R. Rodriguez, "Will Exporting Farmed Totoaba Fix the Big Mess Pushing the World's Most Endangered Porpoise to Extinction?" *Hakai Magazine*, February 22, 2022, https://hakaimagazine.com/features/will-exporting-farmed-totoaba-fix-the-big-mess-pushing-the-worlds-most-endangered-porpoise-to-extinction/.

91쪽 "호주 대부분의 지역은 … 여겨지고 있다.": Fran Dorey, "When Did Modern Humans Get to Australia?" Australian Museum, December 9, 2021, https://australian.museum/learn/science/human-evolution/the-spread-of-people-to-australia/.

91쪽 "이야기가 전하는 … 일치한다.": John Upton, "Ancient Sea Rise Tale Told Accurately for 10,000 Years," *Scientific American*, January 26, 2015.

91쪽 "이 해안의 호주 원주민인 유인족은": "Whaling in Eden," Eden Community Access Centre, https://eden.nsw.au/whaling-in-eden. Excellent links to primary sources are also gathered here.

91쪽 "검은색과 흰색 무늬가 있는 전사의 복장은": "'King of Killers' Dead Body Washed Ashore: Whalers Ally for 100 Years," *Sydney Morning Herald*, September 18, 1930, 9.

91쪽 "전통적 치료법 … 누워있는 것이었다.": Fred Cahir, Ian Clark, and Philip Clarke, *Aboriginal Biocultural Knowledge in South-Eastern Australia: Perspectives of Early Colonists* (Collingwood, Victoria: CSIRO Publishing, 2018), 91.

92쪽 "아마도 수천 년 동안 … 유지해 왔을 것이다.": "Eden Killer Whale Museum: Old Tom's Skeleton," Bega Shire's Hidden Heritage, https://hiddenheritage.com.au/heritage-object/?object id=8.

92쪽 "잔다": "Becoming Beowa," Bundian Way, https://bundianway.com.au/becoming
-beowa/.

92쪽 "범고래는 '베와'로 불렸고": *Aboriginal Biocultural Knowledge*, 90.

92쪽 "죽은 조상의 환생환 영혼": Danielle Clode, "Cooperative Killers Helped Hunt Whales,"
Afloat, December 2011, 3.

92쪽 "고래의 입 부분을 보상으로": Clode, *Killers in Eden: The True Story of Killer Whales and Their
Remarkable Partnership with the Whalers of Twofold Bay* (Crows Nest, NSW: Allen and Unwin,
2002).

92쪽 "스코틀랜드의 포경업자인 데이비슨": Killers of Eden, http://web.archive.org/web/* /
www .killersofeden.com/. There are a family tree and extensive resources on this
community website, which is no longer online but still fully accessible via the Wayback
Machine.

93쪽 "이방인, 스키너, 지미 같은": *Killers in Eden*.

93쪽 "93세 이상으로 추정되는": "Meet the Whales of L-Pod from the Southern Resident Orca
Population!" *Captain's Blog*, Orca Spirit Adventures, March 4, 2019, updated September
2020, https://orcaspirit.com/the-captains-blog/meet-the-whales-of-l-pod-in-2019-
from-the-southern-resident-killer-whale-population/.

93쪽 "올드 톰이 ⋯ 이야기가 전한다.": "King of the Killers", *Sydney Morning Herald*, September
18, 1930, https://www.smh.com.au/environment/conservation/the-king-of-the-killers-
20100916-15er7.html.

93쪽 "꼬리는 수면 위로 올리거나 내리치는 등의 행동": *Killers in Eden*, directed by Greg McKee,
Australian Broadcasting Corporation, Vimeo, video, 2004, https://vimeo.com/47822835.

94쪽 "고래가 근처에 있으면 ⋯ 알려주었다.": *Killers in Eden*.

95쪽 "혀의 법칙": Bill Brown, "The Aboriginal Whalers of Eden," Australian
Broadcast Corporation Local, audio, July 4, 2014, https://www.abc.net.au/local/
audio/2013/10/29/3879462.htm.

95쪽 "잭의 친구들이 시신을 발견한": "Eden Killer Whale Museum: Old Tom's Skeleton."

95쪽 "바다와 인간 사이에 ⋯ 같습니다.": *Killers in Eden*.

96쪽 "1923년에 다시 나타난": Blake Foden, "Old Tom: Anniversary of the Death of a Legend,"
Eden Magnet, September 16, 2014, https://www.edenmagnet.com.au/story/2563131/old-
tom-anniversary-of-the-death-of-a-legend/.

96쪽 "세상에, 내가 무슨 짓을 한 거야?": "The King of the Killers," *Hawkesbury Gazette*, September
17, 2010.

97쪽 "미 해군 매뉴얼을 보면": *U.S. Navy Diving Manual*, 1973. NAVSHIPS 0994-001-9010
(Washington, DC: Navy Department, 1973).

98쪽 "한 흥미로운 연구에 ⋯ 들린다고 한다.": Elizabeth Preston, "Dolphins That Work with
Humans to Catch Fish Have Unique Accent," *New Scientist*, October 2, 2017.

99쪽 "해면, 따개비로 뒤덮인 병 ⋯ 같은 '선물'을": Giovanni Torre, "Dolphins Lavish Humans
with Gifts During Lockdown on Australia's Cooloola Coast," *Telegraph*, May 21, 2020,

https://www.telegraph.co.uk/news/2020/05/21/dolphins-lavish-humans-gifts-lockdown-australias-cooloola-coast/.

99쪽 "파일럿고래는 … 어울린다.": Charlotte Cure, Ricardo Antunes, Filipa Samarra et al., "Pilot Whales Attracted to Killer Whale Sounds: Acoustically-Mediated Interspecific Interactions in Cetaceans," *PLoS One* 7, no. 12 (2012): e52201.

100쪽 "2008년 뉴질랜드 … 피그미향유고래": Associated Press, "Dolphin Appears to Rescue Stranded Whales," NBC News, March 12, 2008, https://www.nbcnews.com/id / wbna23588063.

100쪽 "포식자에게 공격을 당하는 동료 혹등고래뿐만 아니라": Robert L. Pitman et al., "Humpback Whales Interfering When Mammal-Eating Killer Whales Attack Other Species: Mobbing Behavior and Interspecific Altruism?" *Marine Mammal Science* 33, no. 1 (2017): 7–58, https://doi.org/10.1111/mms.12343.

100쪽 "혹등고래는 사체를 … 머물렀다.": Jody Frediani, "Humpback Intervenes at Crime Scene, Returns Next Day with Friend," Blog, The Safina Center, January 20, 2021, https://www.safinacenter.org/blog/humpback-intervenes-at-crime-scene-returns-next-day-with-friend.

101쪽 "구부' 테드 토머스": Brown, "The Aboriginal Whalers of Eden."

제4장 고래의 기쁨

106쪽 "갓 졸업한 대학원생이었던 조이는": 조이 레이든버그 교수와의 인터뷰, 2018년 6월 6일.

109쪽 "거의 2천 년 전 … 선택한 장소로": Jason Daley, "Archeologists Discover Where Julius Caesar Landed in Britain," *Smithsonian Magazine*, November 30, 2017, https://www.smithsonianmag.com/smart-news/archaeologists-discover-where-julius-caesar-landed-britain-180967359/.

111쪽 "심지어 이동 중에 폭발할 수도 있다.": MSNBC.com Staff, "Thar She Blows! Dead Whale Explodes," NBC News, January 29, 2004, https://www.nbcnews.com/id/wbna4096586.

111쪽 "엄청난 고래 지방을 쏟아 부어": Katie Shepherd, "Fifty Years Ago, Oregon Exploded a Whale in a Burst That 'Blasted Blubber Beyond All Believable Bounds,'" *Washington Post*, November 13, 2020, https://www.washingtonpost.com/nation/2020/11/13/oregon-whale-explosion-anniversary/.

114쪽 "고통에 빠진 사람의 … 소리": Herbert L. Aldrich, "Whaling," *Outing*, vol. 15, October 1899–March 1890, 113, Internet Archive, https://archive.org/details/out ing15newy/page/n6/mode/1up.

114쪽 "1950년대에 … 승선했다.": "Malcolm Clarke," obituary, *Telegraph*, July 30, 2013, https://www.telegraph.co.uk/news/obituaries/10211615/Malcolm-Clarke.html.

116쪽 "해군 훈련과 관련이 있는 것으로": E. C. M. Parsons, "Impacts of Navy Sonar on Whales and Dolphins: Now Beyond a Smoking Gun?" *Frontiers in Marine Science* 4 (2017): 295, https://www.frontiersin.org/articles/10.3389/fmars.2017.00295/full.

116쪽 "말 그대로 겁에 질려 죽는 것이다.": Mindy Weisberger, "Sonar Can Literally Scare

Whales to Death, Study Finds," LiveScience, January 30, 2019, https://www.livescience.com/64635-sonar-beaked-whales-deaths.html.

118쪽 "일부 고래는 자기장에도 민감하다.": Dorothee Kremers, Juliana Lopez Marulanda, Martine Hausberger, and Alban Lemasson, "Behavioural Evidence of Magnetoreception in Dolphins: Detection of Experimental Magnetic Fields," *Naturwissenschaften* 101, no. 11 (2014): 907–911, https://doi.org/10.1007/s00114-014-1231-x.

119쪽 "기본적인 감각 및 소통 채널": Darlene R. Ketten, "The Marine Mammal Ear: Specializations for Aquatic Audition and Echolocation," in *The Evolutionary Biology of Hearing*, ed. Douglas B. Webster, Richard R. Fay, and Arthur N. Popper (New York: Springer-Verlag, 1992), 717–750.

120쪽 "수용 유모가 수천 개 더 많으며": Ketten, "Structure and Function in Whale Ears," *Bioacoustics* 8, no. 1–2 (1997): 103–135.

120쪽 "우리가 지금까지 만든 어떤 기계보다 우수하다": Sam H. Ridgway and Whitlow Au, "Hearing and Echolocation in Dolphins," *Encyclopedia of Neuroscience* 4 (2009): 1031–1039.

122쪽 "이 기관은 몸길이의 40퍼센트까지": "Sperm Whale," *Encyclopaedia Britannica*, updated March 30, 2021, https://www.britannica.com/animal/sperm-whale.

123쪽 "해양 동물에서 가장 조용한 동물 중 하나": Thomas Beale, *The Natural History of the Sperm Whale: To Which Is Added a Sketch of a South-Sea Whaling Voyage, in Which the Author Was Personally Engaged* (London: J. Van Voorst, 1839).

125쪽 "제트기 엔진보다 더 큰소리": "Noise Sources and Their Effects," Purdue University Department of Chemistry, https://www.chem.purdue.edu/chemsafety/Training/PPETrain/dblevels.htm.

125쪽 "최근 연구에 따르면 … 밝혀졌다.": Eduardo Mercado III, "The Sonar Model for Humpback Whale Song Revised," *Frontiers in Psychology* 9 (2018): 1156, https://doi.org/10.3389/fpsyg.2018.01156.

125쪽 "한 향유고래 무리를 연구한 … 발견되었다.": Rendell and Hal Whitehead, "Vocal Clans in Sperm Whales (*Physeter macrocephalus*)," *Proceedings of the Royal Society B: Biological Sciences* 270, no. 1512 (2003): 225–231.

125쪽 "이 코다 소리는 … 아교로 여겨지며": Whitehead, *Sperm Whales: Social Evolution in the Ocean* (Chicago: University of Chicago Press, 2003).

125쪽 "가장 광범위한 음향 채널": "The Marine Mammal Ear."

129쪽 "이 거대 짐승들은 이른바 돌봄센터를 운영한다.": Shane Gero, Dan Engelhaupt, Rendell, and Whitehead, "Who Cares? Between-Group Variation in Alloparental Caregiving in Sperm Whales," *Behavioral Ecology* 20, no. 4 (2009): 838–843.

129쪽 "마거리트 대형 안에서 보호받는다.": Pitman, Lisa T. Ballance, Sarah I. Mesnick, and Susan J. Chivers, "Killer Whale Predation on Sperm Whales: Observations and Implications," *Marine Mammal Science* 17, no. 3 (2001): 494–507, https://doi.org/10.1111/j.1748-7692.2001.tb01000.x.

129쪽 "사냥 능력이 떨어지는 고래에 먹이를 준다": Kerry Lotzof, "Life in the Pod: The Social Lives of Whales," Natural History Museum, https://www.nhm.ac.uk/discover/social-lives-of-whales.html.

130쪽 "소리 종족이라고 부른다.": Rendell and Whitehead, "Vocal Clans in Sperm Whales."

131쪽 "고래가 '문화'를 가지고 있다고": Rendell and Whitehead, "Culture in Whales and Dolphins," *Behavioral and Brain Sciences* 24, no. 2 (2001): 309-324.

제5장 어떤 멍청하고 커다란 물고기

134쪽 "의식을 가진 원자…": Richard P. Feynman, *The Pleasure of Finding Things Out: The Best Short Works of Richard Feynman*, ed. Jeffrey Robbins (New York: Basic Books, 1999), 144.

138쪽 "몇몇 과학자들은 살아있는 돌고래의 뇌를 스캔하여": Ridgway, Dorian Houser, James Finneran et al., "Functional Imaging of Dolphin Brain Metabolism and Blood Flow," *Journal of Experimental Biology* 209 (Pt. 15) (2006): 2902-2910.

143쪽 "향유고래에 비하면 훨씬 적다.": Mind Matters, "Are Whales Smarter Than We Are?" *News Blog, Scientific American*, January 15, 2008, https://blogs.scientificamerican.com/news-blog/are-whales-smarter-than-we-are/.

144쪽 "105억 개의 대뇌 뉴런": Ursula Dicke and Gerhard Roth, "Neuronal Factors Determining High Intelligence," *Philosophical Transactions of the Royal Society B: Biological Sciences* 371, no. 1685 (2016): 20150180.

144쪽 "지금은 인지에도 중요하다는 사실이 밝혀졌다.": R. Douglas Fields, "The Other Half of the Brain," *Scientific American*, April 2004, https://www.scientificamerican.com/article/the-other-half-of-the-brain/.

145쪽 "한 연구에 따르면 인간은 … 달한다고 한다.": Dicke and Roth, "Neuronal Factors."

145쪽 "우리는 인간의 지능을 … 형편없다.": David Grimm, "Are Dolphins Too Smart for Captivity?" *Science* 332, no. 6029 (2011): 526-529, https://doi.org/10.1126/science.332.6029.526.

147쪽 "가장 똑똑한 곰과 … 때문이다.": Lynn Smith, "My Take: Dumb and Dumber," *Holland Sentinel*, November 20, 2020, https://www.hollandsentinel.com/story/opinion/columns/2020/11/20/my-take-dumb-and-dumber/114997362/.

148쪽 "고래도 인간과 같은 … 이유가 없죠.": 패트릭 호프 교수와의 인터뷰 2018년 6월 8일

148쪽 "2006년, 패트릭과 … 발표했다.": Patrick R. Hof and Estel Van der Gucht, "Structure of the Cerebral Cortex of the Humpback Whale, *Megaptera novaeangliae* (*Cetacea, Mysticeti, Balaenopteridae*)," *Anatomical Record* 290, no. 1 (Hoboken, NJ, 2007): 1-31.

148쪽 "여우원숭이 같은": Esther A. Nimchinsky, Emmanuel Gilissen, John M. Allman et al., "A Neuronal Morphologic Type Unique to Humans and Great Apes," *Proceedings of the National Academy of Sciences of the United States of America* 96, no. 9 (1999): 5268-5273.

149쪽 "인간은 코끼리와 고래의 먼 친척이며": Maureen A. O'Leary, Jonathan I. Bloch, John J. Flynn et al., "The Placental Mammal Ancestor and the Post-K-Pg Radiation of Placentals," *Science* 339, no. 6120 (2013): 662-667.

150쪽 "신경계의 '급행열차'와 같다": Andy Coghlan, "Whales Boast the Brain Cells That 'Make Us Human,'" *New Scientist*, November 27, 2006, https://www.newscientist.com/article/

dn10661-whales-boast-the-brain-cells-that-make-us-human/.

150쪽 "2014년 패트릭 연구팀은 ⋯ 발견했다.": Mary Ann Raghanti, Linda B. Spurlock, F. Robert Treichler et al., "An Analysis of von Economo Neurons in the Cerebral Cortex of Cetaceans, Artiodactyls, and Perissodactyls," *Brain Structure & Function* 220, no. 4 (2015): 2303-2314, https://doi.org/10.1007/s00429-014-0792-y.

151쪽 "우리는 벌레의 뇌도 이해하지 못한다.": Rachel Tompa, "5 Unsolved Mysteries About The Brain," Allen Institute, March 14, 2019, https://alleninstitute.org/what-we-do/brain-science/news-press/articles/5-unsolved-mysteries-about-brain.

152쪽 "2007년, 로리 마리노는 ⋯ 논문을 발표했다.": Lori Marino, Richard C. Connor, R. Ewan Fordyce et al., "Cetaceans Have Complex Brains for Complex Cognition," *PLoS Biology* 5, no. 5(2007): e139.

155쪽 "큰돌고래의 뇌(가운데) ⋯ 인간의 뇌(오른쪽)" 그림 캡션: G. G. Mascetti, "Unihemispheric Sleep and Asymmetrical Sleep: Behavioral, Neurophysiological, and Functional Perspectives," *Nature and Science of Sleep*, vol. 8 (2016): 221-238.

156쪽 "돌고래와 향유고래의 '스캔'을 여러 번 받았고": 던컨 브레이크와의 인터뷰. 2019년 11월 20일, Turks and Caicos.

제6장 동물의 언어

162쪽 "평온하고 유유자적 ⋯ 다툼": *Deep Voices: The Second Whale Record*, Capitol Records ST-11598, 1977, LP.

163쪽 "하지만 안타깝게도 ⋯ 천차만별이다.": Ewa Dąbrowska, "What Exactly Is Universal Grammar, and Has Anyone Seen It?" *Frontiers in Psychology* 6 (2015): 852, https://doi.org/10.3389/fpsyg.2015.00852.

164쪽 "우리는 백지상태에서 태어나며 ⋯": B. F. Skinner, *Verbal Behavior* (New York: Appleton-Century-Crofts, 1957).

164쪽 "우리는 특별한 인간 보편 문법 ⋯": Noam Chomsky, *Knowledge of Language: Its Nature, Origin and Use* (New York: Praeger, 1986).

164쪽 "언어 본능!": Steven Pinker, *The Language Instinct: How the Mind Creates Language* (London: Penguin Books, 2003).

164쪽 "보편 문법은 없다!": Philip Lieberman, *Human Language and Our Reptilian Brain: The Subcortical Bases of Speech, Syntax, and Thought* (Cambridge, MA: Harvard University Press, 2000).

164쪽 "인간은 우리의 ⋯ 만들 수 있다!": Daniel Everett, *Don't Sleep, There Are Snakes!* (London: Profile Books, 2009), 243.

164쪽 "뇌에는 언어의 '자리'가 아니라 ⋯": Lieberman, "Human Language and Our Reptilian Brain: The Subcortical Bases of Speech, Syntax, and Thought," *Perspectives in Biology and Medicine* 44 (2001): 32-51.

164쪽 "재귀성은 ⋯ 요소이다!": Marc D. Hauser, Chomsky, and W. Tecumseh Fitch, "The Faculty of Language: What Is It, Who Has It, and How Did It Evolve?" *Science* 298, no.

5598 (November 22, 2002): 1569–1579.

164쪽 "진정한 언어는 구도로만 가능하며…": John L. Locke and Barry Bogin, "Language and Life History: A New Perspective on the Development and Evolution of Human Language," *Behavioural and Brain Sciences* 29, no. 3 (2006): 259–325.

164쪽 "언어는 개인의 인지에 … 다면적 현상이다!": Sławomir Wacewicz and Przemysław Żywiczyński, "Language Evolution: Why Hockett's Design Features are a Non-Starter," *Biosemiotics* 8, no. 1 (2015): 29–46.

164쪽 "미국 수어가 언어의 자격을 … 것이었는데": Edmund West, "William Stokoe— American Sign Language scholar," *British Deaf News*, January 30, 2020, https://www.britishdeafnews. co.uk/william-stokoe/.

165쪽 "황소 앞에서 빨간 망토를 흔드는 것": Con Slobodchikoff, *Chasing Doctor Dolittle: Learning the Language of Animals* (New York: St. Martin's Press, 2012).

165쪽 "내 분야에서 역사적으로 … 차지한다는 것": Frans de Waal, "The Brains of the Animal Kingdom," *Wall Street Journal*, March 22, 2013, https://www.wsj.com/articles/SB100014241 27887323869604578370574285382756.

165쪽 "인간만이 할 수 있다고 생각했던 능력": Kate Douglas, "Six 'Uniquely Human' Traits Now Found in Animals," *New Scientist*, May 22, 2008, https://www.newscientist.com/ article/dn13860-six-uniquely-human-traits-now-found-in-animals/.

166쪽 "멀티모달": James P. Higham and Eileen A. Hebets, "An Introduction to Multimodal Communication," *Behavioral Ecology and Sociobiology* 67, no. 9 (2013): 1381–1388.

166쪽 "꿀벌처럼 15개의 분비샘에서": Laura Bortolotti and Cecilia Costa, "Chemical Communication in the Honey Bee Society," in *Neurobiology of Chemical Communication*, ed. Carla Mucignat-Caretta (Boca Raton, FL: Taylor & Francis, 2014).

166쪽 "일부 극락조처럼 … 춤을 추거나": Meredith C. Miles and Matthew J. Fuxjager, "Synergistic Selection Regimens Drive the Evolution of Display Complexity in Birds of Paradise," *Journal of Animal Ecology* 87, no. 4 (2018): 1149–1159.

166쪽 "갑오징어처럼 피부의 색과 … 발할 수 없다.": Alejandra Lopez Galan, Wen-Sung Chung, and N. Justin Marshall, "Dynamic Courtship Signals and Mate Preferences in *Sepia plangon*," *Frontiers in Physiology* 11 (2020): 845.

167쪽 "소의 청각 범위는 … 두 배나 넓다.": Richard E. Berg, "Infrasonics," *Encyclopaedia Britannica*, https://www.britannica.com/science/infrasonics.

167쪽 "간지럼을 탈 때처럼 … 들리지 않는다.": Ashwini J. Parsana, Nanxin Li, and Thomas H. Brown, "Positive and Negative Ultrasonic Social Signals Elicit Opposing Firing Patterns in Rat Amygdala," *Behavioural Brain Research* 226, no. 1 (2012): 77–86.

168쪽 "1958년 언어학자 … 있었다.": Charles F. Hockett, *A Course in Modern Linguistics* (New York: Macmillan, 1958), section 64, 569–586.

169쪽 "설계적 특징": Hockett, "The Origin of Speech," *Scientific American* 203, no. 3 (1960): 88–97.

170쪽 "매우 격렬한 논쟁": Guy Cook, *Applied Linguistics* (Oxford: Oxford University Press, 2003).

172쪽 "실시간 엑스레이와 … 관찰했다.": Bart de Boer, Neil Mathur, and Asif A. Ghazanfar, "Monkey Vocal Tracts Are Speech-Ready," *Science Advances* 2, no. 12 (2016): e1600723.

173쪽 "다소 속삭이는 듯한 목소리로": Michael Price, "Why Monkeys Can't Talk— and What They Would Sound Like If They Could," *Science*, December 9, 2016, https://www.sciencemag.org/news/2016/12/why-monkeys-can-t-talk-and-what-they-would-sound-if-they.could.

174쪽 "(때로는 치열한) 논쟁의 여지가 있었다.": Pedro Tiago Martins and Cedric Boeckx, "Vocal Learning: Beyond the Continuum," *PLoS Biology* 18, no. 3 (2020): e3000672.

174쪽 "대부분의 포유류와 발성을 하는 많은 조류는": Andreas Nieder and Richard Mooney, "The Neurobiology of Innate, Volitional and Learned Vocalizations in Mammals and Birds," *Philosophical Transactions of the Royal Society B: Biological Sciences* 375, no. 1789 (2020): 20190054.

175쪽 "이 멍청한 놈아!" : Ben Panko, "Listen to Ripper the Duck Say 'You Bloody Fool!'" *Smithsonian Magazine*, September 9, 2021, https://www.smithsonianmag.com/smart-news/listen-ripper-duck-say-you-bloody-fool-180978613/.

175쪽 "한국어 단어를 말하는 법을 배웠다.": Russell Goldman, "Korean Words, Straight from the Elephant's Mouth," *New York Times*, May 26, 2016, https://www.nytimes.com/2016/05/27/world/what-in-the-world/korean-words-straight-from-the-elephants-mouth.html.

176쪽 "거친 뉴잉글랜드 억양": New England Aquarium, "Hoover the Talking Seal," YouTube, video, November 28, 2007, https://www.youtube.com/watch?v=prrMaLrkc 5U&t=8s.

176쪽 "정말 진짜 사람 … 때문에": Roger Payne, email, January 2022.

176쪽 "두 개의 다른 노래를 동시에 부를 수 있다.": Tobias Riede and Franz Goller, "Functional Morphology of the Sound-Generating Labia in the Syrinx of Two Songbird Species," *Journal of Anatomy* 216, no. 1 (2010): 23–36.

176쪽 "녹(Noc)이라는 포획 흰고래": Ewen Callaway, "The Whale That Talked," Nature, 2012, https://doi.org/10.1038/nature.2012.11635.

177쪽 "녹은 교류하고자 했습니다.": Charles Siebert, "The Story of One Whale Who Tried to Bridge the Linguistic Divide Between Animals and Humans," *Smithsonian Magazine*, June 2014, https://www.smithsonianmag.com/science-nature/story-one-whale-who-tried-bridge-linguistic-divide-between-animals-humans-180951437/.

177쪽 "미국 수어에서 파생된 수어를": R. Allen Gardner and Beatrice T. Gardner, "Teaching Sign Language to a Chimpanzee," *Science* 165, no. 3894 (1969): 664–672.

177쪽 "대체 기호 언어": David Premack, "On the Assessment of Language Competence in the Chimpanzee," in *Behavior of Nonhuman Primates*, vol. 4, ed. Allan M. Schrier and Fred Stollnitz (New York: Academic Press, 1971), 186–228.

177쪽 "컴퓨터 인터페이스 화면을 터치하여": Duane M. Rumbaugh, Timothy V. Gill, Josephine V. Brown et al., "A Computer-Controlled Language Training System for Investigating the Language Skills of Young Apes," *Behavior Research Methods & Instrumentation* 5, no. 5 (1973): 385–392.

179쪽 "우간다 부동고 숲의 침팬지들은": Raphaela Heesen et al., "Linguistic Laws in

Chimpanzee Gestural Communication," *Proceedings of the Royal Society B: Biological Sciences* 286, no. 1896 (2019), ttps://doi.org/10.1098/rspb.2018.2900.

179쪽 "한두 살짜리 인간 아기가 사용하는": Verena Kersken et al, "A gestural repertoire of 1-to 2-year-old human children: in search of the ape gestures," *Animal Cognition* 22 (2019): 577–595.

180쪽 "알렉스는 두 살이 되었을 때": 저자와의 이메일, 2022년 4월.

180쪽 "알렉스는 더는 묻지 않았다.": Steven M. Wise, *Drawing the Line* (Cambridge, MA: Perseus Books, 2002), 107.

180쪽 "우리는 일종의 … 있을 것 같다.": Irene M. Pepperberg, "Animal Language Studies: What Happened?" *Psychonomic Bulletin & Review* 24 (2017): 181–185, https://doi .org/10.3758/ s13423-016-1101-y.

182쪽 "기본적으로 언어는 … 정의": Roger S. Fouts, "Language: Origins, Definitions and Chimpanzees," *Journal of Human Evolution* 3, no. 6 (1974): 475–482.

182쪽 "80퍼센트의 성공률": "Ask the Scientists: Irene Pepperberg," Scientific American Frontiers Archives, PBS, Internet Archive Wayback Machine, https://web.archive .org/web/20071018070320/http:/www.pbs.org/safarchive/3_ask/archive/qna/3293 pepperberg.html.

182쪽 "나쁘다, 슬프다 … 슬프다": Thori, "Koko the Gorilla Cries over the Loss of a Kitten," YouTube, video, December 8, 2011, https://www.youtube.com/ watch?v=CQCOHUXmEZg.

185쪽 "말 그대로 … 시간을 보낸다.": Slobodchikoff, *Chasing Doctor Dolittle*.

185쪽 "버빗원숭이는 표범 … 내며": Seyfarth, Cheney, and Peter Marler, "Vervet Monkey Alarm Calls: Semantic Communication in a Free-Ranging Primate," *Animal Behaviour* 28, no. 4 (1980): 1070–1094.

186쪽 "현재 수많은 재현 … 밝혀졌다.": Klaus Zuberbuhler, "Survivor Signals: The Biology and Psychology of Animal Alarm Calling," *Advances in the Study of Behavior* 40 (2009): 277–322.

187쪽 "야계는 최소 … 보인다.": Nicholas E. Collias, "The Vocal Repertoire of the Red Junglefowl: A Spectrographic Classification and the Code of Communication," *Condor* 89, no. 3 (1987): 510–524.

187쪽 "우리에 갇힌 닭은": Christopher S. Evans, Linda Evans, and Marler, "On the Meaning of Alarm Calls: Functional Reference in an Avian Vocal System," *Animal Behaviour* 46, no. 1 (1993): 23–38.

187쪽 "여우원숭이처럼": Claudia Fichtel, "Reciprocal Recognition of Sifaka (*Propithecus verreauxi verreauxi*) and Redfronted Lemur (*Eulemur fulvus rufus*) Alarm Calls," *Animal Cognition* 7, no. 1 (2004): 45–52.

188쪽 "앨런, 앨런 … 앨런": BBC, "Alan!.. Alan!.. Steve! Walk on the Wild Side— BBC," You- Tube, video, March 19, 2009, https://www.youtube.com/watch?v=xaPepcVepCg.

188쪽 "콘은 프레리도그가 명사 … 설명했다.": Slobodchikoff, Andrea Paseka, and Jennifer L. Verdolin, "Prairie Dog Alarm Calls Encode Labels About Predator Colors," *Animal Cognition* 12, no. 3 (2009): 435–439.

189쪽 "콘이 코요테의 실루엣을 …": 저자와의 이메일, 2022년 4월.

190쪽 "2019년 취리히대학교 … 결과를 발표했다.": Sabrina Engesser, Jennifer L. Holub, Louis G. O'Neill et al., "Chestnut-Crowned Babbler Calls Are Composed of Meaningless Shared Building Blocks," *Proceedings of the National Academy of Sciences of the United States of America* 116, no. 39 (2019): 19579-19584.

191쪽 "사브리나 박사가 또 다른 새인 … 나타났다.": Engesser et al., "Internal acoustic structuring in pied babbler recruitment cries specifies the form of recruitment," *Behavioral Ecology* 29, no. 5 (2018): 1021-1030.

191쪽 "다른 위협 호출": Engesser et al., "Meaningful call combinations and compositional processing in the southern pied babbler." *Proceedings of the National Academy of Sciences* 113, no. 21 (2016): 5976-5981.

191쪽 "한 달이 채 지나지 않아 … 확인했다.": T. N. Suzuki et al., "Experimental evidence for compositional syntax in bird calls," *Nature Communication* 7 (2016): 10986.

191쪽 "이제 증거가 넘쳐나고 있다.": 홀리 루트 거트리지와 저자의 인터뷰, 2019년 9월 1일.

192쪽 "아이린 페퍼버그 박사는 지난 50년간의 … 한탄했다.": Slobodchikoff, *Chasing Doctor Dolittle*.

제7장 심연의 마음

196쪽 "항상 웃는 좋은 … 있을 것이다.": Terry Pratchett, *Pyramids* (London: Corgi, 2012), 207.

199쪽 "키보드를 사용해 소통을 하도록 훈련시키고": Harvest Books, "The Dolphin in the Mirror: Keyboards," YouTube, video, July 8, 2011, https://www.youtube.com/watch?v=3IqRPaAYm4I.

199쪽 "모래에 몸을 … 선택한다.": Virginia Morell, "Why Dolphins Wear Sponges," *Science*, July 20, 2011, https://www.science.org/content/article/why-dolphins-wear-sponges.

199쪽 "범고래는 물고기 조각을 미끼로 … 유인했다.": Bjorn Carey, "How Killer Whales Trap Gullible Gulls," NBC News, February 3, 2006, https://www.nbcnews.com/id/wbna11163990.

199쪽 "해초 조각을 손이 닿지 … 보인다.": Joe Noonan, "Wild Dolphins Playing w/Seaweed & Snorkeler: Slomo— Very Touching," YouTube, video, April 28, 2017, https://www.youtube.com/watch?v=5_DLhtq5Ctg.

199쪽 "대왕고래와 함께 뱃머리 파도타기": Capt. Dave's Dana Point Dolphin & Whale Watching Safari, "Dolphins 'Bow Riding' with Blue Whales off Dana Point," YouTube, video, July 27, 2012, https://www.youtube.com/watch?v=wfEdki3LwUY.

199쪽 "파도를 타다 물살을 가르며 뛰어오르며": BBC, "Glorious Dolphins Surf the Waves Just for Fun: Planet Earth: A Celebration— BBC," YouTube, video, September 1, 2020, https://www.youtube.com/watch?v=6HRMHejDHHm.

199쪽 "수영하는 사람들과 함께 빙빙 돌며 장난을 치고": Dylan Brayshaw, "Orcas Approaching Swimmer FULL VERSION (Unedited)," YouTube, video, December 16, 2019, https://

www.youtube.com/watch?v=gVmieqjU0E8.

199쪽 "카약 타는 사람들과 놀기도 한다.": *Wall Street Journal*, "Orca and Kayaker Encounter Caught on Drone Video," YouTube, video, September 9, 2016, https://www.youtube.com/watch?v=eoUVufAuEw0.

200쪽 "훌라후프를 들고 수영장 주변을 돌며": Stan A. Kuczaj II and Rachel T. Walker, "Dolphin Problem Solving," in *The Oxford Handbook of Comparative Cognition*, ed. Thomas R. Zentall and Edward A. Wasserman (New York: Oxford University Press, 2012), 736–756.

200쪽 "완벽한 공기방울 고리": Brenda McCowan, Marino, Erik Vance et al., "Bubble Ring Play of Bottlenose Dolphins (*Tursiops truncatus*): Implications for Cognition," *Journal of Comparative Psychology* 114, no. 1 (2000): 98.

201쪽 "가리키기를 이해하지 … 보인다.": Adam A. Pack and Louis M. Herman, "Bottlenosed Dolphins (*Tursiops truncatus*) Comprehend the Referent of Both Static and Dynamic Human Gazing and Pointing in an Object-Choice Task," *Journal of Comparative Psychology* 118, no. 2 (2004): 160.

201쪽 "인간처럼 가리키는 몸짓과 … 미스터리다.": Justin Gregg, *Are Dolphins Really Smart? The Mammal Behind the Myth* (Oxford: Oxford University Press, 2013).

201쪽 "포획 돌고래가 조련사에게 무언가를 가리키는 모습": Mark J. Xitco, John D. Gory, and Kuczaj, "Spontaneous Pointing by Bottlenose Dolphins (*Tursiops truncatus*)," *Animal Cognition* 4, no. 2 (2001): 115–123.

201쪽 "서로 죽은 돌고래를 가리키는 모습": K. M. Dudzinski, M. Saki, K. Masaki et al., "Behavioural Observations of Bottlenose Dolphins Towards Two Dead Conspecifics," *Aquatic Mammals* 29, no. 1 (2003): 108–116.

202쪽 "이름과 같은 기능": Morell, "Dolphins Can Call Each Other, Not by Name, but by Whistle," *Science*, February 20, 2013, https://www.science.org/con tent/article/dolphins-can-call-each-other-not-name-whistle.

202쪽 "종종 서로의 휘파람 소리를 흉내 내는데": Stephanie L. King, Heidi E. Harley, and Vincent M. Janik, "The Role of Signature Whistle Matching in Bottlenose Dolphins, *Tursiops truncatus*," *Animal Behaviour* 96 (2014): 79–86.

202쪽 "20년 이상 친구의 … 있다고 한다.": Jason N. Bruck, "Decades-Long Social Memory in Bottlenose Dolphins," *Proceedings of the Royal Society B: Biological Sciences* 280, no. 1768 (2013): 20131726.

202쪽 "돌고래가 흑등고래의 노래를 흉내 내는 소리": Mary Bates, "Dolphins Speaking Whale?" American Association for the Advancement of Science, February 6, 2012, https://www.aaas.org/dolphins-speaking-whale.

202쪽 "다툴 때 서로의 소리를 모방": Laura J. May-Collado, "Changes in Whistle Structure of Two Dolphin Species During Interspecific Associations," *Ethology* 116, no. 11 (2010): 1065–1074.

202쪽 "범고래는 다른 고래 … 관찰되었다.": John K. B. Ford, "Vocal Traditions Among Resident Killer Whales (*Orcinus orca*) in Coastal Waters of British Columbia," *Canadian Journal of Zoology* 69, no. 6 (1991): 1454–1483.

202쪽 "바다사자처럼 짖는 소리": Andrew D. Foote, Rachael M. Griffin, David Howitt et al.,

"Killer Whales Are Capable of Vocal Learning," *Biology Letters* 2, no. 4 (2006): 509–512.

204쪽 "돌고래의 '언어'에 대한 연구": Christopher Riley, "The Dolphin Who Loved Me: The NASA-Funded Project That Went Wrong," *Guardian*, June 8, 2014, https://www. theguardian.com/environment/2014/jun/08/the-dolphin-who-loved-me.

206쪽 "바다에서 헤엄치는 … 떠돌고 있을 것": Gregg, *Are Dolphins Really Smart?*

207쪽 "돌-옥수수": Sy Montgomery, *Birdology: Adventures with a Pack of Hens, a Peck of Pigeons, Cantankerous Crows, Fierce Falcons, Hip Hop Parrots, Baby Hummingbirds, and One Murderously Big Living Dinosaur* (Riverside, CA: Atria Books, 2010), 197.

207쪽 "워쇼는 '물-새'라는 사인을 보냈다.": Benedict Carey, "Washoe, a Chimp of Many Words, Dies at 42," *New York Times*, November 1, 2007, https://www.nytimes. com/2007/11/01/science/01chimp.html.

208쪽 "수중 전화기를 연결해": Crispin Boyer, "Secret Language of Dolphins," *National Geographic Kids*, https://kids.nationalgeographic.com/nature/article/secret-language-of-dolphins.

208쪽 "복잡한 소통 체계": Herman, Sheila L. Abichandani, Ali N. Elhajj et al., "Dolphins (*Tursiops truncatus*) Comprehend the Referential Character of the Human Pointing Gesture," *Journal of Comparative Psychology* 113, no. 4 (1999): 347.

209쪽 "일부러 잘못된 기호 문구를": Gregg, *Are Dolphins Really Smart?* 118 classify objects based on their shape: Kelly Jaakkola, Wendi Fellner, Linda Erb et al., "Understanding of the Concept of Numerically 'Less' by Bottlenose Dolphins(*Tursiops truncatus*)," *Journal of Comparative Psychology* 119, no. 3 (2005): 296.

209쪽 "수": Annette Kilian, Sevgi Yaman, Lorenzo von Fersen, and Onur Gunturkun, "A Bottlenose Dolphin Discriminates Visual Stimuli Differing in Numerosity," *Animal Learning & Behavior* 31, no. 2 (2003): 133–142.

209쪽 "상대적 크기": Mercado III, Deirdre A. Killebrew, Pack et al., "Generalization of 'Same-Different' Classification Abilities in Bottlenosed Dolphins," *Behavioural Processes* 50, no. 2–3 (2000): 79–94.

209쪽 "인간이라는 개념": Gregg, *Are Dolphins Really Smart?* 100.

211쪽 "베타는 … 간주하고 공격한다.": Charles J. Meliska, Janice A. Meliska, and Harman V. S. Peeke, "Threat Displays and Combat Aggression in *Betta splendens* Following Visual Exposure to Conspecifics and One-Way Mirrors," *Behavioral and Neural Biology* 28, no. 4 (1980): 473–486.

212쪽 "거울을 들고 큰돌고래에게 보여주었다.": Diana Reiss and Marino, "Mirror Self-Recognition in the Bottlenose Dolphin: A Case of Cognitive Convergence," *Proceedings of the National Academy of Sciences of the United States of America* 98, no. 10 (2001): 5937–5942.

212쪽 "차례로 삽입 시도": 라이스 박사의 이메일, 2021년 12월 20일.

214쪽 "2018년 또 다른 연구에서 … 발견했다!": Rachel Morrison and Reiss, "Precocious Development of Self-Awareness in Dolphins," *PLoS One* 13, no. 1 (2018): e0189813.

214쪽 "이는 일반적으로 12개월 … 빠른 나이이다.": James Gorman, "Dolphins Show Self-Recognition Earlier Than Children," *New York Times*, January 10, 2018, https://www. nytimes.com/2018/01/10/science/dolphins-self-recognition.html.

214쪽 "돌고래의 더 큰 친척인": Fabienne Delfour and Ken Marten, "Mirror Image Processing in Three Marine Mammal Species: Killer Whales (*Orcinus orca*), False Killer Whales (*Pseudorca crassidens*) and California Sea Lions(*Zalophus californianus*)," *Behavioural Processes* 53, no. 3 (2001): 181–190.

215쪽 "동물의 인지 능력을 반영할 수 있는": Carolyn Wilkie, "The Mirror Test Peers into the Workings of Animal Minds" *Scientist*, February 21, 2019, https://www.the-scientist.com/news-opinion/the-mirror-test-peers-into-the-workings-of-animal-minds-65497.

215쪽 "돌고래가 자기 몸을 상상할 수 있고": Herman, "Body and Self in Dolphins," *Consciousness and Cognition* 21, no. 1 (2012): 526–545.

215쪽 "큰돌고래": Herman, "Vocal, Social, and Self-Imitation by Bottlenosed Dolphins," in *Imitation in Animals and Artifacts*, ed. Kerstin Dautenhahn and Chrystopher L. Nehaniv (Cambridge, MA: MIT Press, 2002), 63–108.

215쪽 "범고래가 … 선택할 수 있으며": Jose Z. Abramson, VictoriaHernandez-Lloreda, Josep Call, and Fernando Colmenares, "Experimental Evidence for Action Imitation in Killer Whales (*Orcinus orca*)," *Animal Cognition* 16, no. 1 (2013): 11–22.

215쪽 "새로운 과제를 만들어낼 수 있다": Mercado, Scott O. Murray, Robert K. Uyeyama et al., "Memory for Recent Actions in the Bottlenosed Dolphin (*Tursiops truncatus*): Repetition of Arbitrary Behaviors Using an Abstract Rule," *Animal Learning & Behavior* 26, no. 2 (1998): 210–218.

216쪽 "다른 사람들도 이 사실을 알아야 한다는": Reiss and Marino, "Mirror Self-Recognition in the Bottlenose Dolphin."

216쪽 "(동물을 어떻게 대해야 하는지에 관한) 동물 윤리": Grimm, "Are Dolphins Too Smart for Captivity?"

217쪽 "뉴스 보도에 사람들의 이목이 쏠렸다.": Katherine Bishop, "Flotilla Drives Errant Whale into Salt Water," *New York Times*, November 4, 1985, https://www.nytimes.com/1985/11/04/us/flotilla-drives-errant-whale-into-salt-water.html.

221쪽 "돌고래 발성 스펙트로그램"(그림 캡션): Eric A. Ramos and Diana Reiss, 2014, "Foraging-related calls produced by bottlenose dolphins." Paper presented at the 51st Annual Conference of the Animal Behaviour Society, Princeton NJ, Aug 9-14, 2014.

제8장 바다에는 귀가 있다

226쪽 "눈으로 관찰하고 … 배우는 것이다.": Mary Kawena Pukui, ed. *'Olelo No'eau: Hawaiian Proverbs & Poetical Sayings*, Bernice P. Bishop Museum special publication no. 71 (Honolulu: Bishop Museum Press, 1983).

227쪽 "포유류 형제자매": Richard Brautigan, *All Watched Over by Machines of Loving Grace* (San Francisco: Communication Company, 1967).

229쪽 "하와이 창조 설화에 따르면 … 만들어졌다고 한다.": Christine Hitt, "The Sacred History of Maunakea," *Honolulu*, August 5, 2019, https://www.honolulumagazine.com/the-sacred-history-of-maunakea/.

230쪽 "2019년에는 조지 … 사라진 상태였다.": Christie Wilcox, " 'Lonely George' the Snail Has Died, Marking the Extinction of His Species," *National Geographic*, January 9, 2019, https://www.nationalgeographic.co.uk/animals/2019/01/lonely-george-snail-has-died-marking-extinction-his-species.

231쪽 "11종의 새가 멸종위기": Brian Hires, "U.S. Fish and Wildlife Service Proposes Delisting 23 Species from Endangered Species Act Due to Extinction, press release, U.S. Fish and Wildlife Service (website), September 29, 2021, https://www.fws.gov/news/ShowNews.cfm?ref=u.s.-fish-and-wildlife-service-proposes -delisting-23-species-from-&_ID=37017.

242쪽 "새들이 지역마다 억양이 다르고": Kristina L. Paxton, Esther Sebastian-Gonzalez, Justin M. Hite et al., "Loss of Cultural Song Diversity and the Convergence of Songs in a Declining Hawaiian Forest Bird Community," *Royal Society Open Science* 6, no. 8 (2019): 190719.

249쪽 "8천에서 1만 2천 마리의 혹등고래": Anke Kugler, Marc O. Lammers, Eden J. Zang et al., "Fluctuations in Hawaii's Humpback Whale *Megaptera novaeangliae* Population Inferred from Male Song Chorusing off Maui," *Endangered Species Research* 43 (2020): 421-434, https://doi.org/10.3354/esr01080.

249쪽 "'블롭'이라고 불렀다.": Eli Kintisch, " 'The Blob' Invades Pacific, Flummoxing Climate Experts," *Science* 348, no. 6230 (April 3, 2015): 17-18, https://www.science.org / doi/10.1126/science.348.6230.17.

제9장 동물 알고리즘

254쪽 "기계는 매우 자주 나를 놀라게 한다.": A. M. Turing, "Computing Machinery and Intelligence," *Mind* (New Series) 59, no. 236 (1950): 433-460.

255쪽 "소리를 붙잡을 수 있다는 사실": Thomas A. Edison, "The Talking Phonograph," *Scientific American* 37, no. 25 (1877): 384-385.

256쪽 "유일무이한 녹음을 하게 되었다.": Arthur A. Allen and Peter Paul Kellogg, "Song Sparrow," audio, Macaulay Library, The Cornell Lab of Ornithology, May 18, 1929, digitized December 12, 2001, https://macaulaylibrary.org/asset/16737.

256쪽 "앨런은 흰부리딱따구리를 찾기 위해": Chelsea Steinauer-Scudder, "The Lord God Bird: Apocalyptic Prophecy & the Vanishing of Avifauna," *Emergence Magazine*, July 1, 2020, https://emergencemagazine.org/essay/the-lord-god-bird/.

258쪽 "격식 없는 자리": International Bioacoustics Society (IBAC) website, https://www.ibac.info.

260쪽 "사람들이 음향 녹음 및 조작 장치를 사용하여": Examples from IBAC presentations can be found at "Programme IBAC 2019," IBAC, https://2019.ibac .info/programme.

262쪽 "71퍼센트의 종에서 암컷이 노래를 부르며": Katharina Riebel, Karan J. Odom, Naomi E. Langmore, and Michelle L. Hall, "New Insights from Female Bird Song: Towards an Integrated Approach to Studying Male and Female Communication Roles," *Biology Letters* 15, no. 4 (2019): 20190059, http://doi.org/10.1098/rsbl.2019.0059.

263쪽 "수컷 새의 노래에 대한 … 진행된 반면": Bates, "Why Do Female Birds Sing?" *Animal Minds* (blog), *Psychology Today*, August 26, 2019, https://www .psychologytoday.com/gb/ blog/animal-minds/201908/why-do-female-birds-sing.

263쪽 "균류생물학자 멀린 셸드레이크는 … 이야기한다.": Whitney Bauck, "Mythos and Mycology," *Atmos*, June 14, 2021, https://atmos.earth/fungi-mushrooms-merlin-sheldrake-interview/.

265쪽 "뉴질랜드방울새 녹음 파일을": Wesley H. Webb, M. M. Roper, Matthew D. M. Pawley, Yukio Fukuzawa, A. M. T. Harmer, and D. H. Brunton, "Sexually distinct song cultures across a songbird metapopulation," *Frontiers in Ecology and Evolution*, 9, 2021, https://www. frontiersin.org/article/10.3389/fevo.2021.755633.

265쪽 "'코에가 녹음한 21,500개의 … 설명했다.": Fukuzawa, Webb, Pawley et al., "Koe: Web-Based Software to Classify Acoustic Units and Analyse Sequence Structure in Animal Vocalizations," *Methods in Ecology and Evolution* 11, no. 3 (2020): 431–441.

267쪽 "고래의 살갗에는 고래의 삶의 이야기가 새겨져 있다.": Steven K. Katona and Whitehead, "Identifying Humpback Whales Using Their Natural Markings," *Polar Record* 20, no. 128 (1981): 439–444.

269쪽 "구글에서 25,000달러의 포상금": 저자에게 테드 치즈먼이 보낸 이메일, 2021년 11월 28일.

269쪽 "일반적으로 인간의 … 컴퓨터가 수행": https://www.coursera.org/articles/ai-vs-deep-learning-vs-machine-learning-beginners-guide

270쪽 "완전 자동화된 … 시스템": Cheeseman et al., "Advanced Image Recognition: A Fully Automated, High-Accuracy Photo-Identification Matching System for Humpback Whales," *Mammalian Biology* (2021), http://doi.org/10.1007/s42991 -021-00180-9.

271쪽 "테드는 기록을 찾아보고": "Prime Suspect," Humpback Whale CRC-12564, Happywhale, https://happywhale.com/individual/1437.

274쪽 "수컷 쥐가 구애할 때 … 다르다는 사실을": Jonathan Chabout, Abhra Sarkar, David B. Dunson, and Erich D. Jarvis, "Male Mice Song Syntax Depends on Social Contexts and Influences Female Preferences," *Frontiers in Behavioral Neuroscience* 9(April 1, 2015): 76, http:// doi.org/10.3389/fnbeh.2015.00076.

274쪽 "6가지 기본 감정": Nate Dolensek, Daniel A. Gehrlach, Alexandra S. Klein, and Nadine Gogolla, "Facial Expressions of Emotion States and Their Neuronal Correlates in Mice," *Science* 368, no. 6486 (April 3, 2020): 89–94, https://doi.org/10.1126 /science.aaz9468.

274쪽 "북극을 비행하는 비행기에는": Graeme Green, "How a Hi-Tech Search for Genghis Khan Is Helping Polar Bears," *Guardian*, April 27, 2021, https://www.theguardian.com/ environment/2021/apr/27/polar-bears-genghis-khan-ai-radar-innovations -helping-protect-cubs-aoe.

275쪽 "이집트과일박쥐가 먹이나 … 발견했으며": Nicola Davis, "Bat Chat: Machine Learning Algorithms Provide Translations for Bat Squeaks," *Guardian*, December 22, 2016, https:// www.theguardian.com/science/2016/dec/22/bat-chat-machine-learning -algorithms-provide-translations-for-bat-squeaks.

275쪽 "수억 그루의 나무를 발견하고": Amy Fleming, "One, Two, Tree: How AI Helped Find Millions of Trees in the Sahara," *Guardian*, January 15, 2021, https://www.theguardian. com/environment/2021/jan/15/how-ai-helped-find-millions-of-trees-in-the-saharaaoe.

275쪽 "화산 폭발을 며칠 전에 예측했다.": Australian Associated Press, "New Zealand Scientists Invent Volcano Warning System," *Guardian*, July 19, 2020, https://www.theguardian.com/world/2020/jul/20/new-zealand-scientists-invent-volcano-warning-System.

275쪽 "인공지능 비영리단체인 … 개발했으며": Wild Me website, https://www.wildme.org/#/.

275쪽 "패덤넷이라는 … 공개하고 있는데": "FathomNet," Monterey Bay Aquarium Research Institute, https://www.mbari.org/fathomnet/.

276쪽 "10만 건의 기후변화 연구에 대한 메타 분석": Max Callaghan, Carl-Friedrich Schleussner, Shruti Nath et al., "Machine-Learning-Based Evidence and Attribution Mapping of 100,000 Climate Impact Studies," *Nature Climate Change* 11 (2021): 966–972, https://doi.org/10.1038/s41558-021-01168-6.

276쪽 "알파폴드라는 프로젝트": Andrew W. Senior, Richard Evans, John Jumper et al., "Improved Protein Structure Prediction Using Potentials from Deep Learning," *Nature* 577, no. 7792 (2020): 706–710.

276쪽 "지능을 해결하고 이를 통해 다른 모든 문제를 해결하는 것": Tom Simonite, "How Google Plans to Solve Artificial Intelligence," *MIT Technology Review*, March 31, 2016, https://www.technologyreview.com/2016/03/31/161234/how-google-plans-to-solve-artificial-intelligence/.

276쪽 "엄청난 도약": Callaway, "'It Will Change Everything': DeepMind's AI Makes Gigantic Leap in Solving Protein Structures," *Nature* 588, no. 7837 (2020): 203–204.

276쪽 "핵심 문제가 해결된 … 떠날 것": Ibid.

276쪽 "머신러닝은 게임체인저": Ibid.

277쪽 "힘 증배기": 이언 호가스와의 대화, 2020년 5월 4일.

279쪽 "잭은 녹음에서 497개의 휘파람을 발견했고": J. Fearey, S. H. Elwen, B. S. James, and T. Gridley, "Identification of Potential Signature Whistles from Free-Ranging Common Dolphins (*Delphinus delphis*) in South Africa," *Animal Cognition* 22, no. 5 (2019): 777–789.

280쪽 "13마리의 포획 돌고래 … 녹음했다.": Julie N. Oswald, "Bottlenose Dolphin Whistle Repertoires: Size and Stability over Time," presentation at IBAC, University of St. Andrews, UK, September 5, 2019.

281쪽 "줄리의 인공지능은 … 추출했다.": 오스왈드와 저자의 이메일, 2021년 11월 23일.

285쪽 "돌고래는 우리가 손을 … 형성했다.": Dudzinski, K., and Ribic, C. "Pectoral fin contact as a mechanism for social bonding among dolphins," February 2017, *Animal Behavior and Cognition*, 4(1):30–48.

286쪽 "한발 늦는": 치즈먼과의 인터뷰, 2020년 7월 29일.

제10장 기계의 은총

288쪽 "앞으로 나아간다는 것은 … 것이다.": Edward O. Wilson, *The Diversity of Life* (Cambridge,

MA: Belknap Press of Harvard University Press, 1992), 5.

289쪽 "이 미시 세계를 관찰하기 … 하위헌스도 있었다.": Lane, "The Unseen World: Reflections on Leeuwenhoek."

290쪽 "과학적 발견에는 위험이 따릅니다.": Nadia Drake, "When Hubble Stared at Nothing for 100 Hours," *National Geographic*, April 24, 2015, https://www.nationalgeographic.com/science/article/when-hubble-stared-at-nothing-for-100-hours.

290쪽 "342장의 사진": "Discoveries: Hubble's Deep Fields," National Aeronautics and Space Administration, updated October 29, 2021, https://www.nasa.gov/content/discover ies-hubbles-deep-fields.

290쪽 "우주의 동물원": Hubble explores the origins of modern galaxies, ESA Hubble Media Newsletter, Press Release, August 15, 2013, https://esahubble.org/news/heic1315/.

292쪽 "무한 스크롤 기능": Danielle Cohen, "He Created Your Phone's Most Addictive Feature. Now He Wants to Build a Rosetta Stone for Animal Language," *GQ*, July 6, 2021, https://www.gq-magazine.co.uk/culture/article/aza-raskin-interview.

292쪽 "삶의 에너지 상당 부분.": 아자 라스킨과 저자의 이메일, 2022년 1월 3일.

294쪽 "놀랍게도 존은 수백 마리 … 확인했다.": John P. Ryan, Danelle E. Cline, John E. Joseph et al.,"Humpback Whale Song Occurrence Reflects Ecosystem Variability in Feeding and Migratory Habitat of the Northeast Pacific," *PLoS One* 14, no. 9 (2019): e0222456, https://doi.org/10.1371/journal.pone.0222456.

296쪽 "신경망에 많은 텍스트를 입력하면": Tomas Mikolov, Kai Chen, Greg Corrado, and Jeffrey Dean, "Efficient Estimation of Word Representations in Vector Space," arXiv preprint, arXiv:1301.3781 (2013).

296쪽 "옆에 함께 있는 단어를 …알 수 있다!": John R. Firth, "A Synopsis of Linguistic Theory, 1930–1955," in *Studies in Linguistic Analysis* (Oxford: Blackwell, 1957).

297쪽 "하지만 브릿과 아자는 … 압축했다.": "Earth Species Project: Research Direction," GitHub, last modified June 10, 2020, https://github.com/earthspecies/project/blob/master /roadmaps/ai.md.

298쪽 "은하계에서 가장 … '여왕'이 나왔다.": https://blog.esciencecenter.nl/king-man-woman-king-9a7fd2935a85

299쪽 "바스크대학교의 미켈 아르테체라는 … 발견한 것이다.": Mikel Artetxe, Gorka Labaka, Eneko Agirre, and Kyunghyun Cho, "Unsupervised Neural Machine Translation," arXiv:1710.1141 (2017), http://arxiv.org/abs/1710.11041.

299쪽 "이 기능이 작동하기 … 필요하지 않았다.": Yu-An Chung, Wei-Hung Weng, Schrasing Tong, and James Glass, "Unsupervised Cross-Modal Alignment of Speech and Text Embedding Spaces," arXiv: 1805.07467 (2018), http://arxiv.org/abs/1805.07467.

299쪽 "전혀 모르는 두 개의 … 상상해 보세요.": Britt Selvitelle, *Earth Species Project: Research Direction*, Github, June 10, 2020 https://github.com/earthspecies/project/blob/main / roadmaps/ai.md.

304쪽 "당신이 어디에서 일하든 … 다른 곳에서 일한다.": 이 인용문은 원래 브렌트 슐렌더(Brent Schlender)의 "Whose Internet Is It, Anyway?"에서 빌 조이가 한 말이다. *Fortune*, December 11, 1995, 120, cited in "The Smartest People in the World Don't All Work for Us. Most of Them Work for Someone Else," Quote Investigator, January 28, 2018, https://quoteinvestigator.com/2018/01/28/smartest/.

305쪽 "칵테일파티 문제": Barry Arons, "A Review of the Cocktail Party Effect," *Journal of the American Voice I/O Society* 12, no. 7 (1992): 35–50.

306쪽 "연구 결과가 발표되기 전에 ··· 공개되었다.": Peter C. Bermant, "BioCPPNet: Automatic Bioacoustic Source Separation with Deep Neural Networks," *Scientific Reports* 11 (2021): 23502, https://doi.org/10.1038/s41598-021-02790-2.

306쪽 "하루에 150킬로미터 이상을 이동": Stuart Thornton, "Incredible Journey," *National Geographic*, October 29, 2010, https://www.nationalgeographic.org/article/incredible-journey/.

311쪽 "아리의 인식표를 통해 ··· 확인할 수 있었다.": David Wiley, Colin Ware, Alessandro Bocconcelli et al., "Underwater Components of Humpback Whale Bubble-Net Feeding Behaviour," *Behaviour* 148, no. 5/6 (2011): 575–602.

312쪽 "공기방울 그물"(그림 캡션): Ibid. http://www.jstor.org/stable/23034261.

313쪽 "정말 멋진 파트너십으로 성장하고 있다.": 아리 프리드랜더와 저자의 이메일, 2021년 11월 22일.

313쪽 "다이버가 착용할 수 있는 컴퓨터 시스템": Daniel Kohlsdorf, Scott Gilliland, Peter Presti et al., "An Underwater Wearable Computer for Two Way Human-Dolphin Communication Experimentation," in *Proceedings of the 2013 International Symposium on Wearable Computers* (New York: Association for Computing Machinery, 2013), 147–148, https://doi.org/10.1145/2493988.2494346.

314쪽 "인터스피시스 인터넷": "Our Mission," Interspecies Internet, updated April 21, 2021, https://www.interspecies.io/about.

314쪽 "인터랙션 디바이스": 저자와의 화상 인터뷰, 2022년 4월 11일.

316쪽 "바다거북의 빛을 포착할 수 있는 카메라": Danny Lewis, "Scientists Just Found a Sea Turtle That Glows," *Smithsonian Magazine*, October 1, 2015, https://www.smithsonianmag.com/smart-news/scientists-discover-glowing-sea-turtle-180956789/.

316쪽 "연약한 심해동물을 세심하게 다룰 수 있는 섬세한 로봇 집게": Kevin C. Galloway, Kaitlyn P. Becker, Brennan Phillips et al., "Soft Robotic Grippers for Biological Sampling on Deep Reefs," *Soft Robotics* 3, no. 1 (March 17, 2016): 23–33, https://doi.org/10.1089/soro.2015.0019.

316쪽 "임페리얼 칼리지 ··· 구성되었다.": Project CETI, https://www.projectceti.org.

317쪽 "고래와 잘 소통하는 방법을 배우는 것": 데이비드 그루버와 저자의 이메일, 2021년 12월 27일.

317쪽 "스몰 데이터에서 빅 데이터로": Ibid.

317쪽 "수십 년 동안 ··· 게로는": Gero, Jonathan Gordon, and Whitehead, "Individualized Social Preferences and Long-Term Social Fidelity Between Social Units of Sperm Whales," *Animal Behaviour* 102 (2015): 15–23, https://doi.org/10.1016/j.anbehav.2015.01.008.

317쪽 "핵심 고래 청음기지": "Project Ceti," The Audacious Project Impact 2020, https://impact.audaciousproject.org/projects/project-ceti.

318쪽 "부드러운 로봇 물고기": Robert K. Katzschmann, Joseph DelPreto, Robert MacCurdy, and Daniela Rus, "Exploration of Underwater Life with an Acoustically Controlled Soft Robotic Fish," *Science Robotics* 3, no. 16 (March 28, 2018): eaar3449, https://doi .org/10.1126/scirobotics.aar3449.

318쪽 "고래들은 청각적 파놉티콘 속에서 생활하게 되며": Jacob Andreas, Gašper Beguš, Michael M. Bronstein et al., "Cetacean Translation Initiative: A Roadmap to Deciphering the Communication of Sperm Whales," arXiv preprint, arXiv:2104.08614 (2021).

318쪽 "사회적 연결망": Ibid.

319쪽 "가장 거대한 동물 행동 데이터 세트": Ibid.

320쪽 "자동화된 머신러닝 파이프라인": Ibid.

320쪽 "비인간 종과 … 엄청난 경이로움.": "Project Ceti," The Audacious Project.

320쪽 "연구진은 코다를 분석하여 … 구분한다.": Gero, Whitehead, and Rendell, "Individual, Unit and Vocal Clan Level Identity Cues in Sperm Whale Codas," *Royal Society Open Science* 3, no. 1 (2016): 150372.

320쪽 "인간과 인공지능 도구는 … 도표화할 것이다.": Bermant, Bronstein, Robert J. Wood et al., "Deep Machine Learning Techniques for the Detection and Classification of Sperm Whale Bioacoustics," *Scientific Reports* 9 (2019): 12588, https://doi.org/10.1038/s41598-019-48909-4.

321쪽 "가설 공간을 제한": Andreas, Beguš, Bronstein et al., "Cetacean Translation Initiative."

321쪽 "중요한 것은 우리가 … 알려주는 거죠.": 데이비드 그루버와 저자의 이메일, 2021년 12월 27일.

321쪽 "핵심 고래 청음기지": 그루버와 저자의 이메일, 2022년 4월 28일.

322쪽 "마치 이런 인공지능 도구는 명원경이라는 발명품": 저자의 라스킨 인터뷰, 2021년 12월 17일.

323쪽 "동물 연구에서 데이터 중심의 패러다임 전환": Andreas, Beguš, Bronstein et al., "Cetacean Translation Initiative."

323쪽 "남은 생명에 대한 … 바뀔 것": 로저 페인과의 전화 통화, 2021년 12월 24일.

324쪽 "어렸을 때부터 … 멋진 일인가요?": 제인 구달과 저자의 이메일, 2020년 8월 23일. 허가를 받아 수록.

326쪽 "동물 인터넷은 … 가지고 있다.": Alexander Pschera, *Animal Internet: Nature and the Digital Revolution*, trans. Elisabeth Lauffer (New York: New Vessel Press, 2016), 11.

326쪽 "우리가 이걸 할 수 있을까?": 치즈먼과 저자의 이메일, 2021년 6월 30일.

제11장 의인화 부정

330쪽 "동물은 우리에게 … 생각하는 것이다.": Helen Macdonald, *Vesper Flights* (New York: Vintage / Penguin Random House, 2021), 255.

331쪽 "약 40만 년에서 4만 년 전까지": Tom Higham, Katerina Douka, Rachel Wood et al., "The

Timing and Spatiotemporal Patterning of Neanderthal Disappearance," *Nature* 512, no. 7514 (2014): 306–309.

332쪽 "들소와 순록을 사냥": Kate Britton, Vaughan Grimes, Laura Niven et al., "Strontium Isotope Evidence for Migration in Late Pleistocene Rangifer: Implications for Neanderthal Hunting Strategies at the Middle Palaeolithic Site of Jonzac, France," *Journal of Human Evolution* 61, no. 2 (2011): 176–185.

332쪽 "돌칼과 돌도끼 끝": Marie-Helene Moncel, Paul Fernandes, Malte Willmes et al., "Rocks, Teeth, and Tools: New Insights into Early Neanderthal Mobility Strategies in South-Eastern France from Lithic Reconstructions and Strontium Isotope Analysis," *PLoS One* 14, no. 4 (2019): e0214925.

332쪽 "불을 피우고": Rosa M. Albert, Francesco Berna, and Paul Goldberg, "Insights on Neanderthal Fire Use at Kebara Cave (Israel) Through High Resolution Study of Prehistoric Combustion Features: Evidence from Phytoliths and Thin Sections," *Quaternary International* 247 (2012): 278–293.

332쪽 "종교적 믿음이 있었고": Tim Appenzeller, "Neanderthal Culture: Old Masters," *Nature* 497, no. 7449 (2013): 302.

332쪽 "생명을 구하는 중요한 수술도 했던": Erik Trinkaus and Sebastien Villotte. "External Auditory Exostoses and Hearing Loss in the Shanidar 1 Neandertal," *PLoS One* 12, no. 10 (2017): e0186684.

333쪽 "유전자의 2퍼센트 정도가": Qiaomei Fu, Mateja Hajdinjak, Oana Teodora Moldovan et al., "An Early Modern Human from Romania with a Recent Neanderthal Ancestor," *Nature* 524, no. 7564 (2015): 216–219.

336쪽 "데카르트는 친구인 철학자 … 편지를 보냈다.": Rene Descartes, "To More, 5.ii.1649," in *Selected Correspondence of Descartes*, trans. Jonathan Bennett, Some Texts from Early Modern Philosophy, 2017, https://www.earlymoderntexts.com/assets/pdfs/descartes 1619 4.pdf (p. 216).

336쪽 "나는 생각한다, 그러므로 존재한다": Descartes, *Discourse on the Method of Rightly Conducting One's Reason and of Seeking Truth in the Sciences*, 1637.

337쪽 "마찬가지로 개 … 행동을 할 수 있다.": Descartes, "To Cavendish, 23.xi.1646," in *Selected Correspondence of Descartes*, 189.

337쪽 "이성적 사고는 인간만의 고유한 능력이었다.": Colin Allen and Michael Trestman, "Animal Consciousness," *Stanford Encyclopedia of Philosophy Archive*, Winter 2020 edition, ed. Edward N. Zalta, Center for the Study of Language and Information, Stanford University, https://plato.stanford.edu/archives/win2020/entries/consciousness -animal/.

339쪽 "자연을 분류하고 정리하는 작업": Paul S. Agutter and Denys N. Wheatley, *Thinking About Life: The History and Philosophy of Biology and Other Sciences* (Dordrecht, Netherlands: Springer, 2008), 43.

339쪽 "아리스토텔레스의 『동물학』": *Aristotle's History of Animals: In Ten Books*, trans. Richard Cresswell (London: Henry G. Bohn, 1862).

339쪽 "12세기 아랍의 수학자 이븐 바자의 식물학 텍스트": Abū h.anīfah Ah.mad ibn Dāwūd Dīnawarī, *Kitabal-nabat—The Book of Plants*, ed. Bernhard Lewin (Wiesbaden: Franz Steiner, 1974).

339쪽 "알베르투스 마그누스의 후기 저서": Saint Albertus Magnus, *On Animals: A Medieval Summa Zoologica*, 2 vols., trans. Kenneth M. Kitchell (Baltimore: Johns Hopkins University Press, 1999).

340쪽 "사람의 손과 원숭이의 ⋯ 동물": Tad Estreicher, "The First Description of a Kangaroo," *Nature* 93, no. 2316 (1914): 60.

342쪽 "세상은 이제 동물이라고 ⋯ 지배되고 있다.": Melanie Challenger, *How to Be Animal: A New History of What It Means to Be Human* (Edinburgh: Canongate, 2021).

342쪽 "내가 고양이와 놀아주고 ⋯ 어찌 알겠는가?": "Apology for Raimond Sebond," chap. 12 in *The Essays of Montaigne, Complete*, trans. Charles Cotton (1887).

342쪽 "들짐승, 공중의 새 ⋯ 물고기": Edward L. Thorndike, "The Evolution of the Human Intellect," chap. 7 in *Animal Intelligence* (New York: Macmillan, 1911).

343쪽 "관찰하고 의문을 가지는 것": Nikolaas Tinbergen, "Ethology and Stress Diseases," Nobel Prize in Physiology or Medicine lecture, December 12, 1973, The Nobel Prize, https://www.nobelprize.org/uploads/2018/06/tinbergen-lecture.pdf.

343쪽 "벌집에 있는 짝에게 춤을 추며": David R. Tarpy, "The Honey Bee Dance Language," NC State Extension, February 23, 2016, https://content.ces.ncsu.edu/honey-bee-dance-language.

344쪽 "저는 동물들을 개성이 ⋯ 대합니다.": Kat Kerlin, "Personality Matters, Even for Squirrels," News and Information, University of Califonia, Davis, September 10, 2021, https://www.ucdavis.edu/curiosity/news/personality-matters-even-squirrels-0.

345쪽 "도구 만들기": Gavin R. Hunt, "Manufacture and Use of Hook-Tools by New Caledonian Crows," *Nature* 379, no. 6562 (1996): 249-251. Robert W. Shumaker, Kristina R. Walkup, and Benjamin B. Beck, *Animal Tool Behavior: The Use and Manufacture of Tools by Animals* (Baltimore: Johns Hopkins University Press, 2011). Vicki Bentley-Condit and E. O. Smith, "Animal Tool Use: Current Definitions and an Updated Comprehensive Catalog," *Behaviour* 147, no. 2 (2010): 185-221.

345쪽 "과제를 달성하기 위해 협력하기": Tui De Roy, Eduardo R. Espinoza, and Fritz Trillmich, "Cooperation and Opportunism in Galapagos Sea Lion Hunting for Shoaling Fish," *Ecology and Evolution* 11, no. 14 (2021): 9206-9216. Alicia P. Melis, Brian Hare, and Michael Tomasello, "Engineering Cooperation in Chimpanzees: Tolerance Constraints on Cooperation," *Animal Behaviour* 72, no. 2 (2006): 275-286.

345쪽 "미리 계획하기": Nicola S. Clayton, Timothy J. Bussey, and Anthony Dickinson, "Can Animals Recall the Past and Plan for the Future?" *Nature Reviews Neuroscience* 4, no. 8 (2003): 685-691. William A. Roberts, "Mental Time Travel: Animals Anticipate the Future," *Current Biology* 17, no. 11 (2007): R418-R420.

345쪽 "폐경기": Margaret L. Walker and James G. Herndon, "Menopause in Nonhuman Primates?" *Biology of Reproduction* 79, no. 3 (2008): 398-406. Rufus A. Johnstone and Michael A. Cant, "The Evolution of Menopause in Cetaceans and Humans: The Role of Demography," *Proceedings of the Royal Society B: Biological Sciences* 277, no. 1701 (2010): 3765-3771, https://doi.org/10.1098/rspb.2010.0988.

345쪽 "추상적 개념 이해하기": Jennifer Vonk, "Matching Based on Biological Categories in Orangutans (*Pongo abelii*) and a Gorilla (*Gorilla gorilla gorilla*)," *PeerJ* 1 (2013): e158. Pepperberg, "Abstract Concepts: Data from a Grey Parrot," *Behavioural Processes* 93 (2013):

82–90, https://doi.org/10.1016/j.beproc.2012.09.016. Herman, Adam A. Pack, and Amy M. Wood, "Bottlenose Dolphins Can Generalize Rules and Develop Abstract Concepts," *Marine Mammal Science* 10, no. 1 (1994): 70–80, https://doi.org/10.1111/j.1748-7692.1994. tb00390.x.

345쪽 "수백 개의 단어 외우기": John W. Pilley and Alliston K. Reid, "Border Collie Comprehends Object Names as Verbal Referents," *Behavioural Processes* 86, no. 2 (2011): 184–195, https://doi.org/10.1016/j.beproc.2010.11.007. Pepperberg, "Cognitive and Communicative Abilities of Grey Parrots," *Current Directions in Psychological Science* 11, no. 3 (2002): 83–87. R. Allen Gardner and Beatrice T. Gardner, "Teaching Sign Language to a Chimpanzee," *Science* 165, no. 3894 (August 15, 1969): 664–672. Francine G. Patterson, "The Gestures of a Gorilla: Language Acquisition in Another Pongid," *Brain and Language* 5, no. 1 (1978): 72–97.

345쪽 "긴 숫자열 기억하기": Nobuyuki Kawai and Tetsuro Matsuzawa, "Numerical Memory Span in a Chimpanzee," *Nature* 403, no. 6765 (2000): 39–40.

345쪽 "간단한 수학": Pepperberg, "Grey Parrot Numerical Competence: A Review," *Animal Cognition* 9, no. 4 (2006): 377–391. Sara Inoue and Matsuzawa, "Working Memory of Numerals in Chimpanzees," *Current Biology* 17, no. 23 (2007): R1004–R1005.

345쪽 "사람 얼굴 인식하기": Cait Newport, Guy Wallis, Yarema Reshitnyk, and Ulrike E. Siebeck, "Discrimination of Human Faces by Archerfish (*Toxotes chatareus*)," *Scientific Reports* 6, no. 1 (2016): 1–7. Franziska Knolle, Rita P. Goncalves, and A. Jennifer Morton, "Sheep Recognize Familiar and Unfamiliar Human Faces from Two-Dimensional Images," *Royal Society Open Science* 4, no. 11 (2017): 171228. Anais Racca, Eleonora Amadei, Severine Ligout et al., "Discrimination of Human and Dog Faces and Inversion Responses in Domestic Dogs (*Canis familiaris*)," *Animal Cognition* 13, no. 3 (2010): 525–533.

345쪽 "친구 만들고 사귀기": Jorg J. M. Massen and Sonja E. Koski, "Chimps of a Feather Sit Together: Chimpanzee Friendships Are Based on Homophily in Personality," *Evolution and Human Behavior* 35, no. 1 (2014): 1–8. Robin Dunbar, "Do Animals Have Friends, Too?" *New Scientist*, May 21, 2014, https://www.newscientist.com/article/mg22229700-400-friendship-do-animals-have-friends-too/. Michael N. Weiss, Daniel Wayne Franks, Deborah A. Giles et al., "Age and Sex Influence Social Interactions, but Not Associations, Within a Killer Whale Pod," *Proceedings of the Royal Society B: Biological Sciences* 288, no. 1953 (2021): 1–28.

345쪽 "혀로 키스하기": Joseph H. Manson, Susan Perry, and Amy R. Parish, "Nonconceptive Sexual Behavior in Bonobos and Capuchins," *International Journal of Primatology* 18, no. 5 (1997): 767–786. Benjamin Lecorps, Daniel M. Weary, and Marina A. G. von Keyserlingk, "Captivity-Induced Depression in Animals," *Trends in Cognitive Sciences* 25, no. 7 (2021): 539–541.

345쪽 "정신 질환": Jaime Figueroa, David Sola-Oriol, Xavier Manteca et al., "Anhedonia in Pigs? Effects of Social Stress and Restraint Stress on Sucrose Preference," *Physiology & Behavior* 151 (2015): 509–515.

345쪽 "슬퍼하기": Teja Brooks Pribac, "Animal Grief," *Animal Studies Journal* 2, no. 2 (2013): 67–90. Carl Safina, "The Depths of Animal Grief," *Nova*, PBS, July 8, 2015, https://www.pbs.org/wgbh/nova/article/animal-grief/.

345쪽 "구문 사용하기": Zuberbuhler, "Syntax and Compositionality in Animal

Communication," *Philosophical Transactions of the Royal Society B: Biological Sciences* 375, no. 1789 (2020): 20190062. Suzuki, David Wheatcroft, and Michael Griesser, "The Syntax–Semantics Interface in Animal Vocal Communication," *Philosophical Transactions of the Royal Society B: Biological Sciences* 375, no. 1789 (2020): 20180405. Robert C. Berwick, Kazuo Okanoya, Gabriel J. L. Beckers, and Johan J. Bolhuis, "Songs to Syntax: The Linguistics of Birdsong," *Trends in Cognitive Sciences* 15, no. 3 (2011):113–121, https://doi.org/10.1016/j.tics.2011.01.002, PMID: 21296608.

345쪽 "사랑에 빠지기": Marc Bekoff, "Animal Emotions: Exploring Passionate Natures: Current Interdisciplinary Research Provides Compelling Evidence That Many Animals Experience Such Emotions as Joy, Fear, Love, Despair, and Grief— We Are Not Alone," *BioScience* 50, no. 10 (2000): 861–870. Pepperberg, "Functional Vocalizations by an African Grey Parrot (*Psittacus erithacus*)," *Zeitschrift für Tierpsychologie* 55, no. 2 (1981): 139–160.

345쪽 "질투심 느끼기": Amalia P. M. Bastos, Patrick D. Neilands, Rebecca S. Hassall et al., "Dogs Mentally Represent Jealousy-Inducing Social Interactions," *Psychological Science* 32, no. 5 (2021): 646–654.

345쪽 "사람의 말투 정확하게 모방하기": Pepperberg, "Vocal Learning in Grey Parrots: A Brief Review of Perception, Production, and Cross-Species Comparisons," *Brain and Language* 115, no. 1 (2010): 81–91. Abramson, Hernandez- Lloreda, Lino Garcia et al., "Imitation of Novel Conspecific and Human Speech Sounds in the Killer Whale (*Orcinus orca*)," *Proceedings of the Royal Society B: Biological Sciences* 285, no. 1871 (2018): 20172171, https://doi.org/10.1098/rspb.2017.2171; erratum in *Proceedings of the Royal Society B: Biological Sciences* 285, no. 1873 (2018): 20180297, https://doi.org/10.1098/rspb.2018.0287. Angela S. Stoeger et al., "An Asian Elephant Imitates Human Speech," *Current Biology* 22, no. 22 (2012): P2144– P2148, https://doi.org/10.1016/j.cub.2012.09.022.

345쪽 "웃기": Marina Davila-Ross, Michael J. Owren, and Elke Zimmermann, "Reconstructing the Evolution of Laughter in Great Apes and Humans," *Current Biology* 19, no. 13 (2009): 1106–1111. Davila-Ross, Goncalo Jesus, Jade Osborne, and Kim A. Bard, "Chimpanzees (*Pan troglodytes*) Produce the Same Types of 'Laugh Faces' When They Emit Laughter and When They Are Silent," *PLoS One* 10, no. 6 (2015): e0127337.

346쪽 "경외감, 경이로움 혹은 영적인 경험": Kevin Nelson, *The Spiritual Doorway in the Brain: A Neurologist's Search for the God Experience* (New York: Dutton/Penguin, 2011). Barbara J. King, "Seeing Spirituality in Chimpanzees," *Atlantic*, March 29, 2016, https://www.theatlantic.com/science/archive/2016/03 /chimpanzee-spirituality/475731/.

346쪽 "고통을 느끼기": T. C. Danbury, C. A. Weeks, A. E. Waterman-Pearson et al., "Self-Selection of the Analgesic Drug Carprofen by Lame Broiler Chickens," *Veterinary Record* 146, no. 11 (2000): 307–311. Earl Carstens and Gary P. Moberg, "Recognizing Pain and Distress in Laboratory Animals," *ILAR Journal* 41, no. 2 (2000): 62–71. Liz Langley, "The Surprisingly Humanlike Ways Animals Feel Pain," *National Geographic*, December 3, 2016, https://www.nationalgeographic.com/animals/article /animals-science-medical-pain.

346쪽 "쾌감 느끼기": Michel Cabanac, "Emotion and Phylogeny," *Journal of Consciousness Studies* 6, no. 6–7 (1999): 176–190. Jonathan Balcombe, "Animal Pleasure and Its Moral Significance," *Applied Animal Behaviour Science* 118, no. 3–4 (2009): 208–216.

346쪽 "험담": Ipek G. Kulahci, Daniel I. Rubenstein, and Ghazanfar, "Lemurs Groom-at-a-Distance Through Vocal Networks," *Animal Behaviour* 110 (2015): 179–186. Kieran C. R. Fox, Michael Muthukrishna, and Susanne Shultz, "The Social and Cultural

Roots of Whale and Dolphin Brains," *Nature Ecology & Evolution* 1, no. 11 (2017): 1699–1705.

346쪽 "쾌락을 위한 살상": Kimberley Hickock, "Rare Footage Shows Beautiful Orcas Toying with Helpless Sea Turtles," *Live Science*, September 20, 2018, https://www .livescience. com/63622-orca-spins-sea-turtle.html.

346쪽 "놀이": Fox et al., "The Social and Cultural Roots of Whale and Dolphin Brains." Gordon M. Burghardt, *The Genesis of Animal Play: Testing the Limits* (Cambridge, MA: MIT Press, 2006).

346쪽 "도덕성 과시": De Waal, *The Age of Empathy: Nature's Lessons for a Kinder Society* (London: Souvenir Press, 2010). Susana Monso, Judith Benz-Schwarzburg, and Annika Bremhorst, "Animal Morality: What It Means and Why It Matters," *Journal of Ethics* 22, no. 3 (2018), 283–310, https://doi.org/10.1007/s10892-018 -9275-3.

346쪽 "공평함 보여주기": Sarah F. Brosnan and de Waal, "Evolution of Responses to (Un)fairness," *Science* 346, no. 6207 (September 18, 2014), https://doi.org/10.1126/ science.1251776. Claudia Wascher, "Animals Know When They Are Being Treated Unfairly (and They Don't Like It)," The Conversation, Phys.org, February 22, 2017, https://phys.org/news/2017-02-animals-unfairly-donthtml.

346쪽 "이타적 행동": Indrikis Krams, Tatjana Krama, Kristine Igaune, and Raivo Mand, "Experimental Evidence of Reciprocal Altruism in the Pied Flycatcher," *Behavioral Ecology and Sociobiology* 62, no. 4 (2008): 599–605. De Waal, "Putting the Altruism Back into Altruism: The Evolution of Empathy," *Annual Review of Psychology* 59 (2008): 279–300.

346쪽 "예술 활동": Lesley J. Rogers and Gisela Kaplan, "Elephants That Paint, Birds That Make Music: Do Animals Have an Aesthetic Sense?" *Cerebrum 2006: Emerging Ideas in Brain Science* (2006): 1–14. Jason G. Goldman, "Creativity: The Weird and Wonderful Art of Animals," BBC, July 23, 2014, https://www.bbc.com/future/arti cle/20140723- are-we-the-only-creative-species.

346쪽 "시간 지키기": Ferris Jabr, "The Beasts That Keep the Beat," *Quanta Magazine*, March 22, 2016, https://www.quantamagazine.org/the-beasts-that-keep-the-beat-20160322/.

346쪽 "춤추기": Russell A. Ligon, Christopher D. Diaz, Janelle L. Morano et al., "Evolution of Correlated Complexity in the Radically Different Courtship Signals of Birds-of-Paradise," *PLoS Biology* 16, no. 11 (2018): e2006962. Emily Osterloff, "Best Foot Forward: Eight Animals That Dance to Impress," Natural History Museum (London), March 12, 2020, https://www.nhm.ac.uk/discover/animals-that-dance-to-impress.html.

346쪽 "간지럼을 포함한 웃음": Jaak Panksepp and Jeffrey Burgdorf, "50-kHz Chirping (Laughter?) in Response to Conditioned and Unconditioned Tickle-Induced Reward in Rats: Effects of Social Housing and Genetic Variables," *Behavioural Brain Research* 115, no. 1 (2000): 25–38.

346쪽 "결정을 내리기 전에 확률을 따져보기": James A. R. Marshall, Gavin Brown, and Andrew N. Radford, "Individual Confidence-Weighting and Group Decision-Making," *Trends in Ecology & Evolution* 32, no. 9 (2017): 636–645. Davis and Eleanor Ainge Roy, "Study Finds Parrots Weigh Up Probabilities to Make Decisions," *Guardian*, March 3, 2020, https://www.theguardian.com/science/2020/mar/03/study-finds-parrots- weigh-up-probabilities-to-make-decisions.

346쪽 "감정적 전염": Ana Perez-Manrique and Antoni Gomila, "Emotional Contagion in

Nonhuman Animals: A Review," *Wiley Interdisciplinary Reviews: Cognitive Science* 13, no. 1 (2022): e1560. Julen Hernandez-Lallement, Paula Gomez-Sotres, and Maria Carrillo, "Towards a Unified Theory of Emotional Contagion in Rodents— A Meta-analysis," *Neuroscience & Biobehavioral Reviews* (2020).

346쪽 "서로 구조하고 위로하기": A. Roulin, B. Des Monstiers, E. Ifrid et al., "Reciprocal Preening and Food Sharing in Colour-Polymorphic Nestling Barn Owls," *Journal of Evolutionary Biology* 29, no. 2 (2016): 380–394. Pitman, Volker B. Deecke, Christine M. Gabriele et al., "Humpback Whales Interfering When Mammal-Eating Killer Whales Attack Other Species: Mobbing Behavior and Interspecific Altruism?" *Marine Mammal Science* 33, no. 1 (2017): 7–58.

346쪽 "강조점 표시하기": Philip Hunter, "Birds of a Feather Speak Together: Understanding the Different Dialects of Animals Can Help to Decipher Their Communication," *EMBO Reports* 22, no. 9 (2021): e53682. Antunes, Tyler Schulz, Gero et al., "Individually Distinctive Acoustic Features in Sperm Whale Codas," *Animal Behaviour* 81, no. 4 (2011): 723–730, https://doi.org/10.1016/j.anbehav.2010.12.019.

346쪽 "문화 보유 및 전달": Bennett G. Galef, "The Question of Animal Culture," *Human Nature* 3, no. 2 (1992): 157–178. Andrew Whiten, Goodall, William C. McGrew et al., "Cultures in Chimpanzees," *Nature* 399, no. 6737 (1999): 682–685. Michael Krutzen, Erik P. Willems, and Carel P. van Schaik, "Culture and Geographic Variation in Orangutan Behavior," *Current Biology* 21, no. 21 (2011): 1808–1812. Whitehead and Rendell, *The Cultural Lives of Whales and Dolphins* (Chicago: University of Chicago Press, 2015).

346쪽 "다른 존재의 의도 예측하기": Fumihiro Kano, Christopher Krupenye, Satoshi Hirata et al., "Great Apes Use Self-Experience to Anticipate an Agent's Action in a False-Belief Test," *Proceedings of the National Academy of Sciences of the United States of America* 116, no. 42 (2019): 20904–20909.

346쪽 "의도적으로 알코올 및 기타 물질에 취하는 행위": Jorge Juarez, Carlos Guzman-Flores, Frank R. Ervin, and Roberta M. Palmour, "Voluntary Alcohol Consumption in Vervet Monkeys: Individual, Sex, and Age Differences," *Pharmacology, Biochemistry, and Behavior* 46, no. 4 (1993): 985–988. Christie Wilcox, "Do Stoned Dolphins Give 'Puff Puff Pass' A Whole New Meaning?" *Discover*, December 30, 2013, https://www.discovermagazine.com/planet-earth/do-stoned-dolphins-give-puff-puff-pass-a-whole-new-meaning#.VIHlOWTF_OZ.

346쪽 "다른 동물 조종하고 속이기": Hare, Call, and Tomasello, "Chimpanzees Deceive a Human Competitor by Hiding," *Cognition* 101, no. 3 (2006): 495–514. Kazuo Fujita, Hika Kuroshima, and Saori Asai, "How Do Tufted Capuchin Monkeys (*Cebus apella*) Understand Causality Involved in Tool Use?" *Journal of Experimental Psychology: Animal Behavior Processes* 29, no. 3 (2003): 233.

347쪽 "의인화 부정": De Waal, "Are We in Anthropodenial?" *Discover*, July 1997.

347쪽 "코끼리는 죽은 … 엄니를 살핀다.": Karen McComb, Lucy Baker, and Cynthia Moss, "African Elephants Show High Levels of Interest in the Skulls and Ivory of Their Own Species," *Biology Letters* 2, no. 1 (2006): 26–28.

348쪽 "바로 브리티시컬럼비아 … 어미 이야기다": Bopha Phorn, "Researchers Found Orca Whale Still Holding On to Her Dead Calf 9 Days Later," ABC News, August 1, 2018, https://abcnews.go.com/US/researchers-found-orca-whale-holding-dead-calf-days/

story?id=56965753.

348쪽 "슬픔이 인간에게만 … 이유는 없다.": Colin Allen and Trestman, "Animal Consciousness."

350쪽 "먹잇감을 가지고 놀다 … 버리는 범고래": Hickock, "Rare Footage Shows Beautiful Orcas Toying with Helpless Sea Turtles."

350쪽 "바다를 가로질러 뱃머리 파도타기 놀이를 하고": Bernd Wursig, "Bow-Riding," in *Encyclopedia of Marine Mammals*, 2nd ed., ed. William F. Perrin, Wursig, and J. G. M. Thewissen (London: Academic Press, 2009).

350쪽 "쇠돌고래를 때려죽이는": Peter Fimrite, " 'Porpicide': Bottlenose Dolphins Killing Porpoises," *SFGate*, September 17, 2011, https://www.sfgate.com/news/article/Porpicide-Bottlenose-dolphins-killing-porpoises-2309298.php.

350쪽 "병든 돌고래와 장애가 있는 돌고래를 돌본다": Justine Sullivan, "Disabled Killer Whale Survives with Help from Its Pod," Oceana, May 21, 2013, https://usa.oceana.org/blog/disabled-killer-whale-survives-help-its-pod/.

350쪽 "지브롤터 앞바다에서 … 이상한 범고래들은?": Aimee Gabay, "Why Are Orcas 'Attacking' Fishing Boats off the Coast of Gibraltar?" *New Scientist*, September 15, 2021, https://www.newscientist.com/article/mg25133521-100-why-are-orcas-attacking-fishing-boats-off-the-coast-of-gibraltar/.

350쪽 "잠꼬대하는 것이 녹음된 돌고래": Sara Reardon, "Do Dolphins Speak Whale in Their Sleep?" *Science*, January 20, 2012, https://www.science.org/content/article/do-dolphins-speak -whale-their-sleep.

350쪽 "복잡한 사례": Oliver Milman, "Anthropomorphism: How Much Humans and Animals Share Is Still Contested," *Guardian*, January 15, 2016, https://www.the guardian.com/science/2016/jan/15/anthropomorphism-danger-humans-animals-science.

351쪽 "이것은 백인우월주의와 똑같지만": 로저 페인과 저자의 인터뷰, 2019년 4월 7일 뉴욕.

352쪽 "미래는 이미 다가왔지만 … 않을 뿐": "The Future Has Arrived—It's Just Not Evenly Distributed Yet," Quote Investigator, https://quoteinvestigator.com/2012/01/24/future-has-arrived/.

352쪽 "2012년에 다양한 … 발표했다.": Bekoff, "Scientists Conclude Nonhuman Animals Are Conscious Beings," *Psychology Today*, August 10, 2012, https://www.psychologytoday.com/gb/blog/animal-emotions/201208/scientists-conclude-nonhuman-animals-are-conscious-beings.

352쪽 "의식을 생성하는 … 가지고 있다.": "The Cambridge Declaration on Consciousness," Francis Crick Memorial Conference, July 7, 2012, http://fcmconference.org/img/CambridgeDeclarationOnConsciousness.pdf.

352쪽 "가축이 높은 수준의 … 사례": Pierre Le Neindre, Emilie Bernard, Alain Boissy et al., "Animal Consciousness," *EFSA Supporting Publications* 14, no. 4 (2017): 1196E.

353쪽 "2017년 영국을 가장 … 부결시킨 것이었다.": Jim Waterson, "How a Misleading Story About Animal Sentience Became the Most Viral Politics Article of 2017 and Left Downing Street Scrambling," *BuzzFeed News*, November 25, 2017, https://www.buzzfeed.com/jimwaterson/independent-animal-sentience.

353쪽 "이 뉴스는 50만 번이나 공유되었고": Yas Necati, "The Tories Have Voted That Animals Can't Feel Pain as Part of the EU Bill, Marking the Beginning of our Antiscience Brexit," *Independent*, November 20, 2017, https://www.independent.co.uk/voices/brexit-government-vote-animal-sentience-can-t-feel-pain-eu-withdrawal-bill-anti-science-tory-mps-a8065161.html.

353쪽 "동물복지법": Animal Welfare (Sentience) Bill [HL], Government Bill, Originated in the House of Lords, Session 2021-22, UK Parliament (website), https://bills.parliament.uk/bills/2867.

353쪽 "동물도 감정이 … 때인가요?": Good Morning Britain (GMB), "Animals officially have feelings. Is it time to stop eating them?" Twitter, May 13, 2021, https://twitter.com/GMB/status/1392744824705536002?s=20&t=YOjJxUydjkTXFYXIn2bu4A.

354쪽 "우리 주변의 모든 생명체와의 관계에 대해 이야기한다": Motion No. 2018-268, In the Matter of Nonhuman Rights Project, Inc., on Behalf of Tommy, Appellant, v. Patrick C. Lavery, & c., et al., Respondents and In the Matter of Nonhuman Rights Project, Inc., on Behalf of Kiko, Appellant, v. Carmen Presti et al., Respondents, State of New York Court of Appeals, decided May 8, 2018, https://www.nycourts .gov/ctapps/Decisions/2018/May18/M2018-268opn18-Decision.pdf.

354쪽 "자유에 대한 열망": 스티븐 와이즈와 저자의 인터뷰, 2019년 4월 28일.

355쪽 "우리는 자연의 일부이기 때문에… 보호하는 것": Greta Thunberg (GretaThunberg), "Our relationship with nature is broken. But relationships can change. When we protect nature—we are nature protecting itself," Twitter, May 22, 2021, https://twitter.co/GretaThunberg/status/1396058911325790208?s=20&t=Zm6rbSY1ZMfypUCmpNO9DA.

355쪽 "훨씬 더 많은 크릴을 섭취한다는": Matthew S. Savoca et al., "Baleen Whale Prey Consumption Based on High-Resolution Foraging Measurements," *Nature* 599 (2021): 85-90, https://www.nature.com/articles/s41586-021-03991-5.

356쪽 "평균적인 수염고래의 생애가치를 최소 200만 달러로 추정하며": Ralph Chami, Thomas Cosimano, Connel Fullenkamp, and Sena Oztosun, "Nature's Solution to Climate Change," *Finance & Development* 56, no. 4 (December 2019), https://www.imf.org/external/pubs/ft/fandd/2019/12/pdf/natures-solution-to-climate-change-chami.pdf.

356쪽 "인류 문명이 … 80퍼센트가 사라졌다.": Carrington, "Humans Just 0.01% of All Life."

357쪽 "다른 이들이 우리를 보는 것처럼, 우리 자신을 볼 수 있게 해주는 선물": Robert Burns, "To a Louse," 1786, Complete Works, Burns Country, http://www.robertburns.org/works/97.shtml.

제12장 고래와 춤을

360쪽 "우리는 탐험을 … 고요함 속에서": Thomas Stearns Eliot, "Little Gidding," in *Four Quartets* (New York: Harcourt, Brace, 1943).

365쪽 "아직까지 그 누구도 … 출산 흥터였다.": Nicola Ransome, Lars Bejder, Micheline Jenner et al., "Observations of Parturition in Humpback Whales (*Megaptera novaeangliae*) and Occurrence of Escorting and Competitive Behavior Around Birthing Females," *Marine*

Mammal Science, epub September 7, 2021, https://doi.org/10.1111/mms.12864.

368쪽 "9.8메가줄의 에너지가 필요하며": Segre et al., "Energetic and Physical Limitations on the Breaching Performance of Large Whales."

368쪽 "하루 동안 가정에 전력을 공급할 수 있는 양": "Average Gas & Electricity Usage in the UK—2020," Smarter Business, https://smarterbusiness.co.uk/blogs/average-gas-electricity-usage-uk/.

373쪽 "숭고함과 마주했던 사람들에 대해 썼다.": Robert Macfarlane, *Mountains of the Mind: A History of a Fascination* (London: Granta Books, 2009), 75.

375쪽 "사실, 여러분은 ⋯ 당신은 존재한다.": Ibid.

378쪽 "프린터는 읽을 수 있으며": Shubham Agrawal, "How Does a Printer Work?— Part I," Medium, March 18, 2020, https://medium.com/sa159871/how-does-a-printer-work-de04 04 e 3b388.

378쪽 "사람을 구성하는 코드": "Base Pair," National Human Genome Research Institute, https://www.genome.gov/genetics-glossary/Base-Pair.

378쪽 "연인을 새로 복제할 수 있다.": Francisco J. Ayala, "Cloning Humans? Biological, Ethical, and Social Considerations," *Proceedings of the National Academy of Sciences of the United States of America* 112, no. 29 (2015): 8879–8886.

379쪽 "인간유전체프로젝트라 불리는 이 프로젝트는": Judith L.Fridovich-Keil, "Human Genome Project," *Encyclopaedia Britannica*, February 27, 2020, https://www.britannica.com/event/Human-Genome-Project.

379쪽 "오늘날 인간 유전체 ⋯ 불과하다.": "DNA Sequencing Fact Sheet," National Human Genome Research Institute, https://www.genome.gov/about-genomics/fact -sheets/DNA-Sequencing-Fact-Sheet.

380쪽 "인간은 가까운 사촌과 ⋯ 발견했다.": The Chimpanzee Sequencing and Analysis Consortium (Tarjei Mikkelsen, LaDeana Hillier, Evan Eichler et al.), "Initial Sequence of the Chimpanzee Genome and Comparison with the Human Genome," *Nature* 437, no. 7055 (2005): 69–87.

383쪽 "이런 답이 돌아왔다.": 지구종프로젝트와 저자의 이메일, 2020년 10월 16일.

384쪽 "우리 대다수에게 과거는 ⋯ 실험이다.": Stephen Brennan, ed., *Mark Twain on Common Sense: Timeless Advice and Words of Wisdom from America's Most-Revered Humorist* (New York: Skyhorse Publishing, 2014), 6.

384쪽 "반려동물 산업의 막대한 수익": "Pet Care Market Size, Share and COVID-19 Impact Analysis, by Product Type (Pet Food Products, Veterinary Care, and Others), Pet Type (Dog, Cat, and Others), Distribution Channel (Online and Offline), and Regional Forecast, 2021–2028," Fortune Business Insights, February 2021, https://www.fortunebusinessinsights.com/pet-care-market-104749. ("The global pet care market size was USD 207.90 billion in 2020.")

384쪽 "무기 산업": "Financial Value of the Global Arms Trade," Stockholm International Peace Research Institute, https://www.sipri.org/databases/financial-value -global-arms-trade. ("For example, the estimate of the financial value of the global arms trade for 2019 was at least $118 billion.")

사진출처

7쪽. Sarah A. King

들어가며
10쪽. Jan Verkolje (via Delft University of Technology)
13쪽. Antonie van Leeuwenhoek

제1장. 고래와의 만남
22쪽. Michael Sack
35쪽. Larry Plants / Storyful
37쪽. Michael Sack
45쪽. Ru Mahoney

제2장 바다의 노래
54쪽. Roger Payne / Ocean Alliance
63쪽. Science
71쪽. National Astronomy and Ionosphere Center
72쪽. J. Gregory Sherman

제3장 혀의 법칙
79쪽. Claude Rives / Eric Parmentier
86쪽. Public domain
89쪽. Mark D. Scherz
90쪽. Jodi Frediani
94쪽. Public domain
97쪽. Eden Killer Whale Museum

제4장 고래의 기쁨
107쪽. Tom Mustill
112쪽. Sinclair Broadcast Group
118쪽. Anna Ashcroft / Windfall Films

123쪽. Anna Ashcroft / Windfall Films
126쪽. Anna Ashcroft / Windfall Films

제5장 어떤 멍청하고, 커다란 물고기

138쪽. Heidi Whitehead / Texas Marine Mammal Stranding Network
141쪽. Tom Mustill
146쪽. FalseKnees
155쪽. Boris Dimitrov / Public Domain
158쪽. Jillian Morris

제6장 동물의 언어

162쪽. Hernan Segui
168쪽. Andrew Davidhazy
173쪽. Tecumseh Fitch
178쪽. Liz Rubert-Pugh
181쪽. William Munoz
183쪽. The Gorilla Foundation
189쪽. Elaine Miller Bond

제7장 심연의 마음

200쪽. Augusto Leandro Stanzani / ardea.com
205쪽. Lilly Estate
210쪽. Walt Disney World Corporation
213쪽. Diana Reiss
221쪽. Eric A. Ramos and Diana Reiss

제8장 바다에는 귀가 있다

228쪽. Adam Ernster
233쪽. Patrick Hart / LOHE
236쪽. Tom Mustill
243쪽. Ann Tanimoto-Johnson
247쪽. Tom Mustill

제9장 동물 알고리즘

256쪽. James T .Tanner and Tensas River National Wildlife Refuge, U.S. Fish and Wildlife Service, Ivory-Billed Woodpecker Records (Mss. 4171), Louisiana and Lower Mississippi Valley Collections, Louisiana State University Libraries, Baton Rouge, Louisiana, USA.
257쪽. Jörg Rychen

259쪽. Public Domain

272쪽(위). Kate Spencer/ Happywhale

272쪽(아래). Kate Cummings/ Happywhale

275쪽. Julia Kuhl

278쪽. X, the moonshot factory

283쪽. Vincent Janik, University of St. Andrews

제10장 기계의 은총

291쪽. R. Williams (STScI), the Hubble Deep Field Team and NASA/ESA

297쪽. Earth Species Project

298쪽. Earth Species Project

308쪽. Ari Friedlaender

310쪽. Ari Friedlaender

312쪽. David Wiley / Colin Ware / Ari Friedlaender

316쪽. David Gruber

319쪽. Alex Boersma

322쪽. Joseph DelPreto / MIT CSAIL

326쪽. Ted Cheeseman

327쪽. Aleksander Nordahl

제11장 의인화 부정

335쪽. Pedro Saura

343쪽. Public Domain

349쪽. Robin W. Baird / Cascadia Research

제12장 고래와 춤을

363쪽. Anuar Patjana Floriuk

371쪽. Tom Mustill

374쪽. Gene Flipse

383쪽. Jeff Pantukhoff

387쪽. Luke Moss

감각박탈실(sensory deprivation chamber) 204

강돌고래(river dolphin) 216

강화(reinforcement) 207, 277

거울 마크 테스트(Mark) 211

거울 자기 인식(Mirror Self Recognition) 테스트 211

경고음(alarm) 185~190, 300

고래-말하기(whale-speak) 163

고래 발자국 31, 363

고래수염whalebone 65, 67

고래의 문화 131

공기방울 그물(bubble net) 311, 312

공기방울 놀이(bubble play) 200

공생(共生) 78

공장식 포경선 55, 67

구글 번역 48, 294, 300

구부 테드 토머스(Guboo Ted Thomas) 101

국제생물음향학회(IBAC) 257, 258, 261, 283

국제포경위원회(International Whaling Commission) 65

국제포경통계국(the bureau of international whaling statistics) 55

귀신고래(Gray Whale) 23, 40, 89

그레타 툰베리(Greta Thunberg) 355

극미동물(animalcules) 12, 13, 289, 291

기생(parasitic symbioses) 80

긴수염고래(fin whale) 23, 67, 89, 154, 294

꼬리자루(peduncle) 31, 267, 367

꼬리지느러미(fluke) 25, 31, 54, 267, 268, 275, 296, 366

꿀벌의 춤 343, 344

꿀잡이새(honeyguide) 80, 82

남극하트지느러미오징어(colossal squid) 115

뇌유(spermaceti) 122~125

니콜라스 틴베르헌(Nikolaas Tinbergen) 343, 344

다이애나 라이스(Diana Reiss) 193, 197, 205, 206, 216, 303, 314

대뇌피질(cerebral cortex) 142~145

대상피질(cingulate cortex) 149

대서양알락돌고래(Atlantic spotted dolphins) 157, 158

대왕고래(blue whale) 23, 55, 61, 67~69, 89, 90, 216, 294, 301, 308, 311

대체 기호 언어(ersatz symbolic languages) 177

데니스 헤르징(Denise Herzing) 313

데이비드 그루버(David Gruber) 315~317

데이비드 애튼버러(David Attenborough) 66

돌고래들의 칵테일파티 279, 305, 387

동물복지법(Animal Sentience Bill) 353

동물-해독(animal decoding) 384

동물행동학(ethology) 343

동적 시간 와핑(dynamic time-warping) 281

딥러닝(deep learning) 269

딱총새우(pistol shrimp) 81, 83

라마리부리고래(Ramari's beaked whale) 45

라이스고래(Rice's whale) 45

래리 플랜츠(Larry Plants) 35, 266

렉시그램(lexigrams) 178

로깅(logging) 78

로리 마리노(Lori Marino) 152

로버트 후크(Rober Hook) 13, 14

로저 파우츠(Roger Fouts) 207

로저 페인(Roger Payne) 51, 52, 59, 63, 161, 176, 198, 258, 315, 351

루이스 허먼(Louis Herman) 208, 216

루크 렌델(Luke Rendell) 129

리처드 브라우티건(Richard Brautigan) 227, 251

린다 기니(Linda Guinee) 60

마거리트(marguerite) 대형 129

마크 라머스(Marc Lammers) 243

맬컴 클라크(Malcolm Clarke) 114, 115

머신 비전(Machine vision) 275

머신러닝(machine learning) 240, 250, 269, 273, 276, 278, 281, 292, 302, 315, 319~323, 362

먹이 섭이장(feeding ground) 26, 249, 294, 308, 364, 370

멀린 셸드레이크(Merlin Sheldrake) 263

멀티모달(multimodal) 166

멜라니 챌린저(Melanie Challenger) 342

모리셔스목도리앵무(Mauritius parakeet) 238

모하메드 알쿠리아시(Mohammed AlQuriashi) 276

목수 물고기(carpenter fish) 123

미셸 푸르네(Michelle Fournet) 303

미켈 아르테체(Mikel Artetxe) 299

민부리고래(Cuvier's beaked whale) 216

밍크고래(minke whale) 23, 55, 89, 136, 139, 140, 193, 249, 313

바다사자(sea lions) 21, 100, 137, 214, 218, 310

바바리마카크(Barbary macaque) 214

바이오매스(biomass) 67, 68

바키타돌고래(vaquita porpoise) 90

바하칼리포르니아(Baja California) 248

박진모(Jinmo Park) 269, 296, 377

반향정위(echolocation) 40, 125, 150, 198, 199, 280, 320

발레리아 베르가라(Valeria Vergara) 303

뱀머리돌고래(rough-toothed dolphin) 200

뱀상어(tiger shark) 42

뱃머리 파도타기(bow-ride) 130, 199, 350

버스트 펄스(burst pulse) 280

범무늬해삼(leopard sea cucumber) 78, 79

베스 굿윈(Beth Goodwin) 246

베타(Siamese fighting fish) 211

보디랭귀지(body language) 166

보편 문법(Universal Grammar) 164

봅 윌리엄스(Bob Williams) 289, 290

부드러운 로봇 물고기(soft robotic fish) 318, 322

부리수염고래(beaked whales) 116

분홍비둘기(pink pigeon) 238

북극고래(Bowhead whales) 61

브라이드고래(Bryde's whale) 114

브릿 셀비텔(Britt Selvitelle) 292~294, 297~307, 313, 382

블러버(blubber) 108, 310

블롭(the Blob) 249, 250

비인간 권리 프로젝트(Nonhuman Right Project) 354

비주얼 클라우드(visual cloud) 265

비지도 기계 번역(unsupervised machine translation) 300

비지도 신경망(unsupervised neural network) 281

사브리나 엥게세르(Sabrina Engesser) 190, 191

사이먼 타운센드(Simon Townsend) 191

사회성 129, 131, 149, 187

상괭이(porpoise) 25, 88, 89, 99, 116

상리공생(mutualistic symbioses) 80~84, 87, 88, 92, 95, 96, 101

생물음향학(bioacoustics) 258, 280

생태음향녹음기(EAR) 244, 245

생태음향학(Ecoacoustics) 261

생태형(ecotype) 90

셰인 게로(Shane Gero) 317

소리 종족(vocal clan) 130

쇠돌고래(harbor porpoises) 350

숨이고기(Star pearlfish) 79, 80

스칼라 나투라(scala natura) 338, 351

스콧 맥베이(Scott McVay) 58

스탠 쿠차즈(Stan Kuczaj) 145

스탬피드(stampede) 279

스파이 호핑(spy-hopping) 27, 228

스펙트로그램(spectrogram) 256, 257, 264, 278, 279, 281

시그니처 휘파람(signature whistle) 202, 278~280, 295, 300, 355, 368

신경교세포(glia) 144

실버뱅크(Silver Bank) 361, 369, 370

심층신경망(deep neural networks) 295, 296

아리 프리드랜더(Ari Friedlaender) 307~313

아서 앨런(Arthur Allen) 255, 256

아이린 페퍼버그(Irene Pepperberg) 179~180, 192, 206

아자 라스킨(Aza Raskin) 292~294, 297~307, 313, 382

아카티넬라 아펙스풀바(*Achatinella apexfulva*) 230

안드레이 루파스(Andrei Lupas) 276

안토니 반 레벤후크(Antonie van Leeuwenhoek) 10~17, 46, 289, 291, 340, 382

알렉산더 프쉐라(Alexander Pschera) 326

알베르투스 마그누스(Saint Albertus) 339

앨리스 오텐(Alice Otten) 95

야생돌고래프로젝트(Wild Dolphin Project) 313

양방향 소통 체계(two-way communication system) 192

언어의 설계적 특징 169, 170, 177

얼룩무늬꼬리치레(Turdoides bicolor) 191

에드워드 사피르(Edward Sapir) 61

에드워드 손다이크(Edward Thorndike) 342

에머리 몰리뉴(Emery Molyneux) 284, 334

에반젤린 로즈(Evangeline Rose) 263

에스텔 반 데르 구흐트(Estel Van der Gucht) 148

오픈소스(open source) 304, 306, 320, 323, 325

올드 톰(Old Tom) 93, 95~97, 183

요르그 라이첸(Joerg Rychen) 257, 314

요한 브라이드(Johan Bryde) 114

용연향(ambergris) 115

원숭이 입술(monkey lips) 118, 121, 122, 124, 125

웨슬리 웹(Wesley Webb) 265, 266

웨이브 글라이더(Wave Glider) 244~249

웨일로폰(whale-o-phone) 244

윌리엄 테쿰세 피치 3세(William Tecumseh Fitch Ⅲ) 171~174

유인족(Yuin) 92

음성 입술(phonic lips) 121

음성 지문(voiceprint) 260, 261

의사결정 트리(decision tree) 295

의인화 부정(anthropodenial) 347, 348, 350, 352

의인화(anthropomorphism) 348, 350

이반 파블로프(Ivan Pavlov) 342

이븐 바자(Ibn Bajja) 339

이언 호가스(Ian Hogarth) 277

이위('i'iwi) 232, 236, 237, 241

인간 예외주의(human exceptionalism) 347, 351, 355, 359

인간유전체프로젝트(Human Genome Project) 379, 382

인간중심주의(Anthropocentrism) 334

인공신경망(artificial neural network) 269, 281, 295

인지 기능(cognitive functioning) 149, 151, 215

인터랙션 디바이스(interaction device) 314

인터스피시스 인터넷(Interspecies Internet) 314

자기 지향적 행동(self-directed behaviors) 212, 213

자연어(natural language) 169, 179, 184, 192, 209, 301, 377

자연어 처리(natural language processing) 295, 299, 323

재생 실험(playback experiment) 188~190, 219, 321

재클린 알리퍼티(Jaclyn Aliperti) 344

잭 데이비슨(Jack Davidson) 195

잭 피어리(Jack Fearey) 279, 305

저스틴 그레그(Justin Gregg) 201, 206, 209

적응도(fitness) 344

전두 뇌섬엽(frontal insula) 149

정어리고래(sei whale) 55, 154

정크(junk) 114, 124, 125

제임스 에드윈 '점퍼' 와이드(James Edwin 'Jumper' Wide) 84~86, 183

조앤 오션(Joan Ocean) 348

조이 레이든버그(Joy Reidenberg) 37~39, 106~113, 117~132, 136~139, 151~153, 375, 377

조작적 조건화(operant conditioning) 84, 85

조지 데이비슨(George Davidson) 96

존 릴리(John Lilly) 204~206, 348

존 올먼(John Allman) 150

좁은 인공지능(narrow AI) 274

주목 추출 경제(attention extraction economy) 292

줄리 오스왈드(Julie Oswald) 280~284, 295, 376

지구종프로젝트(Earth Species Project) 303, 305, 313, 324

지오다노 브루노(Giodano Bruno) 339

집단 좌초(mass-strand) 116, 129

차크마개코원숭이(chacma baboon) 84

찰스 호켓(Charles Hockett) 168, 169, 177, 377

참고래(right whale) 55, 89, 93, 113, 114, 161, 162

참돌고래(common dolphin) 313

카를 폰 프리슈(Karl von Frisch)

카타리나 리벨(Katharina Riebel) 262

카퉁갈족(Katungal) 92

칵테일파티 문제 305

칼 사피나(Carl Safina) 350

케이티 페인(Katy Payne) 57, 60, 61

케임브리지 의식 선언(The Cambridge Declaration of Consciousness) 352

켄 노리스(Ken Norris) 198

코끼리바다물범(elephant seals) 23

코다(coda) 125, 130, 320

코에(Koe) 265

콘라트 로렌츠(Konrad Lorenz) 344

콘스탄틴 '콘' 슬로보드치코프(Constantine 'Con' Slododchikoff) 185, 190

큰돌고래(bottlenose dolphin) 41, 98~100, 120, 152, 155, 200, 202, 210, 212~216, 283, 301, 305, 348, 349

큰코돌고래(Risso's dolphin) 23

테드 치즈먼(Ted Cheeseman) 267~275, 286, 326, 327

토머스 미콜로프(Tomas Mikolov) 296

토머스 빌(Thomas Beale) 123

파일럿고래(Pilot whale) 99, 130, 301

패트릭 팻 하트(Patrick Pat Hart) 232~242, 249, 258

팩 슬래핑(pec-slapping) 27

퍼시 멈불라(Percy Mumbulla) 94

편리공생(commensal symbioses) 80

폰 이코노모 뉴런(von Economo neuron) 148~151

프란스 드 발(Frans de Waal) 165, 347

프랭크 와틀링턴(Frank Watlington) 56, 57

플루킹(fluking) 31

피그미대왕고래(pygmy blue whale) 45

피그미향유고래(pygmy sperm whale) 100, 106

해피웨일(Happywhale) 267~271, 275, 281, 286, 296, 326

행동 일치(behavioral concordance) 206

향유고래(sperm whale) 90, 109, 111, 114~118, 121~131, 136, 139, 143, 155, 156, 278, 317~324, 355, 372, 376

헨리 모어(Henry More) 336

혀의 법칙(Law of the Tongue) 95

호모 스투피두스(*Homo stupidus*) 332

혹등고래(humpback whale) 18, 23~31, 42, 43, 47, 55, 57, 60, 67, 69, 77, 78, 89, 91, 93, 94, 98, 100, 107, 217, 218, 244~246, 249, 250, 268, 281, 302, 311~314, 326, 361~363, 365, 370~377

혹등고래의 노래 59, 61~64, 70, 202, 263, 294, 355, 368, 370,

혹등돌고래(humpback dolphin) 99

홀리 루트 거트리지(Holly Root Gutteridge) 191

화석연료 추진 강선(Fossil fuel-powered steel boats) 67

흑범고래(false killer whale) 99, 214

흰고래(Beluga whale) 42, 43, 128, 176, 177, 303, 327

흰부리딱따구리(ivory-billed woodpeckers) 256

히트런(heat run) 26

CETI(Cetacean Translation Initiative) 315~318, 321~323, 376

J. R. 퍼스(J.R. Firth) 296

고래와 대화하는 방법

2023년 12월 3일 1판 1쇄 발행

지은이	톰 머스틸
옮긴이	박래선
펴낸이	박래선
펴낸곳	에이도스출판사
출판신고	제2023-000068호
주소	서울시 은평구 수색로 200, 103-102
팩스	0303-3444-4479
이메일	eidospub.co@gmail.com
페이스북	facebook.com/eidospublishing
인스타그램	instagram.com/eidos_book
블로그	https://eidospub.blog.me/
표지 디자인	공중정원
본문 디자인	김경주

ISBN   979-11-85415-57-4 (03490)